JN411759

SYNTHETIC

합성 유기 화학

하현준 지음

ORGANIC CHEMISTRY

머리말

이 책은 유기화학을 두 학기에서 세 학기 정도 공부한 학생들이 유기화합물의 합성이라는 측면에서 더 공부할 수 있도록 만든 책이다. 저자 본인은 지난 수년 동안 주로 4학년 학부생들을 가르쳐왔으며, 그 내용을 바탕으로 학생들이 유기화학 관련 반응의 체계적인 학습을 통해 유기화합물 합성에 최대한 쉽게 접근할 수 있도록 집필하였다. 석사 과정 초년생들에게도 유기화학과 유기 합성에 대해 한번 더 이해하고 복습할 수 있는 장이 될 것이다.

유기 합성에 대한 이론 설명과 더불어 더 많은 공부를 하고자 하는 학생들을 위해서 책의 가장 뒷부분에는 전합성(total synthesis)의 예도 몇 가지 들어 두었다. 또한 최근 들어 유기합성화학에서 중요한 이슈로 등장하고 있는 환경을 고려한 합성도 다루었으며, 특히 정밀화학 및 제약산업의 종사자들이 참고할 수 있도록 생산을 위한 공정에서 고려하고 있는 환경과 경제성의 문제에 대한 일견도 간단하게 소개하였다. 여기에 최근 아주 많이 사용되고 있는 흐름 유기 합성에 대해서도 그 과정과 사용되는 기기 및 방법 등에 대한 간략한 소개를 곁들였다. 이처럼 현장에서 직접 유기 합성을 하고 있는 종사자들도 새로운 시각과 관심을 가질 수 있게끔 책을 구성하였다.

학부 저학년생이라면 책 앞부분에 있는 전체적인 유기화학 반응의 복습 및 이해를 집중적으로 살펴보면 도움이 될 것이다. 좀 더 공부가 필요한 사람들은 전체적인 내용을 위주로 학습하기를 권장한다. 이 밖에 대학원생 정도의 전공자라면 앞부분은 물론이며 뒤에 나오는 전합성까지 공부함이 필요하겠다.

책의 오류를 줄이기 위해 노력하였지만 부족한 부분이 나올 수 있다. 이 점은 양해를 바라며 발견된 오류들은 저자나 출판사에 알려주시길 부탁드린다. 추후 수정사항이 정리되면 자유아카데미 홈페이지 자료실(www.freeaca.com)을 통해 제공하고, 개정판에도 반영할 예정이니 참고하길 바란다. 끝으로 이 책을 만들기까지 도움을 준 연구실의 학생들과 이 책의 아이디어를 가지고 있던 저자의 수업을 지난 몇 년 동안 공부해 온 수강생들에게 감사의 뜻을 표하고자 한다.

2023년 2월

하현준

Chapter 01

유기 합성의 개괄

NOTES

1. 유기 합성의 목적

유기 합성은 "어떤 간단한 물질 혹은 다른 가능한 물질로부터 원하는 유기화합물을 만들어 내려는 시도"라고 정의하며 이는 유기화학의 시초에 해당하는 Wöhler의 요소(urea) 합성[NH_4OCN에서부터 $(NH_2)_2CO$ 합성]에서 그 기원을 찾을 수 있다.

이에 따라 "어떤 가능한(혹은 우리가 원하는) 타깃 분자를 어떤 목적에서 만들 것인가?" 하는 첫 번째 물음이 발생한다. 그 물음의 답은 크게 세 가지로 생각해 볼 수 있을 것이다.

하나는 순수하게 우리의 궁금증을 해결하기 위해서이다. 정육면체의 탄소 화합물 큐반(cubane)을 만들 수 있는가? 3차원으로 존재하게 될 크립턴트(cryptant)는 잘 만들어질 것인가? 이들 분자가 만들어진다면 성질은 어떨 것인가? 이중 결합을 가지는 노보레인(norborane)은 만들어질 것인가? 만들어진다면 어떤 구조적 특성을 나타낼 수 있을 것인가? Palythoa toxica라는 산호에서 얻어지는 독성 물질인 파리톡신(Palytoxin) 화합물은 탄소 · 수소 · 질소 · 산소($C_{129}H_{223}N_3O_{54}$)를 아주 많이 가지며, 분자량은 2,680g/mol로 매우 많은 입체 중심도 가지는 물질이다. 과연 이런 복잡하고 큰 분자를 우리가 실험실에서 상업적으로 구입 가능한 출발 물질에서부터 만들어 낼 수 있을 것인가? 이 같은 궁금증을 해결하기 위해 우리는 이 분자들을 합성하고자 한다.

유기화합물을 합성하는 두 번째 목적은, 질병을 위한 치료제를 연구하는 것이다. 천연에서 얻어지는 많은 화합물 가운데에는 매우 중요한 약리 효과를 보이는 것이 많다. 이러한 천연 화합물 그 자체를 합성하거나, 유도체나 유사체를 합성할 수 있다. 예를 들어 아스피린(aspirin)은 아주 오래전부터 버드나무의 껍질로부터 추출해서 이를 마시는 방법으로 해열과 진통 등 여러 질환 치료에 사용해 왔다. 그렇지만 식물로부터만 이런 물질을 얻기에는 양에 한계가 있어 필요한 많은 사람들에게 충분히 제공할 수 없다. 이런 어려움으로 말미암아 1897년에 이르러서는 독일의 화학회사 바이어(Bayer)에

NOTES

서 아스피린을 공업적으로 만들어 내기에 이르렀다. 또한 타이로세린(Tyrosherin)은 항암 효과를 보이는 물질이지만 이들을 만들어 내는 곰팡이(*Pseudallescheria*)에서는 아주 작은 양으로 얻어지기에 우리는 이 화합물의 구조를 보다 명확하게 밝히고, 이 화합물이 보이는 활성을 정확하게 파악하고자 이 화합물을 합성하게 된다. 이 밖에 주목나무 껍질에서 정말 소량밖에 얻지 못하는 탁솔(Taxol)이라는 항암제는 자궁암이나 폐암 등에 무척 뛰어난 효과를 보이고 다른 여러 임상에서도 매우 좋은 약효를 나타내 미국의 FDA 허가까지 받았다. 그러나 이 화합물을 가지고서 환자들의 항암 치료를 하려면 너무 많은 주목나무를 베어내야 한다. 이 역시 필요로 하는 모든 사람들에게 값싸게 제공하기에는 얻어지는 양이 너무 적다는 큰 한계가 있다. 이 탁솔이라 명명된 화합물을 얻기 위해 적절하게 많은 중간체를 얻는 방법을 개발하고, 유기화학 반응을 이용하는 합성을 통해 대량 생산을 하고 있다. 즉 이렇게 유용한 유기화합물 항암제를 주목나무 껍질이 아닌 다른 방법을 통해 충분히 얻기 위한 노력의 일환으로 유기 합성을 하는 것이다.

현재 약국에서 시판되는 많은 약들은 천연물과 관계없이 완전히 합성을 기반으로 연구된 산물이다. 그중 한 가지로 예를 들 것이 바로 비아그라(Viagra)라는 상표명으로 판매되는 실데나필(Sildenafil)이다. 이는 완전히 합성을 기반으로 만들어진 유기화합물로, 현재에는 발기부전 치료제로 시판되고 있다. 이 밖에도 많은 수의 유기화합물 기반 약품들이 개발 · 시험되고 있는데, 이 중에서 매년 거의 10개 이상이 FDA로부터 허가를 받고 시판되고 있다는 현실을 감안한다면 역시 유기화합물의 합성은 돈벌이와도 밀접한 관계가 있다고 이야기할 수 있다.

이러한 생물 활성 화합물 이외에도 우리는 여러 가지의 용도로 활용되는 물질의 소재를 만들기 위해서도 합성을 한다. 예를 들면 디스플레이(display) 소재나 에너지(energy) 소재로 활용될 수 있는 소재, 이들 소재의 효과를 증대시켜 줄 수 있는 새로운 유기 분자를 만들어 내는 일도 하게 된다.

NOTES

2. 유기 합성의 고려 사항

이런저런 이유로 이들 화합물을 만드는 작업이란 것이 쉽지는 않다. 고려해야 할 점도 많다. 예를 들어 우리가 분자량이 큰 어떤 분자를 만들어 내기 위해 작은 분자를 이어 붙인다고 하자. 이때 우리 마음대로 어떤 조각을 가져온다거나 결합을 만들 수는 없는 노릇이다. 이를 위해서는 일정한 화학적인 지식, 특히 결합과 이들 결합을 만드는 반응에 대한 기초적인 지식이 필요하다. 그리고 좋은 수율로 효과적으로 우리가 원하는 타깃 분자를 만들어 내기 위해서는 결합을 만드는 방법에서 선택성이 충분히 고려되어야 한다.

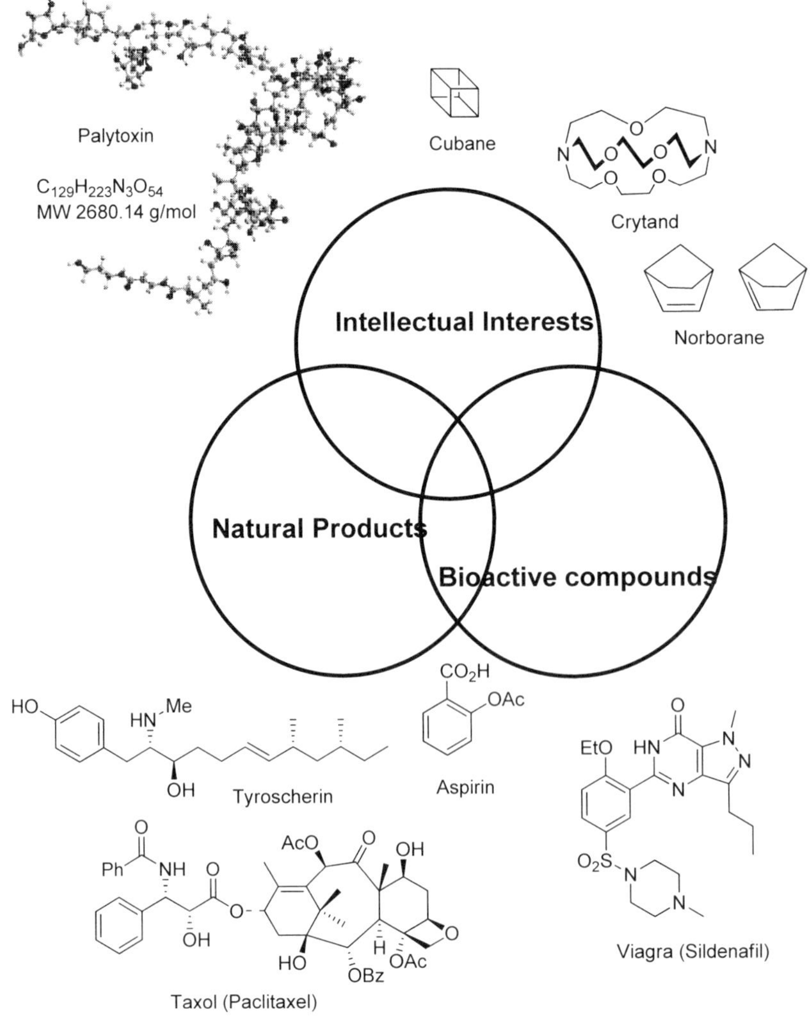

NOTES

그리고 안전성이 충분하게 확보된 것이 아니라면 이들 목표 유기 분자(타깃 분자)를 만드는 과정이 환경에 끼칠 영향을 최소화할 수 있는 방향, 에너지를 적게 사용하는 방향, 버리는 폐기물이 적은 방향으로 이루어져야 할 것이다.

이러한 일련의 합성과 관련되는 지식과 경험의 축척은 지난 수십 년 동안 점점 발달하였다. 이제는 보다 효율적이며 보다 손쉬운 방법으로 복잡하거나 유용한 화합물을 만들 수 있게 되었다. 이런 과정의 발전이 빨라진 데에는 지난 몇십 년 동안 발달한 화합물의 분석 장비, 특히 NMR이 무엇보다 크게 기여하였다. 이를 통해 화합물의 뼈대와 구조 그리고 입체적인 관계까지도 손쉽게 알 수 있었기에 가능했다. 앞으로는 유용한 분자의 설계와 합성 방법 그리고 실질적인 합성까지도 기계를 통해서, 즉 AI와 Robot을 통해서, 더욱 효과적이고 빠르게 진행되는 일이 가능할 것이다.

3. 유기 합성 공부를 위한 웹사이트

유기 합성을 위한 유기 반응과 관련한 유용한 정보들은 인터넷상에서 많이 찾아볼 수 있다. 이 중 중요한 한두 가지만 밝혀보겠다. 첫 번째로 1921년부터 오늘에 이르기까지 화합물의 합성과 관련한 여러 방법과 시약 등에 대해 발표한 내용을 담고 있는 웹사이트(Organic syntheses, http://www. orgsyn. org)가 있다. 여기에서는 화합물의 구조를 통해 그 합성법을 찾아볼 수 있으며, 관련 화학 반응에 응용할 수 있는 실험 과정 경로도 함께 찾을 수 있도록 되어 있다. 이 사이트에 접속하면 소개글에 "A Publication of Reliable Methods for the Preparation of Organic Compounds(유기화합물의 합성을 위한 신뢰할 만한 방법의 발표)"라고 쓰여 있다. 특히 여기에 사용된 모든 경로는 합성 제안자뿐만 아니라 그 제안된 과정을 검토하는 다른 화학자에 의해 철저하게 재현성이 확인된 경로이다. 그러므로 여기에 수록된 내용을 참고하는 것은 재현성을 담보하며 관련한 특정 실험에서 필수적으로 참고할 만하다.

NOTES

이 밖에도 유기화학 반응과 유기 합성 등에 대한 내용을 최근 것까지 담고 있는 유용한 포털 사이트가 있다(https://www.organic-chemistry.org/). 또 한 가지 소개하고 싶은 사이트는 전합성에 대해 공부할 수 있도록 잘 정리되어 있으며 특히 분자들의 변환, 즉 결합을 만드는 일이나 작용기를 바꾸는 작업 등이 어떻게 이루어지는지에 대해 최근 것까지 정리되어 있는 곳이다. 유기 합성 공부에 큰 도움이 될 것이다(http://chemistrybydesign.oia. arizona.edu/). 이 밖에도 미국의 유기분과회에서 상을 받은 바 있는 여러 유기화학자의 공부를 돕는 훌륭한 사이트도 있다(https://organicchemistrydata.org/evans/problems/). 이 사이트는 돌아가신 Prof. David Evans가 학생과 연구자의 교육을 위해 만들어 둔 것으로 앞으로도 계속 정보가 축적될 것이다.

그리고 교육과 재현성 있는 실험을 위해 나온 비디오 저널도 있다. Journal of Visualized Experiments(JoVE) (https://www.jove. com/kr/)는 실험 방법을 비디오 형식으로 출판하는, 동료 심사를 거친 과학 저널로서 2006년부터 지금까지 많은 실험과 교육을 위한 비디오를 가지고 있다. 실험자가 직접 출연하여 실험 과정을 보여주면서 실험의 데이터를 설명해 주고 있기에 아주 좋은 자료가 될 것이다.

최근에 들어서는 지금까지 화합물을 만들 수 있는 여러 결합 생성 반응을 데이터화하고 이를 기초로 컴퓨터로 하여금 적절한 합성의 방법을 다양하게 제안해 줄 수 있는 컴퓨터 프로그램도 나왔다. 이러한 데이터 기반 반응 방법 제시 프로그램은 대부분 상업적으로 판매되고 있지만, 미국 MIT에서 만들어 공공에 개방해 둔 다음 프로그램은 그 어떤 상업적인 프로그램과도 비견될 만큼 아주 좋은 프로그램으로 다음 주소로 이를 활용할 수 있다.

Computer-Assisted Retrosynthetic analysis, ASKCOS: Software tools for organic synthesis, https://askcos.mit.edu/

Chapter 02

기초 유기화학 반응

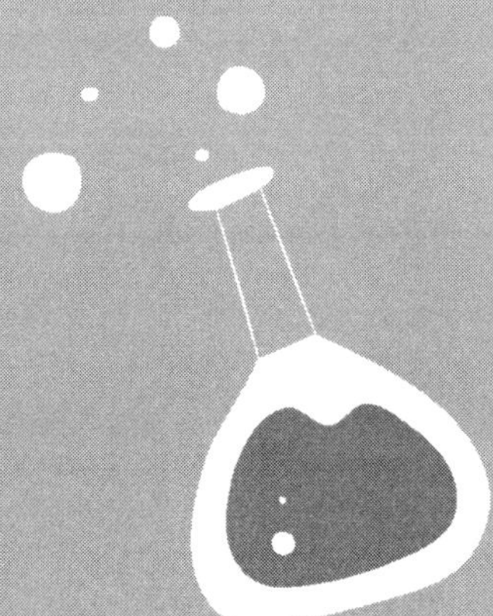

NOTES

유기화합물의 변환을 기반으로 합성을 할 때 탄소 화합물이 가질 수 있는 반응의 주체, 즉 탄소가 어떤 전자적 환경을 가졌는가에 따라 탄소 양이온, 탄소 음이온, 라디칼, 카벤 등으로 반응이 일어난다. 우선 탄소 양이온(carbocation or carbeniumion)은 세 개의 기존 결합이 동일한 평면에 있고 이와 수직한 방향으로 비어 있는 *p*–오비탈이 존재하는 모습이다.

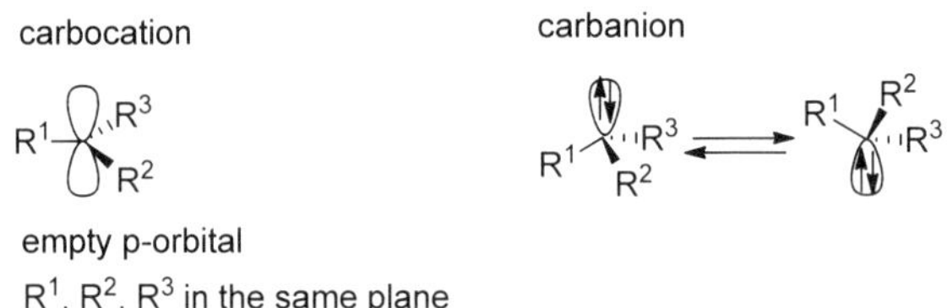

이에 비해 탄소 음이온(carbanion)은 세 개의 기존 결합과 채워져 있는 *p*–오비탈이 sp^3 오비탈의 대체적인 모양을 가진다. 다만 *p*–오비탈이 위아래로 뒤집기가 가능하다.

그리고 *p*–오비탈에 전자를 하나 가진 홑전자의 상태로 있는 것이 라디칼(radical)이다. 또 중요한 한 가지는 기존의 결합을 둘만 가지고 주위에 전자를 둘 가진 카벤(carbene)이다. 이 카벤에는 두 개의 전자가 하나의 *p*–오비탈에 쏠려서 채워진 *p*–오비탈과 비어 있는 *p*–오비탈이 함께 있는 singlet 상태와 *p*–오비탈에 각각에 하나씩의 전자를 가진 triplet 상태가 있다. 이 둘 사이에는 에너지 차이가 별반 크지 않아 유기화학 반응에 각각이 쓰일 수 있다. 이들의 모습은 아래와 같다.

radical　carbene

R1 R2 R3　R1 R2　R1 R2

triplet　singlet

이어지는 이번 장의 앞부분에서는, 이러한 탄소 이온과 탄소 라디칼들이 이루는 반응으로, 잠시 복습하는 의미에서 유기화학 입문에서 배웠던 반응

NOTES

과 그 산물에 대해 살펴볼 것이다. 이는 작용기 변환이나 화학 결합을 만드는 데 출발점이 되는 반응들이다. 그리고 이 장 뒷부분에서 다룰 반응들 역시 대부분 이미 배웠거나 유기화학 시간에 접했던 내용들을 복습하는 것이다.

1. 치환 반응과 제거 반응의 개괄

치환 반응은 이탈기를 가진 탄소에서 일어난다. 이탈기의 전자 끌기로 인하여 탄소 쪽에는 전자가 부족한 상태이며 이 탄소 쪽으로 친핵체가 접근함으로써 이탈기가 떨어지고 친핵체가 결합한다. 이 반응은 이탈기가 먼저 떨어진 후 생겨나는 양이온에 친핵체가 붙는 S_N1 반응과 이탈기가 떨어지는 일과 그 반대 방향으로 친핵체가 붙는 것이 동시에 진행되는 S_N2 반응으로 구분된다. 어떤 반응의 경로를 따를 것인가에 따라 반응 산물의 반응성과 반응 산물의 입체 화학 그리고 경우에 따라서는 탄소 양이온 중간체의 재배열에 따른 산물이 만들어지기도 한다.

이탈기는 때로 그 알파 위치의 수소를 양성자로 잃으면서 출발 물질에서부터 제거 반응이 일어나기도 한다. 이 제거 반응 또한 E1과 E2 제거 반응으로 구분되어 나타나며 특히 E2 반응의 경우 떨어지는 양성자와 이탈기가 반주변(antiperiplanar)해야 한다는 점이 반응 및 반응의 입체 화학을 살피는 데에 아주 중요하다. 이러한 내용은 이후 입체 화학 부분에서 다시금 자세하게 설명하겠다.

R–CH₂CH₂–X $\xrightarrow{Nu^-}$ R–CH₂CH₂–Nu
X = Cl, Br, I
-HX
NaOH
$-H_2O$
OH
TsCl or MsCl
Nu⁻
Base (K*t*-OBu)
OTs or OMs

R–CH₂CH₂–X'	by KF, NaI etc
R–CH₂CH₂–OR'	by NaOR'
R–CH₂CH₂–SH	by NaSH
R–CH₂CH₂–$OCOCH_3$	by CH_3CO_2Na
R–CH₂CH₂–CN	by NaCN

NOTES

2. 알켄의 반응 개괄

탄소–탄소 이중 결합을 가진 알켄 화합물은 파이 결합까지 갖추어 전자가 풍부한 화합물이므로 여러 가지 친전자 반응을 하게 된다. 이 반응에서 반응 기작(메커니즘)도 우선 친전자체 혹은 전자가 다소 부족한 반응물이 이 알켄 분자에 접근함으로써 시작한다. 그리고 알켄 결합에서의 두 탄소에 각각 어떤 것이 오느냐에 따라 입체 화학을 달리하는 산물이 만들어지는데, 이에 대한 구체적인 예와 반응에서의 경로 등에 대해서는 후반부에 다시금 설명하였다.

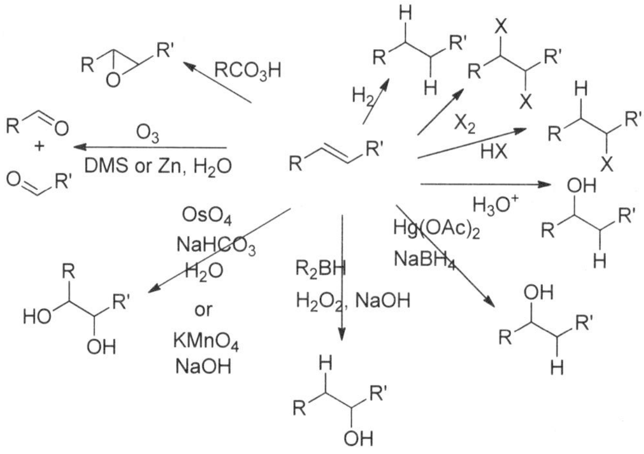

위 그림에서 보여주는 바와 같이 알켄(alkene, olefin)에 물을 첨가하여 알코올을 얻는 것은 아주 중요하면서도 매우 유용한 반응이다. 그런데 산 촉매하에 물을 첨가하는 반응은 그 자체로 탄소 양이온이 안정한 방향(3°>2°>1°>Methyl)으로 수화가 일어나는, 즉 Markovnikov 수화가 주산물을 이루지만, 경우에 따라서는 혼합물로 얻기도 한다. 보통의 산 촉매하의 물 첨가 반응을 다음에 나타내었는데, 여기서 두 화합물이 혼합물로 얻어진다.

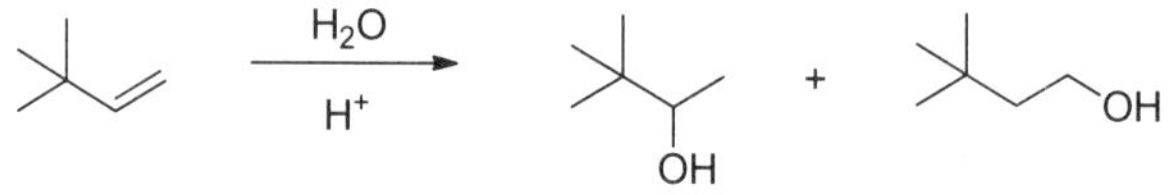

NOTES

이러한 반응의 한계를 뛰어넘어 단일 이성질체만을 얻기 위한 반응이 산화수은화-탈수은(oxymercuration-demerculation) 반응을 이용하는 것이다.

이 반응은 우선 $Hg(OAc)_2$를 이중 결합에 첨가하여 수은 양이온을 만들고 이를 친핵체인 물과 반응시키는데, 양이온 성격을 많이 가지는 탄소와 물이 결합하면, 하이드록시 수은 화합물이 만들어진다. 이 수은을 $NaBH_4$의 환원제로 제거함으로써 수화된 알코올을 얻을 수 있다.

$$RCH{=}CH_2 \xrightarrow[\text{2) NaBH}_4\text{, NaOH}]{\text{1) Hg(OAc)}_2\text{, H(Na)}\mathbf{Nu}\text{, THF}} RCH(\mathbf{Nu})-CH_3 \qquad \mathbf{Nu = OR', NHR, N_3}$$

이 반응에서 물 대신 여러 가지의 친핵체를 사용할 수 있으며 그 친핵체의 종류에 따라 알콕시, 아민, 아자이드 등이 결합된 화합물을 얻을 수 있다. 이러한 반응은 분자 내에서도 가능하다. 분자 내의 친핵체 알코올이, 만들어진 수은 중간체에 들어가서 고리화 반응을 일으켜 파이란 고리를 가진 화합물을 형성하는 예를 다음과 같이 찾아볼 수 있다.

TBSO, Et, OH — $Hg(OAc)_2$, KCl, THF → TBSO, Et, O, HgCl — $NaBH_4$, NaOH → TBSO, Et, O, H

이에 반해 하이드로보론화 반응 및 보론과 탄소 결합의 산화를 통한 하이드록시의 도입으로 얻어지는 알코올은 Anti-Markovnikov의 규칙을 따르는, 즉 하이드록시가 알킬 치환체가 덜 있는 쪽으로 산물을 만드는 경우다.

$\mathbf{H}BR_2$, *syn* addition → **H**, BR_2 → **H**, BR_2 — NaOH, H_2O_2 → **H**, OH

NOTES

3. 알카인의 반응 개괄

알켄과 마찬가지로 삼중 결합을 가진 알카인의 반응 또한 주로 친전자 반응이다. 물론 한 분자의 반응물이 들어가 알켄이 되기도 하며 두 분자가 모두 들어가 알케인 화합물이 만들어지기도 한다. 삼중 결합의 알카인은 "Pd"이나 "Pt" 등의 금속 촉매에 의해 두 분자의 수소가 첨가되어 단일 결합의 화합물로 바꿀 수 있으며 Raney nickel을 촉매로 반응하면 한 분자의 수소만 "syn" 첨가를 하여 *cis* 화합물을 얻는다.

알카인 화합물의 반응에서 다른 탄소 화합물의 반응보다 색다르고 주요한 반응 중 하나는 삼중 결합 탄소에 붙은 수소가 상대적으로 아주 acidic 하여 염기에 의해 잘 떨어질 수 있다는 점에서 기인한다. 이 삼중 결합 탄소 음이온은 어떤 친핵체가 할 수 있는 반응들을 잘할 수 있다. 즉 이탈기를 떼어내어 치환 반응을 하거나 혹은 친핵성의 원소에 첨가 혹은 치환 반응 등이 가능하다. 그리고 다른 한 가지의 유용성은 이 삼중 결합에 다른 치환체를 양쪽에 가지고 있는 출발 물질로부터 시스(*cis*)와 트랜스(*trans*) 이중 결합 화합물을 각각 원하는 방향으로 얻어낼 수 있다는 점이다. 앞서 언급한 Raney nickel을 촉매로 한 분자의 수소만 "syn" 첨가를 하여 *cis* 화합물을 얻는 것과 대비하여, 버치 환원 반응(Birch reduction)의 조건(Li, Na, K 등의 금속 원소와 NH_3, 그리고 알코올 순서)에서는 이 삼중 결합이 *cis* 화합물을 주산물로 생성한다.

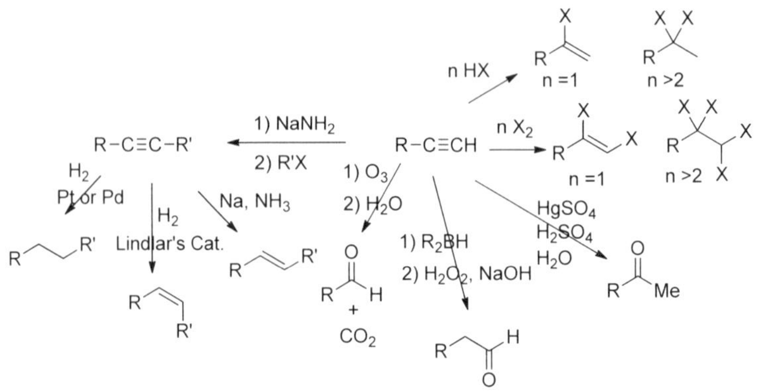

NOTES

알카인의 수화 반응으로 얻어지는 카보닐도 “어느 쪽의 탄소로 카보닐이 만들어지는가?”하는 점에서 다른 뼈대의 이성질체가 만들어지는 반응의 자리 선택성으로 매우 중요하다. 앞에서 살펴본 바와 같이, 탄소 양이온 중간체를 가지고 일어나는 수화 반응(반응 조건, $HgSO_4$, H_2SO_4, H_2O)에서는 치환체가 많은 탄소 쪽으로 카보닐이 생겨난다. 이에 비해 보론 첨가 및 H_2O_2/H_2 첨가로 보론을 제거하여 얻어내는 카보닐은 치환체가 적은 쪽으로 일어난다. 그 이유는 보론의 첨가가 이중 결합의 알켄에서 입체적으로 유리한 치환체가 적은 쪽으로 일어나기 때문이다. 이러한 반응의 차이는 다음 예에서 보여준다.

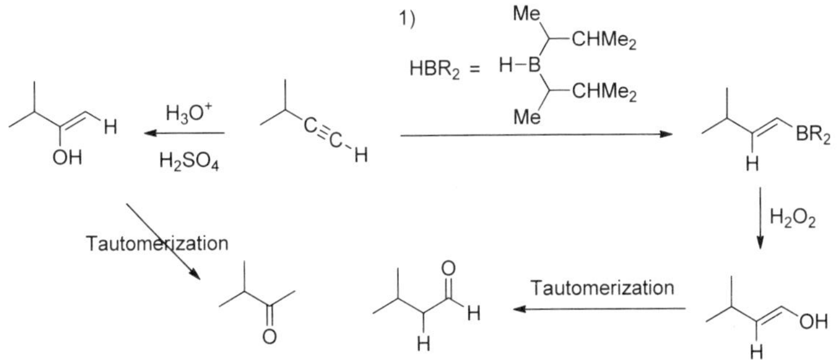

이 밖에 여러 가지의 첨가 반응과 이로부터 생성되는 산물은 위에서 요약해서 보여주고 있다.

4. 알데하이드와 케톤의 반응 개괄

알데하이드와 케톤은 유기 반응에서 아주 중요한 작용기 중 하나다. 이는 여러 가지 다양한 원소 혹은 그룹과 결합 생성 반응의 바탕을 제공한다. 탄소-탄소 사이 이중 결합을 가진 알켄보다 반응성이 크며 특히 다양한 친핵체와 항상 잘 반응할 수 있기 때문이다. 즉 탄소와 산소의 이중 결합은 산소의 전기 음성도 때문에 그 작용기 탄소의 전자가 부족하고, 따라서 친핵체와 매우 잘 반응하며 그 친핵체와의 반응이 첨가 반응으로 다양한 모습의

NOTES

반응을 나타낸다.

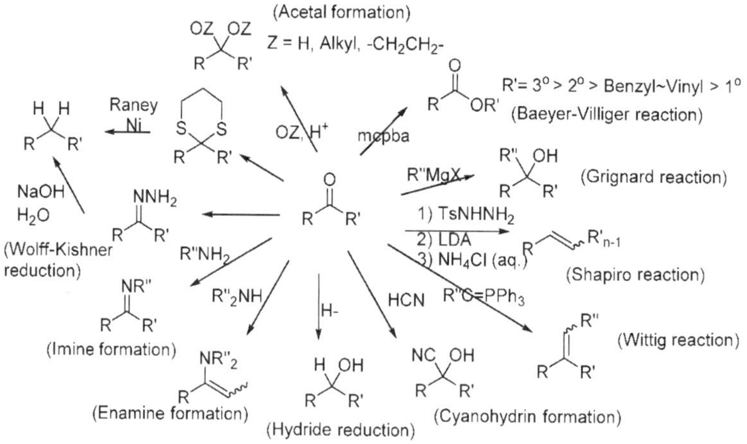

(Acetal formation)
Z = H, Alkyl, $-CH_2CH_2-$
R'= 3° > 2° > Benzyl~Vinyl > 1°
(Baeyer-Villiger reaction)
Raney Ni
OZ, H^+
mcpba
R''MgX
(Grignard reaction)
NaOH
H_2O
(Wolff-Kishner reduction)
NNH_2
1) $TsNHNH_2$
2) LDA
3) NH_4Cl (aq.)
(Shapiro reaction)
$R''NH_2$
R''_2NH
H-
HCN
$R''C=PPh_3$
(Imine formation)
(Wittig reaction)
(Enamine formation)
(Hydride reduction)
(Cyanohydrin formation)

5. 카복실산과 그 유도체의 반응 개괄

탄소와 산소의 이중 결합을 가진 면에서 카복실산은 알데하이드나 케톤과는 동일하며 따라서 친핵체와 매우 잘 반응한다. 그렇지만 가장 큰 차이는 친핵체와 반응하고 생기는 사면체의 반응 중간 단계에서 이탈기가 될 수 있는 것들을 가진 경우이다. 일단 친핵체와의 반응하고서 그 이탈기가 제거됨과 동시에 카보닐로 되돌아오는 카보닐의 치환 반응을 한다.

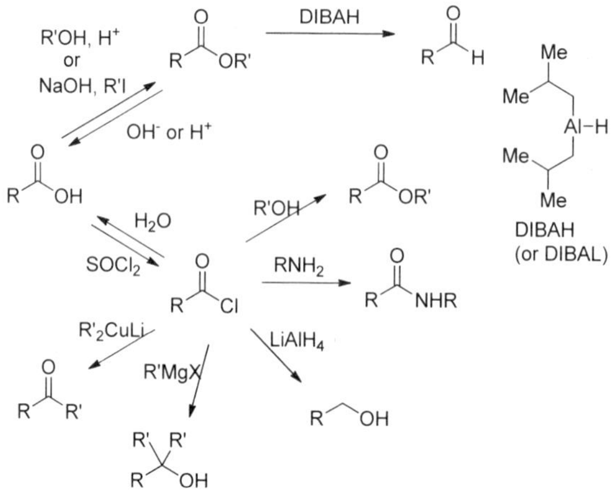

$R'OH, H^+$ or NaOH, R'I
DIBAH
OH^- or H^+
H_2O
$SOCl_2$
R'OH
RNH_2
R'_2CuLi
R'MgX
$LiAlH_4$
DIBAH (or DIBAL)

NOTES

1) 에놀레이트(enolate)의 생성과 이들의 반응

카보닐이나 이와 유사하게 전자를 매우 끄는 작용기의 α-위치의 양성자는 적절한 세기의 염기에 의해, 혹은 스스로 떨어져 음이온을 만든다. 즉 카보닐의 경우 아래에서 보는 바와 같이 α-양성자가 떨어지면서 에놀레이트가 만들어지고 이후 이 에놀레이트는 탄소 음이온과 탄소-탄소 이중 결합의 공명 구조를 만들면서 매우 안정해질 수 있는 열역학적인 성질을 띤다. 이 때문에 탄소와 산소의 이중 결합을 가지는 화학종의 α-위치에서 양성자가 떨어지고 에놀레이트가 만들어지는 것은 아주 용이하다.

이렇게 얻어지는 에놀레이트는 그 자체가 가지는 풍부한 전자가 친핵체가 되며 이것이 에놀레이트의 대표적인 반응으로 나타난다. 반응에는 알킬할라이드(alkylhalide)와 알킬화 반응(alkylation reaction)을 한다. 대부분의 알킬화는 에놀레이트 탄소에서 일어나는 C-알킬화이다. 특별한 예로, 트라이알킬시릴할라이드(trialkylsilylhalide)의 경우 산소에서 알킬화가 일어나는 O-알킬화 반응이 진행된다. 다른 반응은 이 에놀레이트가 친핵체로서 카보닐의 탄소와 일으키는 반응이다. 이 카보닐이 알데하이드나 케톤의 경우 앞서 설명한 바와 같이 첨가 반응을 일으키는 알돌 반응(aldol reaction)을 하여 β-하이드록시 알데하이드 혹은 케톤이 된다. 물론 경우에 따라서는 β-하이드록시 알데하이드 혹은 케톤에서 물이 제거되고, 이로 인해 α,β-불포화 알데하이드나 케톤이 되기도 한다. 반면 카보닐이 에스터인 경우 카보닐에 에놀레이트가 친핵체로 첨가된 후 알콕시 그룹이 좋은 이탈기가 되어 떨어져 나가는 치환 반응을 하게 되고 이로부터 β-카보닐 알데하이드로 진행되는 경우의 클라이젠 축합 반응(Claisen condensation) 반응이 일어난다. 이러한 반응의 개괄은 다음의 화학식을 보면 이해될 수 있다.

NOTES

Enolate for carbon-carbon bond formations

W = C(=O)R^2, CN, NO_2, etc.
as a strong electron withdrawing group

acidic proton

nucleophile

R X Alkylation
X = Cl, Br, I. OTs, etc

Aldol reaction

Claisen condensation

- H_2O

에놀레이트를 쉽게 만들고 또한 활용가치가 높은 화합물이 말론산 에스터다. 다이에틸 말론산 에스터의 경우 NaH 정도의 염기로 α-위치의 양성자가 떨어지고 에놀레이트를 만들며 이후 알킬화 반응을 하면 에스터의 α-위치에 알킬 작용기가 들어간 화합물을 손쉽게 좋은 수율로 얻을 수 있다. 같은 반응을 되풀이해서 다른 알킬화 반응을 하면 알킬 그룹이 두 개 들어간 다이에틸 말론산 에스터를 만들 수 있게 된다. 이 다이에틸 작용기는 적절한 반응 조건에서 하나의 에스터를 제거할 수 있다.

Malonate Chemistry

Diethyl malonate

NaH, R^1X

NaH, R^2X

Decarboxylative H^+, OH^-, Δ, - CO_2

NaCl, H_2O, DMSO, Δ

NOTES

이렇게 얻어지는 카복실산이나 에스터는 결과적으로 에틸아세테이트로부터 에놀레이트를 만들고 이를 알킬화 반응한 예와 동일하다. 다만 에틸아세테이트로부터 에놀레이트를 만드는 일이 다이에틸 말론산 에스터로부터 에놀레이트를 만드는 반응보다 어렵고, 특히 두 번의 알킬화 반응을 진행하기에 어려움이 많다.

이러한 내용을 바탕으로 역합성에 따른 말론산 에스터의 화학(malonate chemistry)의 이용에 대한 예를 들면, 아래와 같이 말론산 에스터의 에놀레이트를 만들고 이의 알킬화 반응으로 필요한 알킬 그룹을 도입하며, 이 만들어진 두 카복실산의 한쪽을 제거해버림으로써 하나의 카복실산으로만 된 최종산물을 얻게 된다. 이의 합성 계획과 합성은 다음과 같다.

합성 계획(결합을 어떻게 만들 것인가)에 따른 역합성

HO$_2$C (TM) ⟹ HO$_2$C$^{\ominus}$ + ⊕ ⟹ EtO$_2$C$^{\ominus}$ ≡ H H, EtO$_2$C CO$_2$Et; ⊕ ≡ X

TM

실제 합성 방법

H H, EtO$_2$C CO$_2$Et —Base (NaH), EtOH; X→ H, EtO$_2$C CO$_2$Et —1) OH$^-$; 2) Heat, H$_2$O→ HO$_2$C

이와 같이 유용한 말론산 에스터의 에놀레이트를 대신할 수 있는 유사한 화학종들은, 동일하게 전자를 끌면서 α-위치 양성자의 산도가 제법 큼과 동시에 이를 안정화시킬 수 있는 작용기를 가진 것으로 말론산 에스터의 에놀레이트와 동일한 화학적 변환과 합성에서 유용하게 사용할 수 있다. 아래는 그런 화합물들(anomalous malonate)의 예이다.

O O, X Y

Anaologous Malonate

X and Y = Alkyl, Ph, OR,
instead of COX or COY; NO$_2$, CN, SO$_2$R etc.

NOTES

이러한 말론산 에스터 혹은 그 두 카복실산 에스터를 대신할 수 있는 역할을 하는 유사체가 카보닐을 가진 알데하이드나 케톤과 반응하여 탈수까지 진행되고서 α,β-불포화 에스터를 얻는 반응이 노에벤나겔(Knoevenagel) 축합 반응이라 명명한다.

2) 노에벤나겔 축합 반응

이 반응의 예를 들면, 알데하이드와 말로네이트, 혹은 이와 비견되는 사이아노를 가진 사이아노아세테이트 등의 두 분자가 축합된 α,β-불포화 에스터를 얻어내는 반응이 있다. 이 반응을 우리는 노에벤나겔 축합 반응이라 명명하고 α,β-불포화 카보닐 화합물을 얻는 좋은 방법이 된다.

Z⌄CO_2Et + $R^1C(O)R^2$ → (RNH_2 or R_2NH, RCO_2H, NH_4OH as a catalyst) $R^1R^2C=C(Z)CO_2Et$

Z = CO_2Et, COMe, CN, etc
R^1 R^2 = H, alkyl or substituted alkyl

이러한 반응의 한가지 예를 아래와 같이 찾아볼 수 있다.

(aldehyde) + NC⌄CO_2Et → (EtOH, H_2N⌄CO_2Et) (product with CO_2Et, CN)

3) 알킬화 반응

앞서 설명한 알킬화(alkylation) 반응을 좀 더 자세히 살펴보자. 에놀레이트가 만들어지고 이것이 친핵체로 이탈기를 가진 알킬과의 반응으로 에놀레이트가 만들어졌던 카보닐의 α-탄소에 이탈기가 떨어져 나간 탄소의 전형적인 친핵 치환 반응으로 알킬화가 일어난다. 예를 들면 아래와 같이 메틸뷰틸에스터르에 에놀레이트가 만들어지고 벤질브로마이드와 반응하여 α-탄소 자리에 벤질이 들어간 산물을 얻는다.

NOTES

LDA THF -78°C; HMPA -78°C

이러한 S_N2 형태의 알킬화 반응은 헥사메틸 포스포아마이드(HMPA, Hexamethylphosphoramide) 또는 *N,N'*-다이메틸프로필렌유레아(DMPU, N, N'-Dimethylpropyleneurea)에 의해 반응이 빨리 그리고 잘 일어나도록 하는 성질이 있어 알킬화 반응 중 이 첨가물을 사용하기도 한다.

4) 알돌 반응(Aldol reaction)

앞서 설명한 바와 같이 에놀레이트가 만들어지고 난 후 그 자체가 가지는 풍부한 전자가 친핵체가 되어 알데하이드나 케톤과 하는 첨가 반응을 알돌 반응(aldol reaction)이라고 한다. 이 반응의 반응 산물은 β-하이드록시 알데하이드 혹은 β-하이드록시 케톤이며 경우에 따라서는 물이 제거되기 때문에 α,β-불포화 알데하이드나 α,β-불포화 케톤이 되기도 한다. 그런 연유로 우리는 역합성에서 카보닐의 α-위치를 음이온으로, 그리고 이 음이온을 받아내는 알돌 반응의 알데하이드나 케톤을 하이드록시 양이온으로 만드는 계획으로 합성을 설계할 수 있다.

알돌(aldol) 반응을 이용하는 반응물 합성 설계

Aldol reaction

$- H_2O$

이러한 알돌 반응이 자기네들끼리 에놀레이트를 만들고 이것이 동일한 분자의 카보닐에 첨가되면서 셀프 알돌 반응(self-aldol reaction)이 일어나기

NOTES

도 한다. 이러한 반응의 한 가지 예로 바로 페닐아세트알데하이드(phenyl-acetaldehyde)끼리의 반응을 볼 수 있다.

2 X H O NaOEt EtOH CHO OH

① 분자 간 알돌 반응

이와 달리 분자 간 알돌 반응(intermolecular aldol reaction)은 어떤 특정한 분자를 에놀레이트로 만들고 이것이 다른 분자의 카보닐에 첨가되면서 일어난다. 이와 같은 반응들의 예를 아래에서 찾아볼 수 있으며 이러한 분자 간 알돌 반응이 합성에서 더욱 중요시되고 유용하게 활용된다.

OH O O_2N NaOH O H + O O_2N

특히 에놀레이트를 미리 만들어 두고서 이를 알데하이드에 반응시키게 되면 확실하게 어느 쪽의 탄소가 하이드록시 그룹을 가지며 어느 쪽이 카보닐을 가지는지를 알 수 있다. 한편 염기에 의해 산도를 달리 가지는 α-위치의 다른 양성자의 제거에서 생겨나는 자리 선택성도 에놀레이트를 미리 만들어 둠으로써 결정할 수 있다. 즉 예를 들어 에놀레이트를 미리 만들어 두는 것은 에놀레이트를 만드는 방법의 차이 때문에 생겨나는 아래 두 가지의 다른 에놀레이트를 만드는 케톤에서 LDA를 염기로 양성자를 제거하면 왼편의 에놀레이트가 오른편의 에놀레이트보다 훨씬 유리하게 만들어져 알돌 반응을 하더라도 1번 탄소의 첨가가 3번 탄소의 첨가물보다 잘 생겨나는 것을 볼 수 있다.

$O^{\ominus}$ is much favorable $O^{\ominus}$

NOTES

(1) LDA, THF - 78°C
(2)
(3) H_2O

당연하게 이러한 알돌 반응은 분자 내에서도 일어난다. 이 경우 열역학적으로 유리한 고리 화합물이 만들어지며 그 예는 아래와 같다.

분자 내 알돌 반응(intramolecular aldol reaction)

KOH / EtOH → [OH, O] → $- H_2O$

TM

이 알돌 반응에 이용되는 에놀레이트가 카복실산의 유도체인 에스터와 반응하는 경우 카보닐에 에놀레이트가 친핵체로 첨가된 후 에톡시 그룹이 좋은 이탈기가 되어 떨어져 나가는 치환 반응을 하게 되고 이로부터 β-카보닐 알데하이드 혹은 케톤이 되는 경우의 클라이젠 축합 반응을 하게 되는데 이의 예를 아래에서 볼 수 있다.

클라이젠 축합(Claisen condensation)

2 X OEt —NaOEt / EtOH→ OEt

OEt + OEt (slow addition) —NaOEt / EtOH→ OEt

위의 예에서 보는 바와 같이 카보닐 치환 반응으로 β-카보닐 알데하이드 혹은 케톤이 만들어진다.

NOTES

5) 디에크만 축합

클라이젠 축합을 이용한 고리화 반응을 우리는 디에크만(Dieckmann) 축합 반응이라 일컬으며 고리의 화합물로 α-알콕시사이클론(작용기 중심으로 산물을 보면 클라이젠 축합의 산물이 주는 β-카보닐 케톤의 형태이다)을 얻을 수 있게 된다. 그 예를 보면 아래와 같이 다양한 크기의 고리 화합물을 얻는 좋은 반응 방법이 되고 있다.

CO_2R CO_2R ( )n —NaOEt / EtOH→ O, CO_2R ( )n

그 구체적인 반응의 예를 들면 다음의 화합물 반응에서 찾아볼 수 있다.

R, EtO_2C, CO_2Et —NaOEt / EtOH→ O, R, CO_2Et

6. 엄폴렁

카보닐의 synthon에서 보는 바와 같이 내재된 극성이 원래의 작용기가 보이는 극성과 다른 경우 우리는 이들의 합성을 위한 방편을 엄폴렁(umpolung) 혹은 극성 바꿈(polarity inversion)이라 일컫는다. 이들과 같은 합성 동위체를 만드는 작업에 대해 살펴보자.

우선 아래의 예처럼 알파하이드록시 케톤을 만드는 일에 대해 살펴보자. 역합성(retrosynthetic analysis)을 하고서 synthon을 얻고 보니, 카보닐의 탄소가 음이온적 성격을 가져야 하는 경우가 생길 수 있다. 그러나 잘 아는 바와 같이 카보닐 탄소의 내재된 원래의 극성은 전자가 상대적으로 부족한 양이온적 극성이다. 이럴 때 신톤(synthon)을 어떻게 만들 것인가 하는 문제에 봉착하는데, 그 해답을 찾는 일이 반세기 전에 이루어졌다. 즉 이러한 카

NOTES

보닐을 직접 만들 수는 없지만 이와 꼭 같은 산물을 얻어낼 수 있는 몇 가지의 다른 방법이 개발된 것이다. 그 방법이라 함은 1,3-dithiane으로 된 thioacetal을 카보닐에서 만들게 되면 1,3-dithiane의 2번 위치 즉 thioacetal의 탄소에 양성자를 염기의 도움으로 떼어 내고서 음이온을 만들 수 있게 되며, 이 음이온으로 하여금 알데하이드와 반응하게 하거나 혹은 알킬화 반응을 하게 되면 결과적으로 thioacetal 탄소(원래 카보닐의 탄소)가 친핵체로 작용하게 되는 셈이다. 이렇게 반응이 끝난 후 thioacetal을 가수분해하여 제거하면 원래의 카보닐로 돌아와서 결과적으로 카보닐의 탄소가 친전자체가 아니라 친핵체로, 원래의 태생적 극성이 뒤집어진 반응을 할 수 있다.

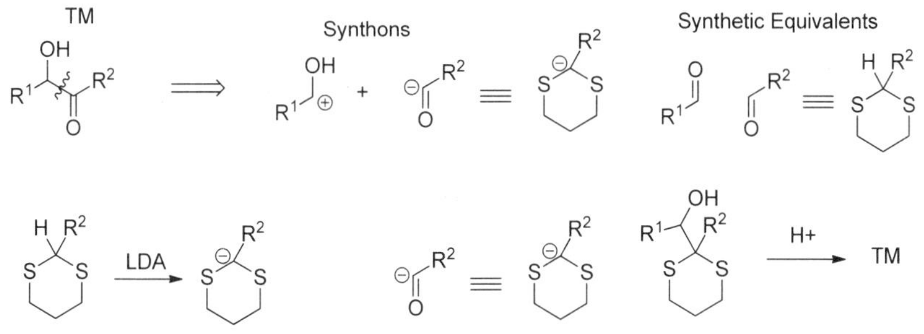

이러한 예로 나이트로알케인을 사용하여 반응을 진행하는 방법도 있다. 나이트로 작용기의 전자를 끄는 힘이 매우 세기 때문에 적절한 염기에 의해 나이트로를 부착하고 있는 탄소의 양성자를 떼어 내고서 음이온을 만들고 이후 이 음이온이 친핵체로 반응하게 함으로써(아래의 예는 알데하이드와 반응하는 것을 보여주고 있다) α-하이드록시-β-나이트로 화합물을 얻게 된다. 이 나이트로 작용기를 Nef 반응으로 알려진 $TiCl_3/H^+$로 카보닐을 만들 수 있기 때문에 결과적으로는 α-하이드록시-β-나이트로 화합물로부터 α-하이드록시 카보닐 화합물을 얻는 셈이 된다.

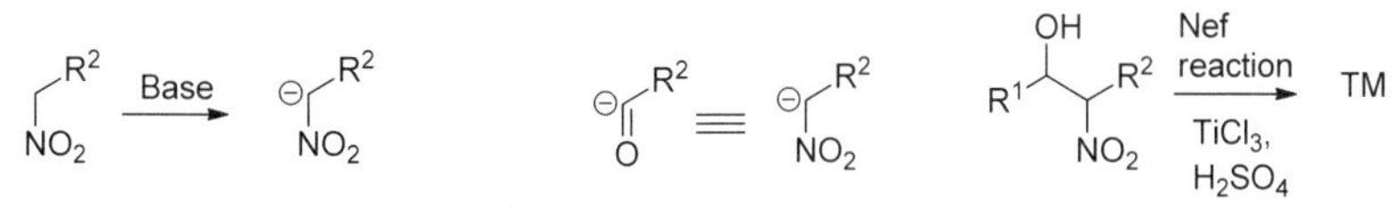

NOTES

엄폴렁 반응의 몇 가지 예로 다음과 같은 것들이 있다.

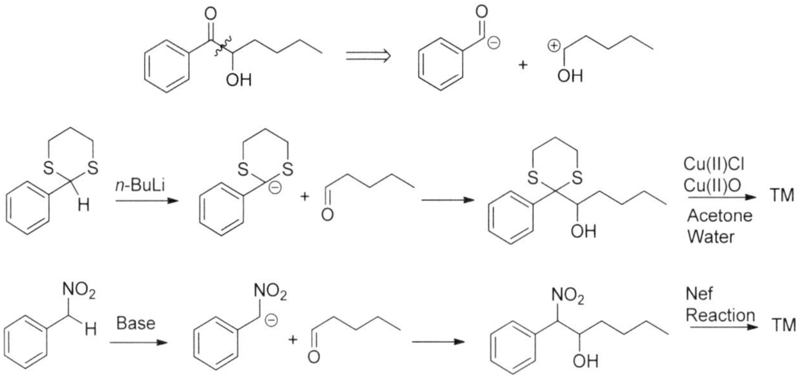
O
OH
O
+
OH
n-BuLi
S
S
H
+
O
OH
Cu(II)Cl
Cu(II)O
Acetone
Water
TM
NO2
H
Base
NO2
+
O
NO2
OH
Nef
Reaction
TM

7. 1,4-첨가 반응(Michael-type reaction, 마이클 반응)

앞서 잠시 언급한 바와 같이, α,β-불포화 카보닐 화합물의 경우 친핵체와 반응을 할 수 있는 부위는 카보닐 카본과 카보닐의 β-위치 두 곳이 있다. 이때 카보닐에 원래 있던 불포화 탄소는 그대로 있으면서 친핵체가 카보닐과 반응하여 알코올을 만드는 1,2-첨가 반응이 가능하다. 또, 카보닐의 β-위치와 반응하여 원래의 카보닐은 그대로 있고 α,β- 불포화 위치에만 첨가반응이 일어난 1,4-첨가 반응도 가능하다. 물론 이 경우 반응을 마치고서 양성자를 친전자체로 첨가하여 반응을 마무리한다.

우선 "1,2-첨가 반응과 1,4-첨가 반응 중 어느 쪽의 반응이 주로 일어나는가?" 하는 점은 반응의 친핵체 성격에 의존한다고 봐도 무방할 것이다. 우선 반응에서 예를 들면 알킬리튬은 1,2-첨가 반응을 선호하며 알킬 구리 화합물이나 Grignard 시약을 사용하면 1,4-첨가가 일어난다. Grignard 시약만을 사용할 때는 1,2-첨가 반응과 1,4-첨가 반응의 혼합물이 얻어지는 경우가 다수지만, 여기에 CuX를 첨가하여 알킬 구리 화합물의 유사 성격의 친핵체를 만들게 되면 1,4-첨가 반응이 주로 일어나는 것이다.

NOTES

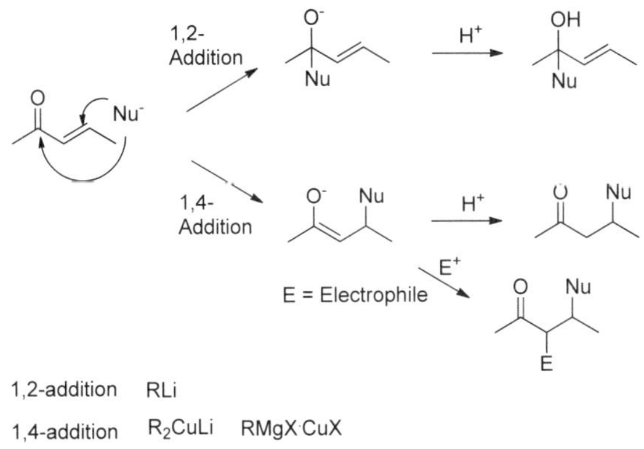
1,2-
Addition
O⁻
Nu
H⁺
OH
Nu
O
Nu⁻
1,4-
Addition
O⁻
Nu
H⁺
O
Nu
E⁺
E = Electrophile
O
Nu
E
1,2-addition RLi
1,4-addition R2CuLi RMgX·CuX

우리는 1,4-첨가 반응을 마이클 타입(Michael-type) 반응이라 일컫고 이 반응에서 친핵체를 마이클 주개(Michael donner)라 일컬으며 이를 받아들이는 α,β-불포화 카보닐 혹은 나이트로 혹은 나이트릴 화합물 등을 마이클 받개(Michael acceptor)라 일컫는다. 이런 마이클 주개와 받개 사이의 Michael-type 반응은 아래와 같은 것을 찾아볼 수 있다.

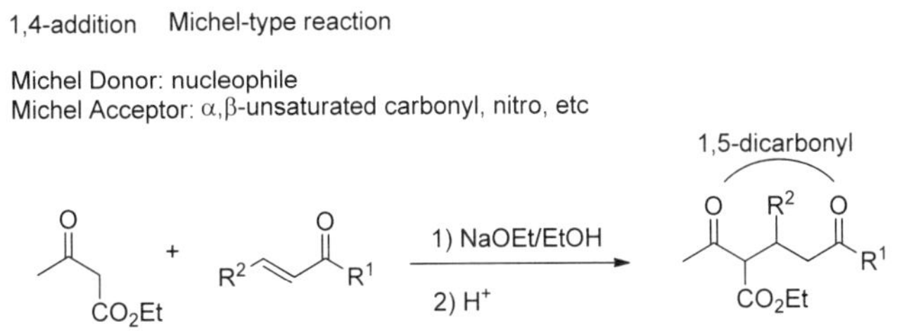
1,4-addition Michel-type reaction
Michel Donor: nucleophile
Michel Acceptor: α,β-unsaturated carbonyl, nitro, etc
1,5-dicarbonyl
O
+
O
R2
R1
CO2Et
1) NaOEt/EtOH
2) H⁺
O
R2
O
R1
CO2Et

이렇게 마이클 주개와 α,β-불포화 카보닐 받개 사이의 Michael-type 반응으로부터 얻어지는 산물은 1,5-다이카보닐의 형태를 얻게 되며 이는 앞부분에서 살펴본 합성의 설계에 그대로 활용할 수 있다.

앞에서 본 것처럼 마이클 반응에서 반응을 마치고서 양성자를 친전자체로 사용하는 대신에 다양한 종류의 친전자체를 사용함으로써 우리는 카보닐의 알파 위치도 작용기 도입이 가능하도록 하는 이 마이클 반응의 용도를 확대할 수 있다. 반응에 사용하는 친전자체 하나로 할로젠화 알케인을 사용하여 알킬 그룹을 카보닐의 알파 위치에 도입하는 알킬화를 할 수 있다.

NOTES

α,β-불포화 카보닐을 가지는 사이클로핵센온에 앞에서 언급한 알킬 구리 화합물(이 경우 n-Bu_2CuLi)을 반응시켜 카보닐의 β-위치에 n-Bu을 도입하고 이때 얻어지는 에놀레이트를 아이오도메탄(CH_3I)과 반응시켜 메틸화를 한다. 그러면 β-위치에 n-Bu과 α-위치에 CH_3를 동시에 도입하는 반응을 할 수 있다. 이 반응의 입체 화학은 도입되는 두 개의 알킬기(n-Bu과 CH_3) 사이가 트랜스(*trans*)의 관계로 얻어지는 것이다. 이는 2번째의 알킬화 반응(CH_3I의 반응)이 처음 알킬화된 중간체에서 그 치환체의 반대 방향에서 알킬화 반응이 일어나기 때문이다.

8. 로빈슨 고리화 반응(Robinson annulation)

1947년에 노벨 화학상을 받은 Robert Robinson

NOTES

α,β-불포화 카보닐 화합물의 반응에서 중요한 한 가지는 Robinson 고리화 반응(annulation)이다. 이는 다른 화합물과 마찬가지로 마이클 반응과 알돌 반응을 연속으로 시켜 고리를 만드는 반응이다. 그림의 사이클로헥산온처럼 카보닐에 α-양성자를 가진 출발 물질의 알파 양성자를 제거하여 에놀레이트를 만든다. 이 에놀레이트를 마이클 주개로 하고 메틸바닐케톤과 같은 카보닐 α,β-불포화 카보닐을 마이클 받개로 하여 반응시키면 1,5-다이카보닐이 얻어진다. 여기에 알파 수소를 가지는 다른 한 반응물과 알돌 반응(aldol reaction)을 해서 고리 화합물을 만드는 반응이다.

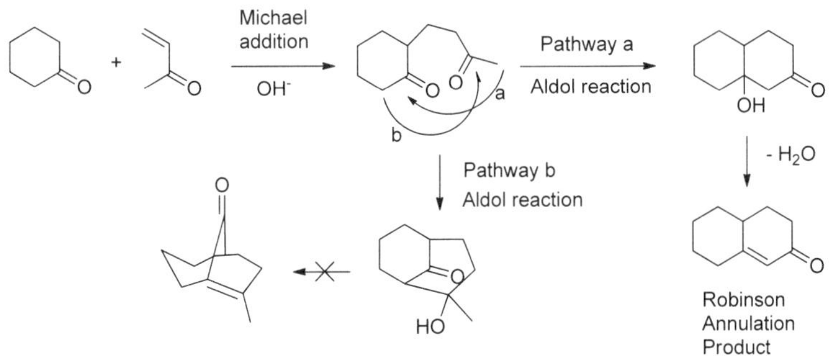

이때 반응의 가능성은 pathway a와 b 중에서 어느 쪽에 에놀레이트가 만들어질 것인가를 보고 결정한다. 즉 α,β-불포화 카보닐 출발 물질에서부터 에놀레이트가 만들어져 퓨즈된 육원자 고리를 가지는 데칼린 화합물이 만들어지는 쪽은 충분히 가능하지만, 원래 고리에 있는 양성자를 떼어 내고 생기는 화합물은 최종 산물이 bridgehead에 이중 결합이 있는, 에너지상으로 아주 불리한 산물이다. 따라서 이 반응은 데칼린 형태로 고리가 만들어지고 이렇게 고리가 만들어지는 반응을 로빈슨(Robinson) 고리화 반응(annulation)이라 일컫는다.

앞서 살펴본 마이클 반응(1,4-첨가 반응)과 알돌 반응이 한꺼번에 일어나면서 그 산물로 고리 화합물이 얻어지는 반응이 로빈슨 고리화 반응이다. 예를 들면 아래와 같이 1,3-다이카보닐(dicarbonyl)의 알파 수소가 굉장히 산도가 높으면, 수소가 잘 떨어져 친핵체가 되기 쉽다. 이렇게 만들어진 친

NOTES

핵체는 마이클 반응을 일으키고 이 마이클 첨가제가 분자 내 알돌 반응을 하게 함으로써 고리화가 일어난다.

OH⁻ Michael Rxn → OH⁻ Aldol Condensation →

이렇게 일어나는 반응에서 역합성은 알돌 반응으로, 더 나아가서는 마이클 반응을 하게 하는 방법으로 분자를 만들어 낼 수 있다. 이는 뒤에서 언급할 딜스-알더 반응(Diels-Alder reaction)과 함께 육원자 고리 화합물을 만드는 매우 좋은 방법이다.

이렇게 일어나는 반응의 또 다른 예를 보자. 베타-카보에톡시 사이클론 화합물과 메틸바닐케톤과의 반응에서는 두 개의 카보닐에 의해 쉽게 떨어지는 양성자 쪽의 탄소가 친핵체로 작용한다. 이로부터 로빈슨 고리화 반응이 일어나 카복시에스터가 고리의 머리 부분에 위치하는 산물을 얻게 된다.

CO_2Et + → OH⁻ → CO_2Et

요약해 보면 위에서 소개한 유기화학 반응의 많은 부분이 친핵체와 친전자체 사이에 일어난다. 친핵체가 되는 것은 음이온이나 전자를 많이 가진 화학종이고 반대로 친전자체는 양이온이거나 전자를 필요로 하는 원소들이다. 표 2.1은 합성 유기화학에서 많이 다루는 친핵체와 그 이름 그리고 이들을 얻기 위해 사용하는 시약과 친전자체를 보여주고 있다. 친전자체는 친핵체와 매우 다양한 반응을 할 수 있으며 그 주된 반응은 표 2.2에 나타내고 있다.

NOTES

표 2.1 합성 유기화학에서 많이 다루는 친핵체와 그 이름 그리고 이들을 얻기 위해 사용하는 시약

친핵체(Nu:)	친핵체의 이름	주로 사용하는 시약
HO^-	hydroxidc	NaOH, KOH
RO^-	alkoxide	NaOMe, NaOEt (또는 NaH + ROH)
RS^-	alkylthiolate	NaSR (RSH + NaOH)
RNH_2	amine	RNH^-는 주로 염기로 사용
R_3P	phosphine	전자 풍부
NO_2^-	nitrite	$NaNO_2$
N_3^-	azide	NaN_3
X^-	halide	NaX
NC^-	cyanide	NaCN
HCC^-	acetylide	HCCH + $NaNH_2$

표 2.2 합성 유기화학에서 많이 다루는 친전자체와 그들의 친핵체와 주된 반응 방법

친전자체(Electrophiles)	이름	친핵체와 주된 반응 방법
 $C^{\oplus}$	Carbocation	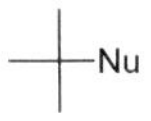 C–Nu
R–X X = Cl, Br, I	Alkyl halide	R–Nu
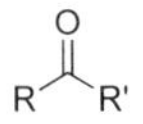 RC(=O)R' R' = alkyl or H	Ketone or Aldehyde	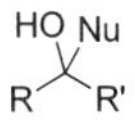 HO, Nu, R, R'
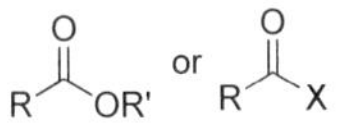 RC(=O)OR' or RC(=O)X X = Cl, Br, I	Ester or acid halide	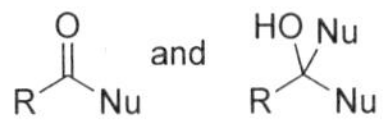 RC(=O)Nu and R(Nu)(Nu)C–OH
O=C=O	Carbon Dioxide(Dry Ice)	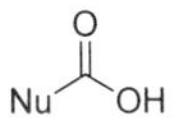 NuC(=O)OH
(epoxide)	Epoxide	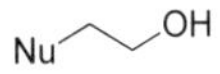 Nu–CH₂CH₂–OH
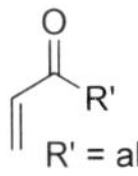 (α,β-unsaturated carbonyl, R') R' = alkyl or H	α,β–Unsaturated Aldehyde or ketone	1,2–addition and 1,4–addition 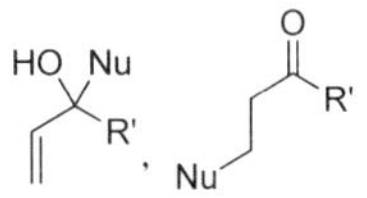 HO, Nu, R' , Nu, R'

NOTES

9. 유기금속 화합물(organometallic compounds)

유기금속 화합물의 탄소는 전자가 아주 풍부한 음이온 성격을 가지는 친핵체로 역할을 하며 이때 가지는 구조와 전자적 환경은 그 금속의 성질 금속의 산화 상태에 따라 달라진다. 하지만 대표적인 몇 가지를 보면 표 2.3과 같이 Li, Mg, Cu, Zn, Al, Pd, Hg 등을 가진 경우가 많이 사용된다.

표 2.3에는 합성 유기화학에서 많이 다루는 염기의 순서와 더불어, 그 짝 이온의 대략적인 pKa 값을 보여준다. 여기서 아민을 제외하고는 모두 금속을 그 짝으로 가지고 있는데, 이는 대부분의 금속이 양이온을 가지며 그 짝이 음이온을 가지는 염기로서의 역할을 할 수 있도록 하고 있다.

표 2.3 합성 유기화학에서 많이 다루는 염기의 순서와 그 짝 이온의 대략적인 pKa 값

염기	짝 이온의 대략적인 pKa 값
RLi	50 이상
RMgX	50
LDA	40
$NaNH_2$	38
t-BuOK	19
NaOEt, NaOMe	16
NaOH, KOH	15
R_3N	11

이러한 염기 가운데에는 적절한 염기를 선택하여 산성을 가질 수 있도록 양성자를 떼어 내면 음이온 친핵체가 되는 것들도 있다. 이렇게 양성자를 읽고 음이온으로 탄소 산(볼드체의 양성자가 떨어지고 생기는 음이온이 그 짝 염기다)의 역할을 하는 화합물을 표 2.4에 요약하였다.

NOTES

표 2.4 합성 유기화학에서 많이 다루는 탄소산과 그의 대략적인 pKa 값

탄소 산(볼드체의 양성자가 떨어지고 생기는 음이온이 그 짝 염기다)	대략적인 pKa 값
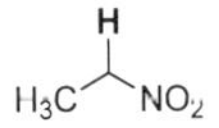 H, H_3C, NO_2	8.6
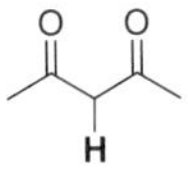 O, O, H	9.0
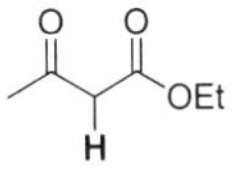 O, O, OEt, H	11
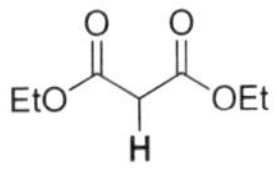 EtO, O, O, OEt, H	13
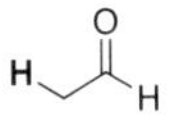 H, O, H	17
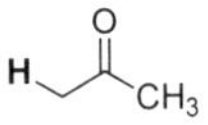 H, O, CH_3	19
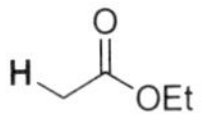 H, O, OEt	25
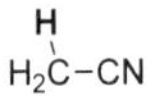 H, H_2C-CN	25
 ≡—H	25
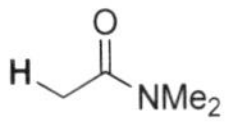 H, O, NMe_2	30
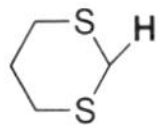 S, S, H	39
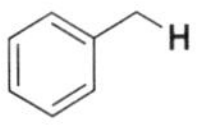 H	41
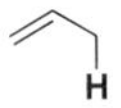 H	43
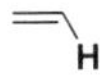 H	44
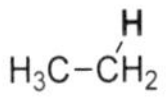 H, H_3C-CH_2	50

이들은 대표적으로 금속과 탄소가 이온 결합의 특성으로 결합하는 화합물을 만들 수 있다.

C(Carbon)-M(Metal) Metals = Li, Mg, Cu, Zn, Al, Pd, Hg, etc.

NOTES

1) 알킬 리튬 화합물

알킬 리튬 화합물(alkyl lithium)의 일부의 예를 들면,

n-BuLi *n*-BuMgX $(n\text{-Bu})_2Cd$ $(n\text{-Bu})_4Pd$ $Li(n\text{-Bu})_2Cu$ *n*-BuR'R''Al

등이 있다. 이들을 만드는 것은 많은 경우 할로젠을 제거하여 리튬을 가지는 화합물을 만드는 것이 대체적이다.

$$RX + R'Li \longrightarrow RLi + R'X \qquad R = \text{Alyl, Aryl, Vinyl}$$

이들 화합물의 구체적인 예는 다음과 같은 것이 있다.

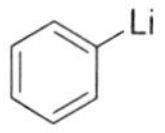

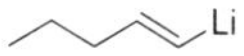

Li Li Li

알킬 리튬이 하는 대표적인 반응

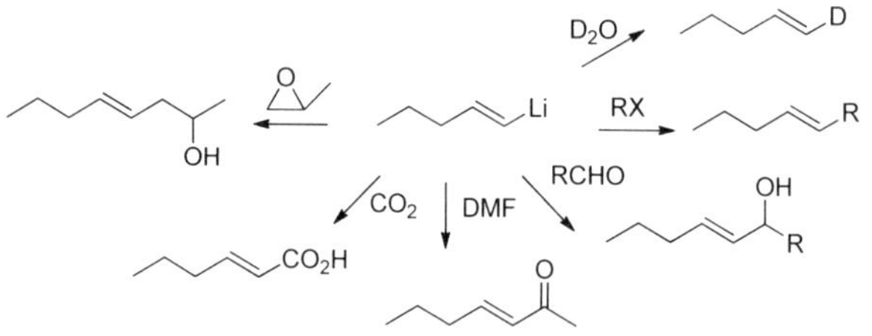

D_2O D Li RX R OH CO_2 DMF RCHO OH R CO_2H O

유기 리튬 화합물의 한 가지 예는 알릴 그룹에 리튬이 들어가는 경우다. 특히 이는 리간드 역할을 해줄 수 있는 소위 오쏘 배향 리간드(DOL = directed ortho lithiation, 작용기는 아래의 화학식에 곁들여져 있다)를 가진 알릴 화합물에 *n*-BuLi과 같은 알킬 리튬으로 처리하여 오쏘 위치의 수소를 떼어 내고 리튬이 들어가서 음이온을 만들고 이것이 친핵 반응을 하게 하는 것이다.

NOTES

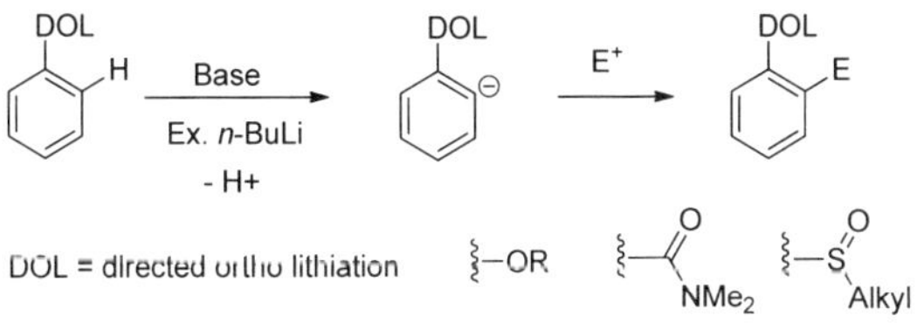

DOL = directed ortho lithiation

이렇게 얻어지는 알릴 리튬 화합물을 알킬화 반응(메틸화)과 카복시화 반응시키면 다양한 치환체를 가지는 아릴 산물을 얻을 수 있다. 예를 들면 다음의 화학식과 같다.

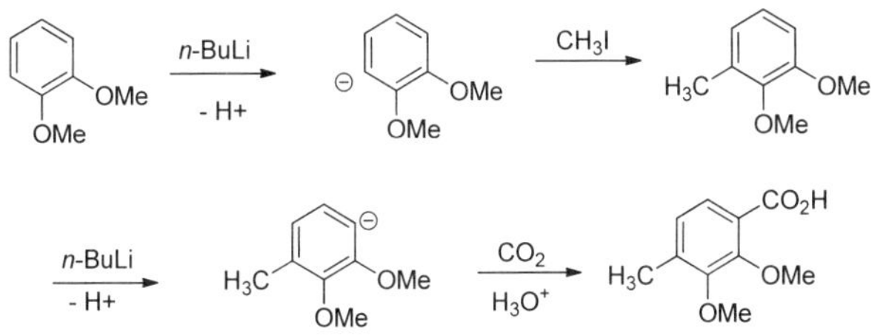

2) 유기 마그네슘 화합물

유기 마그네슘 화합물은 그리냐르(Grignard) 시약으로 알려져 있다. 이들은 알킬할라이드 화합물에 마그네슘을 넣어 만들며 이들이 하는 대표적인 반응은 카보닐 첨가 반응을 통해 알코올을 만드는 것이다.

Organomagnesium reagents(Grignard Reagents)

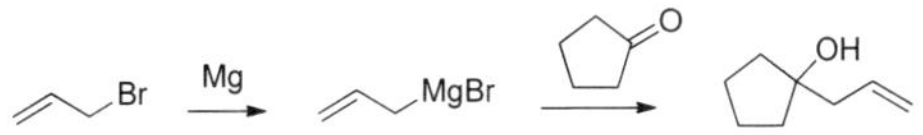

3) 유기 구리 화합물

다음은 길만(Gilman) 시약으로 알려진 구리를 가진 알킬 화합물이다. 알킬 리튬을 CuI와 반응시켜 만드는 것이 가장 흔한 방법이며 리튬다이알킬구리로 존재한다고 보면 된다. 일반적으로 다른 유기금속화합물의 반응과 마찬가지로 이탈기를 떼어 내고 알킬화 반응을 할 수도 있으며 α,β-불포화

NOTES

카보닐 화합물과의 반응에서 알킬 리튬이나 알킬 마그네슘과는 달리 1,4-첨가 반응을 한다.

Organocopper reagents(Gilman reagents)

$$2\,RLi + CuI \longrightarrow R_2CuLi + LiI$$

길만 시약 반응의 예

O
+ R_2CuLi ⟶
O
R

R'⌒Br + R_2CuLi ⟶ R'⌒R

유기금속(알킬 리튬, 알킬 마그네슘, 알킬 구리) 화합물

Organometal reagent의 1,2-addition and 1,4-addition

O
Y
Y = H, alkyl, OR'
Nu^- ⟶ $^-$O Nu, Y — 1,2-addition
Nu^- ⟶ O^-, Nu, Y — 1,4-addition

RLi, 1,2-addition
RMgX, 1,2- and 1,4-addition
R_2CuLi, 1,4-addition

2,3-cyclohexenone이 처음에는 유기 구리 반응물(organocopper reagent, (n-Bu)$_2$CuLi)과 1,4-첨가 반응(nucleophilic 1,4-addition)을 하고 반응 후 생겨나는 에놀레이트(enolate)가 알킬할로젠(이 경우 CH_3I)에 의해 알킬화(alkylation) 반응을 하게 한다. 이 과정에서 두 알킬 치환체의 입체 화학적 관계는 *trans*로 얻어진다. 처음 친핵체에 의한 알킬화가 일어난 후 친전자체가 올 때는 그 처음 온 알킬(이 경우 n-Bu)과 반대 방향으로 오기 때문이다.

NOTES

O (n-Bu)$_2$CuLi → O$^-$ n-Bu → CH_3I → O Me n-Bu trans relation

H n-Bu MeI O$^-$

4) 유기 아연 화합물

유기 아연 화합물(organozinc compounds)을 이용한 반응은 대표적으로 리포마스키 반응(Reformatsky reaction)이 있다. 이는 에스터의 α-위치의 브로민을 아연이 떼어 내고 그 브로민이 있던 자리의 탄소가 친핵체가 되게 하여 케톤과 반응시켜 β-하이드록시 에스터를 만드는 반응이다.

Br OEt O → Zn, Et_2O → [ZnBr OEt O ⇌ OZnBr OEt]

O + Br OEt O → Zn → HO CO_2Et

이 반응은 경우에 따라 매우 유용하고 효과적인 β-하이드록시 에스터를 만드는 반응이다. 그중 한 가지 예를 다음과 같이 뷰틸레이트의 α-위치를 케톤에 도입하는 반응에서 찾아볼 수 있다.

Br CO_2Et + O → Zn → HO CO_2Et

NOTES

10. 유기 전이 금속 반응(organic transition metal mediated reactions)

1) 전이 금속에 의한 반응

위에서 언급한 반응들 이외에도 최근 들어 아주 많이 개발되고 또한 사용하고 있는 전이 금속을 이용하는 반응들에 대해서 아래의 예를 찾아볼 수 있다. 이 반응들의 개발자들은 일찍 비행기 사고로 운명을 달리한 Stille를 제외하고서는 모두가 노벨상을 받았다.

(1) Metathesis(주로 Grubbs 촉매 사용)

이 복분해 반응은 반응은 이중 결합을 가진 알켄 사이에 일어나는 반응으로 알켄과 알켄을 연결해 주는 반응이다. 이 반응으로 우리는 새로운 알킬 화합물을 만들어 낼 수 있다.

TM

R1 R2 ⟹ R1 + R2 Grubbs Catalyst → R1 R2

아래는 이 반응으로부터 얻는 한 가지의 아주 단순한 예이다. 이러한 반응은 고분자를 만들거나 만들어진 고분자를 변형하는 데에도 아주 많이 활용되고 있다.

2 x → Grubbs Catalyst

이 반응에서는 분자 내의 이중 결합들을 묶어 고리를 만든다. 이러한 고리 형성 반응을 고리화 복분해 반응(ring closing metathesis)이라고 하며 고리를 묶는 아주 좋은 방법 중 하나다.

NOTES

Ring Closing Metathesis

Grubbs Cat.

Grubbs Catalyst

(2) **헤크 반응**(Heck reaction)

다음으로는 금속 가운데 팔라듐(Pd)을 사용하는 반응들이 대부분이다. 이를 활용한 아주 초창기의 일이 바로 Heck가 개발한 것으로, 알릴기를 이중결합 사이에, 즉 이 두 분자를 묶는 결합 생성 반응이다.

X = Br, I
Aryl or Vinyl

R = EWG or EDG
Ar, CO_2R, CN, R, H

Pd(0)
Base

이러한 반응의 한 가지 간단한 예를 보면 다음과 같은 예를 찾아볼 수 있다.

TM

X = Br, I

Pd(0)
n-Bu_3N

$Pd(OAc)_2$, (1 mol%)
PPh_3, (2 mol%)
Et_3N, 100 °C

(3) **스즈키 반응**(Suzuki reactions), **스틸 반응**(Stille reactions), **네기시 반응**(Negishi reactions)

Heck 반응과 마찬가지로 알케닐 혹은 아릴(바이닐) 할라이드나 트리플레이트를 바이닐 화합물과의 짝지음 반응도 Pd 금속 촉매를 사용하여 진행할 수 있다. 이때 사용하는 짝이 어떤 작용기의 것이냐 하는 것에 따라 이를 개발한 화학자의 이름과 함께 Suzuki, Still 그리고 Negishi 반응 등으로 구분

NOTES

한다. 이들은 공통적으로 아래와 같은 반응의 메커니즘을 가지고 있다. 먼저 알케닐 혹은 아릴(바이닐) 할라이드나 트리플레이트가 다른 짝의 여러 금속의 알케닐 혹은 알릴 금속 화합물과 트랜스금속화(transmetalation)를 한다. 다음으로 이성질화를 거쳐 두 개의 기질이 서로 결합한다. 이후 환원적 제거 과정을 거쳐 최종적으로 산물을 얻는다. 이는 Pd 촉매 아래에서 일어나는 짝지음 반응의 공통적인 반응 메커니즘이다.

R-R'
$L_2Pd(0)$
R-X
(Alkenyl or
aryl halide, trflate)
reductive elimination
oxidative addition
R-Pd(L)(L)-R'
$L_2Pd(R)(X)$
isomerization
transmetalation
R-M
(Alkenyl or aryl
zinc, boron, tin,
aluminum, or zirconium)
M-X
R-Pd(L)(L)-R'

TM
$\Longrightarrow$ Ar–X + R_2B–CH=CH–R^1 —Pd(0) L2→ Ar–CH=CH–R^1
X = Br, I, OTf
Suzuki reaction
Bu_3Sn–CH=CH–R^1
Stille reaction
XZn–CH=CH–R^1
Negishi reaction

아래는 Stille 반응과 Suzuki 반응의 예를 보여준다. 이 반응은 공업적으로도 널리 활용되고 있다.

Stille coupling(독성 금속 Sn 대신에 달리 사용하는 방법도 연구가 많이 이루어졌다)

Ph–X + $AllylSnBu_3$ —PdL_2→ Ph–Allyl

X = Cl, Br, I, OTf

NOTES

Suzuki 반응의 예

n-C_4H_9–CH=CH–B(catechol) + Br–C_6H_4–OMe (MeO) $\xrightarrow[\text{NaOMe, MeOH}]{Pd(PPh_3)_4\ (1\ mol\%)}$ n-C_4H_9–CH=CH–C_6H_4–OMe (MeO)

유기 합성에서 팔라듐 촉매에 의한 짝지음 반응에 대한 연구로 2010년 노벨 화학상을 수상한 Richard F. Heck, Ei-ich Negishi, Akira Suzuki

이 밖에도 Pd 등 전이 금속을 촉매로 하는 다양한 종류의 짝지음 반응이 있는데 예를 들면 구마다 짝지음(Kumada coupling), 소노가시라 짝지음(Sonogashira coupling), 히야마 짝지음(Hiyama coupling) 등이다.

Kumada coupling

C_6H_5–MgX + Br–R(Ar) $\xrightarrow[\text{or } NiCl_2]{CoCl_2}$ C_6H_5–R(Ar)

Sonogashira coupling

C_6H_5–C≡CH + I–C_6H_5 $\xrightarrow[CuI,\ Et_2NH]{PdCl_2(PPh_3)_2}$ C_6H_5–C≡C–C_6H_5

Hiyama coupling

CH₃CH=C(CH₃)–$SiMeX_2$ (X = Cl, OEt) + I–C_6H_5 $\xrightarrow[TBAF]{PdCl_2(iPr_3P)_2}$ CH₃CH=C(CH₃)–C_6H_5

NOTES

11. 부크왈드-하트위그 반응(Buchwald-Hartwig coupling reaction)

이 반응은 원래 Migita가 1993년, 주석(Sn)을 가진 아민과 아릴 할라이드 사이에서 팔라듐 촉매에 의한 탄소 질소의 짝지음 반응으로 아민화(amination)를 할 수 있음을 보여준 것으로부터 출발하였다. 하지만 Sn을 가진 아민을 당량으로 만들어야 하며 반응 후 Sn을 제거해야 하는 한계가 있었다. 이를 부크왈드와 하트위그가 각각 독립적으로 같은 때 이런 문제들을 극복하고 직접적으로 아릴 그룹에 아민화 반응을 할 수 있는 방법을 개발하고 이를 발표하였다.

Ph–X + HNR^1R^2 → ($PdCl_2L_2$, Base (if necessary), Heat) → Ph–NR^1R^2

X = H (well coordinated), Cl, Br

이 반응의 특징은 Pd 촉매에 아릴 할라이드(Cl, Br)을 가진 짝에 아민을 직접 반응시켜 아민화를 시킬 수 있다는 것이다. 그 한 예가 다음과 같은 브로모벤젠(bromobenzene)에 몰포린(morpholine)을 반응시켜 이들의 짝지음 산물을 얻는 것이다.

Ph–C_6H_4–Br + HN(morpholine) → ($PdCl_2(P(o\text{-tolyl})_3)_2$, NaO*t*-Bu, 100 °C) → Ph–C_6H_4–N(morpholine)

이 밖에도 알릴할라이드 대신 할로젠을 가지지 않는 벤젠 화합물과도 적절한 배위(coordination)가 가능한 경우 아민화를 이루어 낼 수 있다. 이 과정 중에는 입체 화학이 그대로 보존된다.

$PhCH_2CH_2$–NH–CH(Me)Ph → ($Pd_2(dba)_3$, $P(o\text{-tolyl})_3$, Toluene, 100 °C) → N-(CH(Me)Ph)indoline

NOTES

12. 투지-트로스트 짝지음(Tsuji-Trost coupling reaction)

탄소-탄소나 아릴의 아민화 이외에도 아주 오래전에 많은 연구가 이루어진 Pd 촉매에 의한 일종의 친핵 치환 반응이 개발되었다.

R／＼X —(Pd catalyst / Nucleophile)→ R／＼Nu

이는 이탈기(수소, 혹은 OAc)를 이중 결합의 알릴 위치에 가지고 있는 경우 친핵체에 의한 치환 반응이 일어나도록 하는 반응이다. 화합물의 합성에 아주 유용하게 사용되는 반응의 하나다.

$PdCl_2$, NaCl / AcOH, NaOAc → $NaCH(CO_2Et)_2$ / PPh_3, THF, rt → (CO_2Et, CO_2Et)

MeO_2C … OAc —($Pd(PPh_3)_4$, PPh_3 / $NaCH(CO_2Me)_2$ / THF, reflux)→ MeO_2C … $CH(CO_2Me)_2$

이 반응에서 Pd 촉매에 의해 이탈기가 떨어져 나갈 때, 이탈기의 반대 방향으로 Pd이 떨어지고 친핵체가 올 때는 그 착물의 반대 방향으로 온다. 전체적으로 이탈기와 친핵체는 같은 방향의 산물을 준다.

13. 알켄의 제법

탄소와 탄소의 이중 결합을 만드는 것은 1) 단일 결합의 기질에서부터 제거 반응 혹은 2) 친핵체 성격의 새로운 반응물에서 친핵체와 첨가 반응을 잘 하는 알데하이드나 케톤과 반응을 통해 원래의 카보닐 자리에 이중 결합을

NOTES

만들거나 3) 삼중 결합의 첨가 반응으로부터 만들어 내는 것이다. 이 밖에도 다양한 방법이 있는데 이들에 대한 자세한 것은 반응을 다루는 합성 교재들을 참고하길 바란다. 여기서는 Shapiro 반응에 대해서만 간략하게 설명하고자 한다.

1) 알켄을 알케인으로부터 얻기

우선 제거 반응으로부터 이중 결합을 얻어내는 것은 서로 이웃한 수소와 X 그룹 혹은 원소(halogen, OH, OTs (OMs), N^+R_3)와 함께 원래의 출발 물질에서부터 제거가 일어나 이중 결합이 되는 것이다.

- HX

H X

X = halogen, OH, OTs (OMs), N^+R_3

이렇게 일어나는 반응은 E1(탄소 양이온 중간체 생성)과 E2(중간체 없이 일어나는 반응) 반응이 주를 이루고 경우에 따라서는 $E1_{cb}$(탄소 음이온 중간체 생성)의 경우도 있을 수 있다. 여기에서는 E1과 E2 반응만 소개하도록 하겠다.

E1 반응은 전자를 가지고서 이탈기가 먼저 떨어지면서 탄소 양이온을 중간체로 만드는 메커니즘을 나타낸다. 반응 산물은 안정한 이중 결합 쪽으로 만들어지며 경우에 따라서는 탄소 양이온이 하이드라이드 이동이나 메틸 이동으로 더욱 안정한 탄소 양이온을 만든 후 양성자가 떨어져 제거 반응을 하게 되는 경우도 있다.

OH

H_3PO_4

Major + Minor

OH

MsCl (1.1 equiv.)
Pyridine

OMs

KO*t*-Bu
t-BuOH

Br_2, PPh_3
CH_3CN

Br

DBU
Δ

S

NOTES

OH $\xrightarrow[- H_2O]{H_3PO_4}$ [methyl migration]

E1 반응과는 달리 E2 반응은 이탈기와 이중 결합을 만들 이탈기 바로 옆 탄소의 수소가 동시에 떨어지는, 그래서 반응 중간체를 만들지 않는 방향으로 반응이 진행된다. 따라서 이 경우에는 떨어지는 이탈기와 수소의 삼차원 공간 배치가 매우 중요하며, 반응이 일어나기 위해서는 이들 둘 사이가 안티 준평면(antiperiplanar)이어야 한다. 따라서 아래의 예에서 보는 바와 같이 이들 둘 사이의 관계에 따라 *E* 혹은 *Z* 이성질체가 선택적으로 만들어진다.

NaOEt → only *Z* isomer

NaOEt → only *E* isomer

다음으로는 *syn* 방향으로 이웃한 수소를 떼어 내면서 함께 떨어지는 pyrolytic *syn*-eliminations이라는 반응이 있다. 그래서 대단히 자리 선택적(regiospecific)이고 입체 선택적(stereospecific)인 제거 반응이라는 장점이 있다. 이들 반응을 유도하는 작용기는 주로 황이나 산소, 셀레늄이 가진 산소와 함께 일어나며 따라서 고리화된 전이 상태를 가지고 반응이 일어나기 때문에 *syn*-elimination이 일어나게 된다.

Y = (R = alkyl)

NOTES

여기에 탄소나 황 혹은 질소와 결합된 산소나 산소 음이온이 이웃하고 있는 *syn* 방향 수소에 대해 가상적인 6원자 고리 형태의 전이 상태로 제거 반응을 유도한다. 다음은 그 간단한 예이다.

H_3PO_4 1) NaH   2) CS_2, CH_3I Δ

동일한 *syn*-2-benzylcyclopentanol의 제거 반응에서 단순하게 산으로 E1 제거 반응을 하게 되면 가장 안정한 형태의 산물을 얻을 수 있을 것이다. 이는 곧 이중 결합이 이동하면서까지 안정화를 찾는 benzene 고리에 conjugation을 하게 하는 산물이 얻어짐을 의미한다. 그렇지만 이 제거 반응을 *syn* 방향으로 이웃한 수소를 떼어 내면서 함께 떨어지는 xanthate를 만들어 pyrolytic *syn*-elimination을 하게 되면 *syn* 관계의 수소를 가지는 쪽의 5번 탄소의 수소와 함께 제거 반응이 일어나게 된다. 그래서 benzylcyclopentene이 열역학적으로 더 안정함에도 불구하고 벤질사이클로펜트-2-엔(benzylcyclopent-2-ene)이 만들어진다.

2) 카보닐과 반응하여 알켄 얻기

친핵체 성격의 새로운 반응물에서 친핵체와 첨가 반응을 잘하는 알데하이드나 케톤과 반응으로 원래의 카보닐 자리에 이중 결합을 가지는 반응으로 여기에 소개하고자 하는 것은 Wittig, Peterson, and Julia olefination이다. **비티히(Wittig) 반응**의 변경된 형태의 **Horner-Wadsworth-Emmons(HWE) 반응**과 Julia 반응을 더욱 안정되고 쉽게 그리고 훨씬 수행하기 좋은 형태로 바꾼 Julia-Kocienski 반응은 아래에서 볼 수 있다. 이들은 모두 PPh_3, $SiMe_3$, $PhSO_3$를 가진 바로 그 탄소에 친핵성의 음이온을 만들고 이를 알데하이드나 케톤과 반응시켜 원래의 카보닐 자리에 이중 결합을 만드는 방법이다.

NOTES

Wittig $Ph_3\overset{+}{P}-C^-$
Peterson Me_3Si-C^-
Julia O_2SPh-C^-

$O=C(R^1)(R^2) \rightarrow C=C(R^1)(R^2)$

Horner-Wadsworth-Emmons

$EtO-P(=O)(OEt)-CH_2CO_2Et \xrightarrow{Base} EtO-P(=O)(OEt)-\bar{C}HCO_2Et$

Julia-Kocienski

Base

다음은 Wittig 반응을 활용한 하나의 예인데 대부분의 경우, 즉 일라이드(ylide)가 안정하지 않은 경우에는 *cis* 이중 결합이 주로 얻어진다.

KHMDS / - HBr

Z isomer

물론 특별한 반응 조건이나 반응에서의 Wittig 시약을 바꿈으로써 *cis*가 아니라 *trans*가 주산물이 되도록 할 수도 있다. 즉 안정한 ylide를 만들고 이것이 반응하는 경우 *trans*가 주로 얻어진다. 이의 예는 아래와 같이 Horner-Wadsworth-Emmons(HWE) 반응에서 찾아볼 수 있다.

TsOH

K_2CO_3

페터슨(Peterson) 반응에서는 $SiMe_3$를 가진 탄소에 음이온을 만드는데, 만드는 방법에는 크게 두 가지가 있다. 하나는 $SiMe_3$를 가진 탄소에 붙은 양성자를 강한 염기 보통의 경우 *n*-BuLi으로 떼어 내는 방법이다. 다른 하나는 아니면 $SiMe_3$를 가진 탄소에 Cl이나 Br을 가진 출발 물질을 Mg과 반응시켜 Grignard 시약과 같이 얻어내는 방법이다. 이렇게 얻어지는 음이온을 알데

NOTES

하이드나 케톤과 반응시키고 α-트라이메틸실릴-β-하이드록시 알카인을 얻는다. 이때 두 그룹 α-트라이메틸실릴-β-하이드록시는 threo 관계로 얻어진다. 이렇게 얻어진 화합물에서 α-트라이메틸실릴-β-하이드록시를 제거할 때 산으로 제거하면 안티-제거(*anti*-elimination)가 일어나 benzyl-cyclopent-2-ene의 Z 이성질체를 주로 얻고 염기로 제거하면 신-제거(*syn*-elimination)가 일어나 E 이성질체를 얻는다.

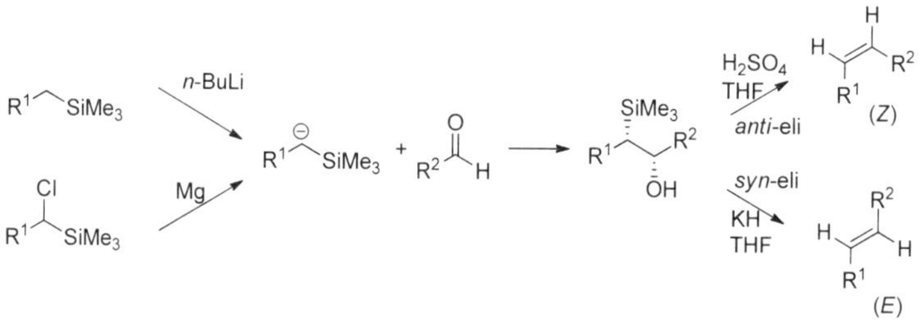

세 번째로 소개한 Julia 그리고 **Julia-Kocienski 반응**을 보면 반응에서 앞의 Wittig 반응이나 Peterson 반응과 같이 알데하이드나 케톤과 반응하여 원래의 카보닐 작용기의 위치가 탄소-탄소의 이중 결합이 오게 되는 결과는 마찬가지다. 이때 오는 이중 결합은 거의 대부분 *trans*로 얻는다.

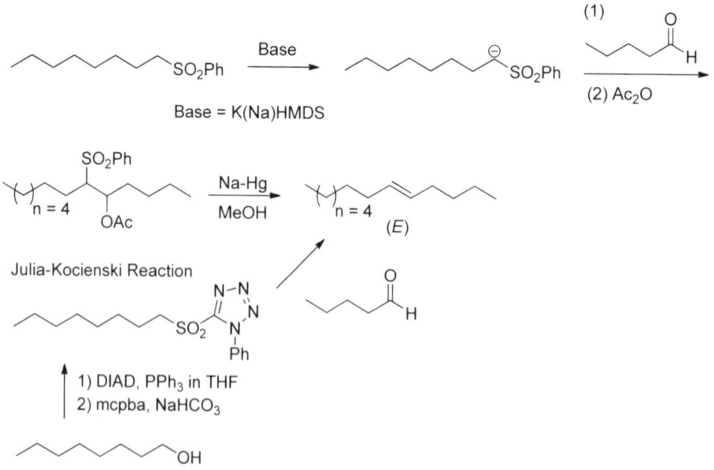

NOTES

그런데 위에서 보는 원래의 Julia 반응은 반응에서의 재현성 구현이나 혹은 반응의 진행에서 다소의 불편한 점이 있다. 이를 페닐테트라졸(phenyl-tetrazole)을 가진 설폰으로 만들어 원래의 Julia 반응을 더욱 손쉽고 재현성 있는, 그리고 훨씬 믿을 만한 반응으로 Julia-Kocienski 반응이 개발되었다.

3) 사피로 반응(Shapiro reaction)

이중 결합을 만드는 방법의 중요한 한 가지로는 카보닐을 없애고 그 알파 위치의 수소와 함께 제거된, 즉 원래의 알파 탄소와 카보닐 탄소를 이중 결합으로 만드는 사피로(Shapiro) 반응이 있다. 카보닐에 페닐설포닐하이드라진을 반응시켜 이민을 만들고 두 당량의 염기를 사용하여 각각 원래의 설포닐하이드라진에 있었던 양성자와 이민의 알파 위치(이는 원래 카보닐의 알파 위치에 해당) 양성자 두 양성자를 떼어 낸다. 그러면 하이드라진의 두 질소가 이제는 N_2로 떨어져 나갈 수 있게 되는데 이것이 떨어지고 나면 이중 결합의 음이온이 생겨난다. 이 음이온에 양성자가 오면 이중 결합의 화합물이 얻어진다.

양성자가 오기 전의 이중 결합 음이온은 또 다른 친핵체의 역할을 함으로써 다양한 반응을 하고서 산물을 만드는데 이들의 예를 보면 알데하이드나

NOTES

케톤과 반응하여 β, γ-불포화 알코올을 만들기도 하고 DMF와 반응함으로써 β, γ-불포화 알데하이드를 만들기도 하며 에폭사이드와 반응하여 고리 열림 반응을 하기도 한다.

4) 알켄을 알카인에서부터 얻기

삼중 결합에서 이중 결합의 화합물을 만드는 것은 당연히 수소 혹은 탄소를 포함하는 여러 원소들의 첨가를 통한 반응이다. 우선 가장 간단한 방법 중 하나는 Lindlar 촉매를 이용한 수소화 반응이다. 촉매가 수소를 표면에 가지고서 이를 전자가 풍부한 삼중 결합으로 옮기는 반응이다. 이때 촉매가 없으면 반응은 진행되지 않는다. 또 Lindlar 촉매가 아닌 다른 여러 금속 촉매들, 예를 들면 Rh, Ir, Ru, Pt, Pd, Ni, Co 등의 금속 촉매는 이중 결합을 만드는 것에 그치지 않고 더 수소화 반응이 일어나 단일 결합까지 두 분자의 수소가 첨가된다. 따라서 삼중 결합에서 이중 결합으로 만드는 수소화 반응은 Lindlar 촉매를 사용해야 하며 반응 산물은 *cis* 화합물을 얻게 된다.

R^1—≡—R^2
H_2, Lindlar Cat.
R–M
M = Al, Zr, Cu, etc.
Na/ NH_3, *t*-BuOH
HBR_2
BR_2

Lindlar 촉매를 사용하여 *cis* 화합물을 얻어내는 반응과는 달리 반드시 *trans* 산물을 얻는 반응이 바로 Na(Li), NH_3를 이용하는, 소위 말하는 용매에 싸인 전자를 이용한 환원이다. 이는 반응에서 전자가 하나씩 들어가서 음이온을 만들고, 여기에 양성자가 들어가고, 이어서 그다음 음이온이 만들어지면 다시금 또 다른 하나의 양성자가 들어가는 반응 기작을 따른다. 이는 중간체가 안정한 쪽으로 반응을 가도록 하여 산물로 *trans*를 얻도록 반응을 진행시킨다.

NOTES

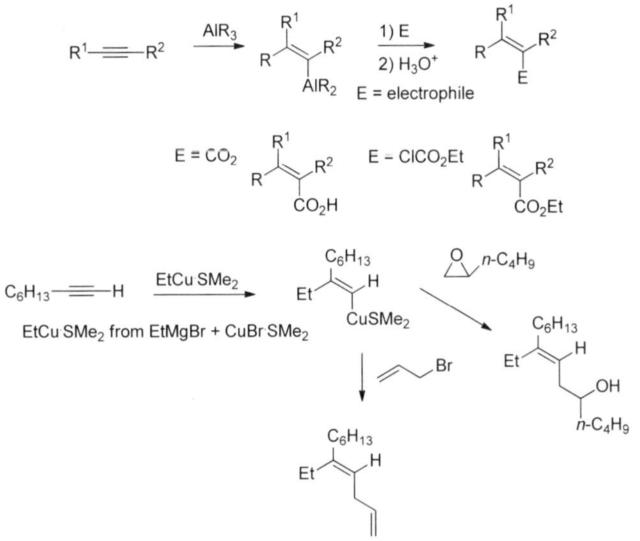

그리고 다른 하나는 carbometallation이다. 이는 위에서 보이는 바와 같이 삼중 결합에서 한쪽으로는 알킬화 반응을 시키고 다른 한쪽에는 금속이 오게 하는 방법이다. 이때는 매우 다양한 금속이 사용될 수 있다. 예를 들면 Al, Zr, Cu 등이 될 수 있으며, 이 금속과 이중 결합의 탄소는 역시 그 탄소가 가진 친핵성으로 카복실산을 만들거나 에스터를 가지는 산물을 만들 수도 있고 친핵 치환 반응이나 에폭사이드 고리열림 반응을 하게 함으로써 매우 다양한 종류의 이중 결합 화합물을 얻어낼 수도 있다. 그 한 예가 위에서 보인 Al으로 된 첨가 반응 산물과 그 아래의 Cu를 가지는 첨가 반응 산물이 이에 해당한다.

14. 아민의 반응

아민은 유기화합물에서 아주 중요한 위치를 차지하는 원소이며 알칼로이드(alkaloids)를 포함하는 천연물과 많은 의약품에 들어있는 작용기로, 이들 아민을 가진 원소의 합성이나 반응은 매우 중요하다. 스위스의 저명한 유기 화학자 알버트 에센모저(Albert Jakob Eschenmoser)는 많은 헤테로 고리

NOTES

화합물을 포함하는 천연물의 합성 연구를 수행하였는데 사석에서 "질소 하나를 가지는 화합물의 합성은 질소가 없는 화합물 합성에 비해 10배씩 어려워진다"라고 이야기한 바 있다. 따라서 질소를 가진 화합물을 잘 만들고 이 화합물을 잘 다루는 것은 유기화합물의 합성에서 매우 중요한 일이다.

Albert Jakob Eschenmoser

질소가 포함된 화합물인 아민이나 아닐린은 우리가 유기화학에서 아주 널리 그리고 자주 쓰이는 작용기 중 하나다. 질소를 가진 고리 화합물들도 많으며 특히 의약품에는 질소 고리를 가진 화합물이 아주 많이 사용되고 있다. 이 밖에도 천연물 가운데 아미노산 유도체 및 알칼로이드라 불리는 물질들은 아민을 가지고 있으며 이들 천연물이나 그 유도체들을 만들기 위해서는 아민의 합성이 아주 중요한 역할을 한다. 아민을 만드는 기초적인 방법을 몇 가지 살펴보기로 하자.

1) Gabriel 합성

가장 간단한 방법으로는 치환 가능한 이탈기를 가진, 예를 들면 브로모알킬(그림의 경우에는 브로모프로페인, bromopropane)을 아민으로 치환시키는 방법을 떠올릴 것이다. 하지만 이 반응은 대개 알킬이 하나 있는 1차 아민으로 끝나지 않고 처음의 아민보다 반응성이 더 좋은 일차 아민이 친핵체로 작용

NOTES

하여 2차, 그리고 더 나아가서는 3차, 4차 아민까지 반응이 진행되는 경우가 다수여서 반응 후 복잡한 산물을 얻게 되는 경우가 대부분이다. 이를 막기 위해 개발된 Gabriel 합성은 프탈이미드를 친핵체로 사용하고 이때 프탈이미드의 질소가 할로젠 자리에 들어가 이를 가수분해한 후 종국에는 아민이 되는 합성법이다.

Gabriel synthesis

Br + NH → N

NH_2NH_2

Br + N_3^- → N_3 H_2, Pd or PPh_3, H_2O → NH_2

Br + CN^- → NC $LiAlH_4$ H_2O

$LiAlH_4$ H_2O

$NaBH_3CN$

NH

NHR

R = H, or Alkyl

O Cl NRH_2 Base → Base

NH_3 + O H

이러한 역할을 하는 것으로 우리는 아자이드 이온을 사용할 수 있는데 아자이드는 아주 좋은 친핵체로 이탈기 할로젠이 있는 자리에 치환 반응을 일으키고 하나의 아자이드를 아민으로 환원하여 바꾸어 줌으로써 아민을 만들 수 있다. 이 밖에도 나이트릴(CN)을 가진 화합물이나 CN^- 치환 반응을 통해 이 나이트릴을 가지게 하는 화합물을 만들고 이를 $LiAlH_4$처럼 좋은 하이드라이드 환원제로 반응시키면 탄소 질소의 삼중 결합이 환원되면서 아민을 만들 수 있다. 같은 맥락에서 카복실산의 유도체에서 아마이드를 만들고 이를 환원하여 아민을 얻을 수도 있다. 이 방법은 알킬아민으로 아마이드를 만들 때 이차 아민의 아마이드를 만들면 이에 따라 카보닐이 환원된 아민, 즉 일차(O=CNH_2의 아마이드로부터), 이차(O=CNRH의 아마이드로부터), 그리고 삼차 아민(O=CNR^1R^2의 아마이드로부터)을 만들 수 있다.

NOTES

2) 환원적 아민화 반응(reductive amination)

그리고 위 Scheme의 마지막으로 소개하는 방법은 환원적 아민화 반응(reductive amination)이다. 이 반응은 알데하이드(경우에 따라서는 케톤도 가능)와 아민으로부터 이민(imine)으로 축합을 하고 얻어진 이민을 $NaBH_3CN$로 환원시켜 아민을 얻어내는 방법이다. 이는 다양한 아민을 얻는 매우 실천적이고 적절한 반응으로 널리 활용되고 있으며 이 반응을 이용한 반응의 개괄은 아래의 반응식을 보면 금방 알 수 있다.

reductive amination

$NaBH_3CN$

1) R^2CHO
2) $NaBH_3CN$

$NaBH_3CN$

구체적인 한 가지 예는 다음과 같다.

CO_2Et —($EtNH_2$, $NaCNBH_3$)→ HN, CO_2Et

3) 조식(Jocic) 반응

탄소에 질소를 가진 아민을 만드는 재미 있는 반응 하나는 조식(Jocic) 반응이다. 이 반응에서는 카보닐에 삼염화 탄소(trichlorocarbon, CCl_3)의 음이온을 가하고, 생겨나는 하이드록시 삼염화 탄소에 먼저 DBU 같은 염기를 더해 염소를 가진 탄소의 에폭사이드를 만든다. 이것을 아민과 반응시킴으로써 염소를 가지지 않은 쪽 탄소에 아민이 첨가되면서 에폭사이드의 고리를 연다.

NOTES

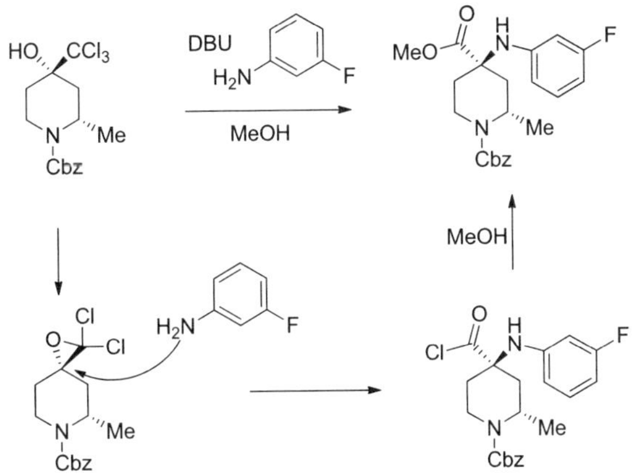

이로부터 아민이 탄소에 첨가된 새로운 아민 화합물을 얻고 다른 한쪽에 생겨난 산염화물은 알코올에서 에스터가 되면서 α-아미노 에스터가 만들어진다. 이 반응의 메커니즘과 반응에서의 예는 위의 화학식에서 살펴볼 수 있다.

4) Mannich 반응

이 밖에도 아민 화합물과 관련한 중요한 반응 중 하나가 Mannich 반응이다. 이 반응은 아민과 케톤이 반응하여 얻어지는 이미늄 이온을 그 출발로 이 중간체의 아민 α-위치에 음이온 혹은 친핵성의 탄소를 포함하는 원소(탄소 음이온, 알코올, 싸이오 알코올, 인 및 기타)를 주는 반응이다. 여기에서 탄소-탄소 결합을 만들어 내는 반응으로 카보닐의 α-위치의 산도가 높은 양성자를 떼어 내고 얻어지는 음이온이 결합된 새로운 β-아미노 케톤을 만드는 반응을 볼 수 있다.

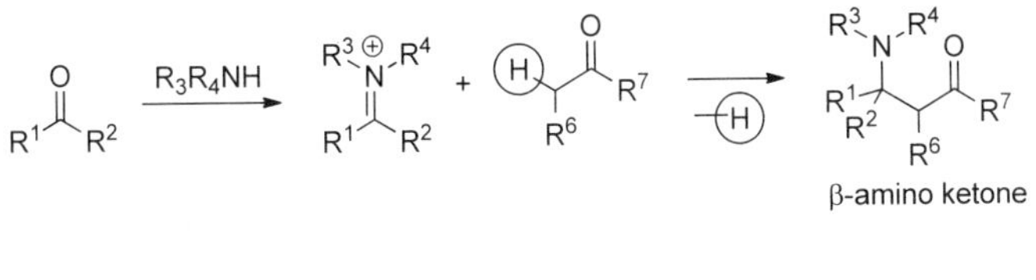

β-amino ketone

이러한 반응의 예를 타깃 물질 β-아미노 케톤의 역합성으로 만들어 보

NOTES

면, 카보닐 α-위치의 음이온과 이미늄 이온(아래 예의 경우에는 메틸렌이민이다)과의 결합을 만드는 것이다.

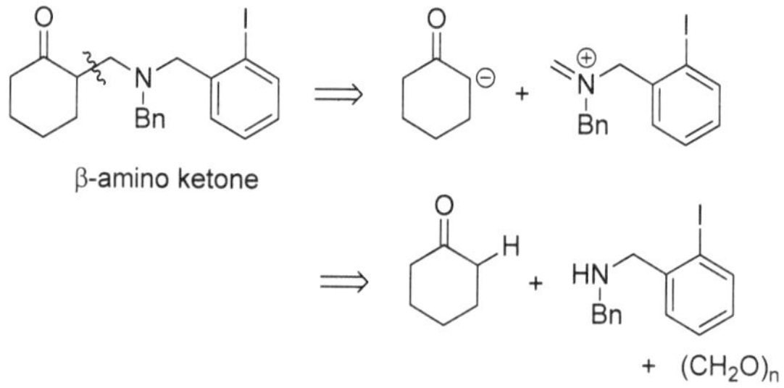

β-amino ketone

+ $(CH_2O)_n$

이때의 이미늄 이온은 메틸렌이민, 즉 폼알데하이드의 이민이다. 폼알데하이드의 단일 분자는 용액 상태로만 존재하기 때문에 무수 상태에서 이미늄 이온을 얻는 일은 paraformaldehyde를 통해 할 수 있다.

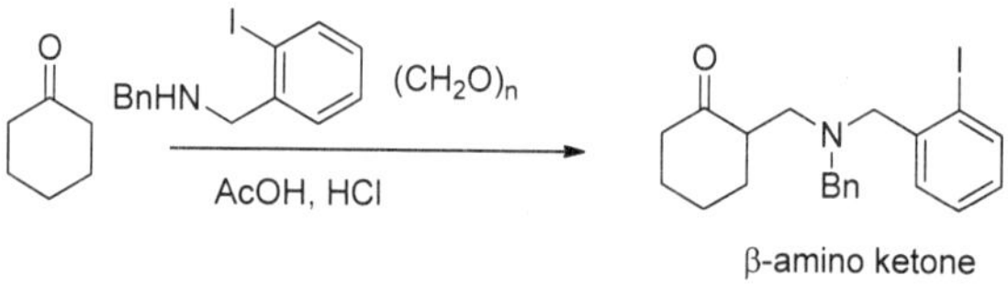

BnHN $(CH_2O)_n$ AcOH, HCl

β-amino ketone

$(CH_2O)_n$ = Polymeric form of HCHO

비슷한 방법으로 아래 타깃 분자를 만드는 것을 살펴보면, 이번에는 아민에 다이메틸을 가진 경우 다이메틸아민으로부터 Mannich반응을 시작하면 된다. 따라서 이 화합물의 합성을 역합성을 통한 최종 합성을 한번 생각해 보도록 한다.

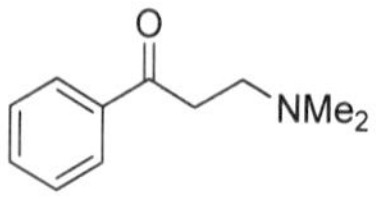

NMe_2

NOTES

15. 방향족 화합물의 치환 반응

이밖에 유기화합물의 반응 가운데 벤젠 고리를 가진 방향족 화합물의 화학에 대한 반응도 알아 두어야 한다. 무엇보다 이들 방향족 화합물이 가지는 방향성(aromaticity)은 매우 안정하다. 따라서 일반적인 알켄 화합물의 첨가 반응은 일어나지 않고(방향성 상실) 친전자 치환 반응만 일어나며 이들을 요약하면 아래와 같다. 그리고 일반적으로 반응물은 루이스 산과 함께 반응성이 큰 친전자체를 만들기 때문에, 방향족 화합물(이 경우 벤젠 고리의 화합물)에서 친전자 치환 반응은 매우 잘 일어난다.

benzene + E^+ → C6H5–E　　E = Cl, Br, NO_2, SO_3H, NO_2, R, RC=O

E^+ from　Cl_2, $FeCl_3$
Br_2, $FeBr_3$
HNO_3, H_2SO_4
Fumming H_2SO_4
RCl, $AlCl_3$
RC=OCl, $AlCl_3$

이들 반응이 매개하는 치환체에 따라 염소화 반응, 브로민화 반응, 나이트로화 반응, 황산화 반응, 알킬화 반응(이를 특히 Friedel Craft alkylation이라 명명), 아실화 반응(이를 특히 Friedel Craft acylation이라 명명)으로 명명하며 이들의 친전자체를 만드는 방법에 대해 간단하게 기술하고 있다. 이 반응들에서는 기존의 치환체 (S)를 가진 경우 반응하게 되는 친전자체와의 반응성에 있어 벤젠 고리 화합물보다 반응을 잘하는 활성화기(activator)와 기존의 벤젠보다 반응을 잘 못 하는 비활성화기(deactivator)가 있다. 이는 전자를 잘 줌으로써 벤젠 고리보다 전자가 풍부하게 하는가 아니면 전자를 끌게 하여 벤젠 고리보다 전자를 부족하게 하는가에 따라 대별된다. 새로운 친전자체가 기존의 치환체 (S)에 오게 될 때 이들 둘 사이의 관계에서는 세 가지의 다른 자리 이성질체가 만들어지는데 1,2 관계의 ortho, 1,3 관계의 meta, 그리고 1,4 관계의 para가 만들어질 수 있다. 어떤 이성질체가 만들어질 것인가 하는 것은 기존의 치환체 (S)에 달려 있다. 앞서 설명한 activator가 붙어 있

NOTES

는 경우, 즉 치환체 (S)가 전자를 주는 기일 때는 1,2 관계의 ortho와 1,4 관계의 para가 주로 만들어지며 전자를 끄는 비활성화기(deactivator)의 경우에는 1,3 관계의 meta 화합물이 주로 만들어진다. 다만 예외적으로 (S)가 할로젠일 때 반응성은 벤젠 고리 자체보다 좀 떨어지기는 하지만 할로젠의 주위에 있는 비공유 전자쌍의 중간체 안정성의 참여 때문에 반응에서의 배향성에서는 1,2 관계의 ortho와 1,4 관계의 para가 주로 만들어진다.

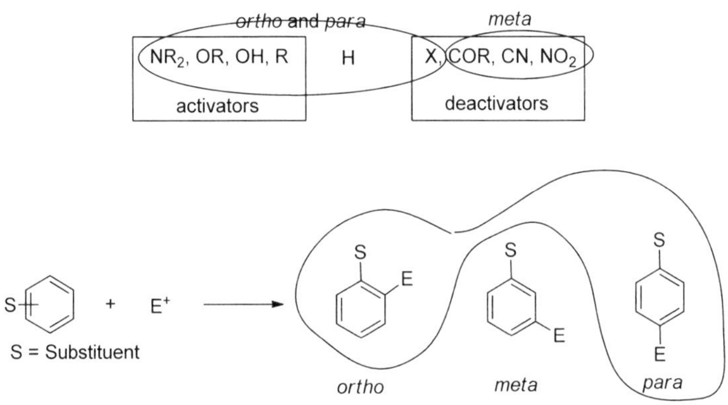

이런 내용을 염두에 두고서 벤젠을 그 출발 물질로 아래와 같은 TM을 만드는 경우에 대해 생각해 보자.

O_2N Br O TM

여기에는 3개의 다른 치환체, 즉 브로민, 나이트로, 아실 그룹이 있다. 앞서 설명한 브로민의 경우 ortho와 para 배향성을 가지며 나이트로와 아실 그룹의 경우 meta 방향의 이성질체를 주산물로 만들게 되는데 이들의 배향성을 고려하면 다음 두 개의 합성 경로를 살펴볼 수 있다.

NOTES

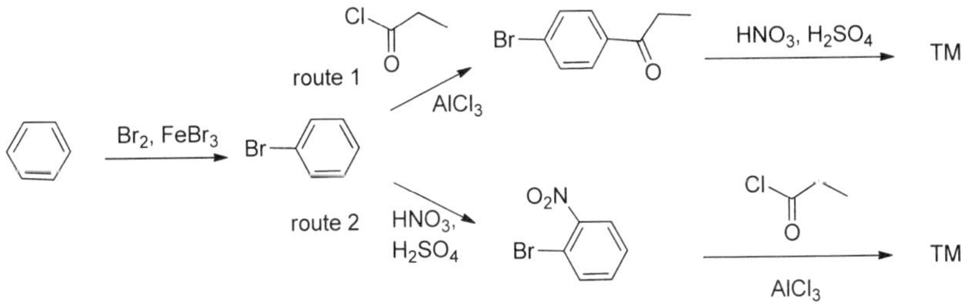

즉 아실과 나이트로 중 어떤 것을 먼저 반응시킬 것인가 하는 점이다. route 1은 아실 그룹을 먼저 반응하고 마지막으로 나이트로화 반응을 하는 것이며, route 2는 나이트로화 반응을 먼저하고 아실 그룹을 맨 마지막으로 도입하게 하는 것이다. 그런데 나이트로화 반응을 먼저 하는 경우 이 작용기가 가지는 아주 반응성이 낮은 중간체를 만들게 되어 반응을 아주 어렵게 할 수 있다. 따라서 반응은 route 1의 경로가 유리하다고 판단된다.

다른 하나의 방향족 화합물의 친핵체와 치환 반응을 하는 것이다. 일반적으로 반응은 전자가 부족한 방향족 화합물과 전자를 많이 가진 친핵체 사이에 일어난다.

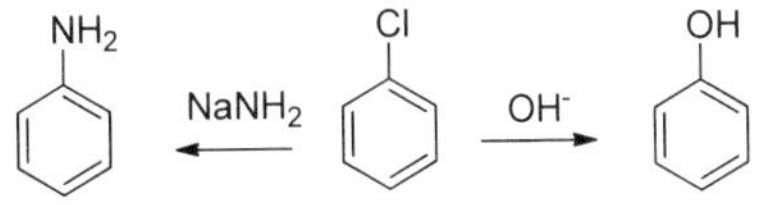

그 한 예가 클로로벤젠의 OH^- 혹은 NH_2^- 음이온과 반응을 하면 염소가 치환된 화합물을 얻을 수 있다. 그런데 이 반응에서 친핵체가 어느 방향으로 어떻게 진행되는가를 알 수 있도록 다른 치환체와의 관계를 살펴보면 반응이 벤자인이라는 중간체를 만들게 되어 치환 반응 산물이 1:1의 자리 이성질체를 만드는 경우를 볼 수 있다.

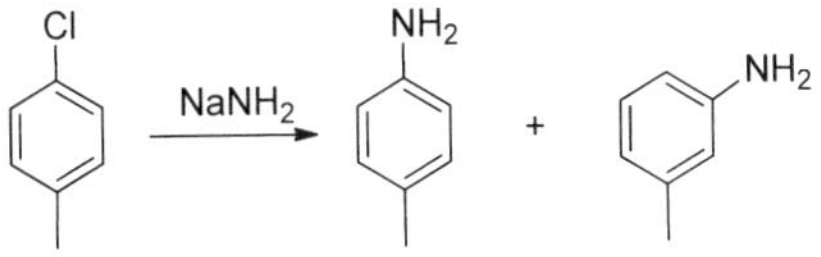

NOTES

이러한 방향족 화합물의 친핵성 치환 반응은 당연히 고리에 전자가 아주 부족한 경우 반응이 더 잘 진행될 것이다. 이를 아래의 나이트로기를 가진 화합물의 경우에서 살펴볼 수 있다.

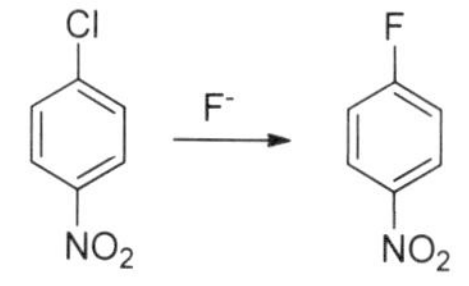

Cl, F^-, F, NO_2, NO_2

방향족 화합물의 친핵성 치환(aromatic nucleophilic substitution) 반응을 이용한 의약품 합성의 한 예를 보면 아래의 Delamanid라는 항생제의 합성에서 잘 볼 수 있다.

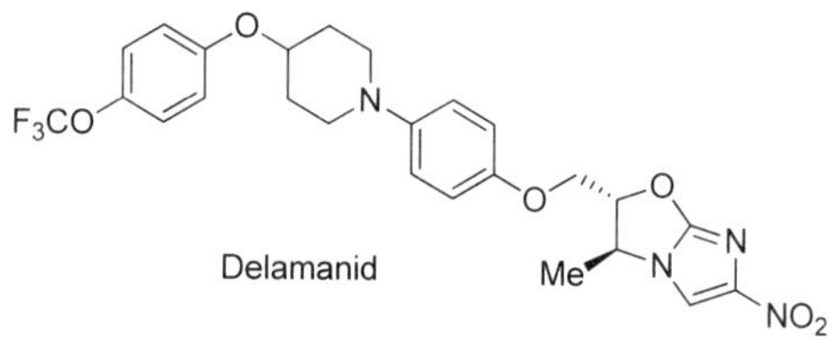

F_3CO, O, N, O, O, N, N, Me, NO_2
Delamanid

이 화합물은 아래의 두 분자를 짝지음으로써 만들어진다. 여기서 벤젠 고리를 가지고 있는 분자를 방향족 화합물의 친핵성 치환의 반응으로 만든다.

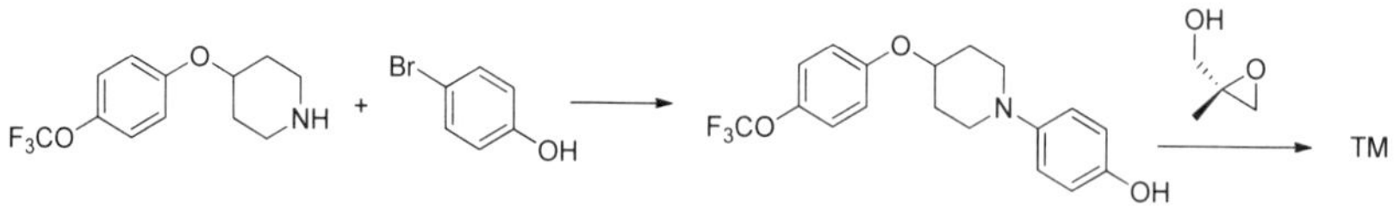

F_3CO, O, NH, +, Br, OH, F_3CO, O, N, OH, OH, O, TM

친핵성의 피페리딘 고리의 질소가 p-브로모페놀(bromophenol)과 반응하면서 브로민을 질소가 치환시키는 반응이 아주 중요한 단계가 된다.

연습문제

1

다음 반응을 시키기 위한 조건 혹은 방법을 쓰시오.

2

다음 반응으로부터 얻어지는 산물(주산물)을 필요한 경우 입체 화학과 함께 쓰시오.

(1)  BH_3 THF / H_2O_2

(2) CH_3, Br, *t*-BuOK

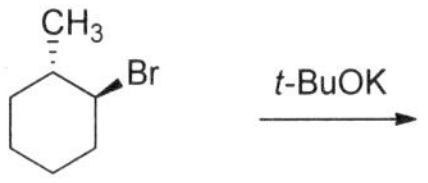

(3) 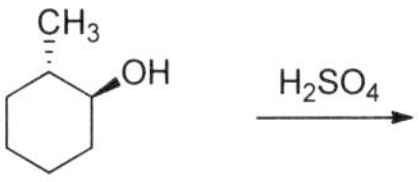 CH_3, OH, H_2SO_4

(4) CH_3, Ph, Se, O, Δ

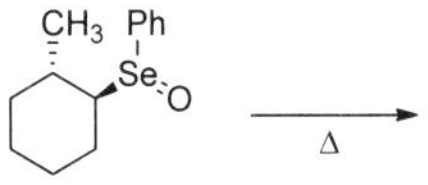

(5)  OH, HO, H^+, Product, H^+, OH, OH

(6) 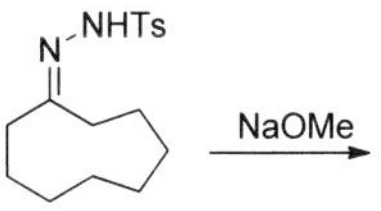 N, NHTs, NaOMe

(7) I + ClZn, O, OEt, $Pd(PPh_3)_4$ (10 mol%), Dimethoxymethane, HMPA

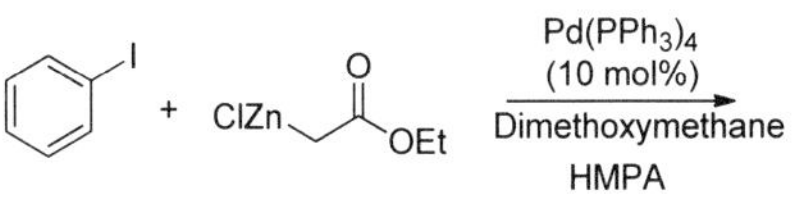

(8) 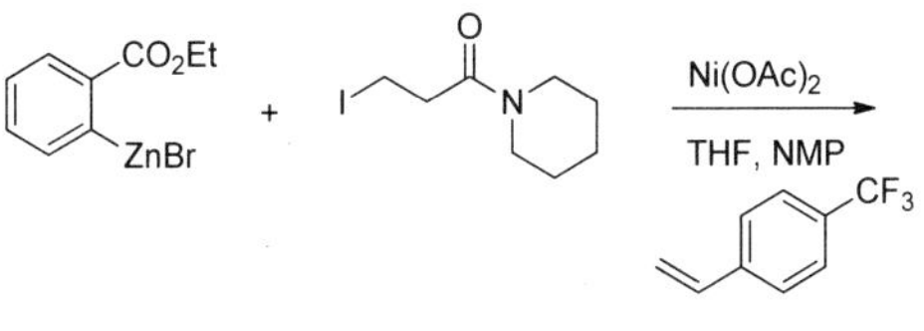 CO_2Et, ZnBr + I, O, N, $Ni(OAc)_2$, THF, NMP, CF_3

(9) 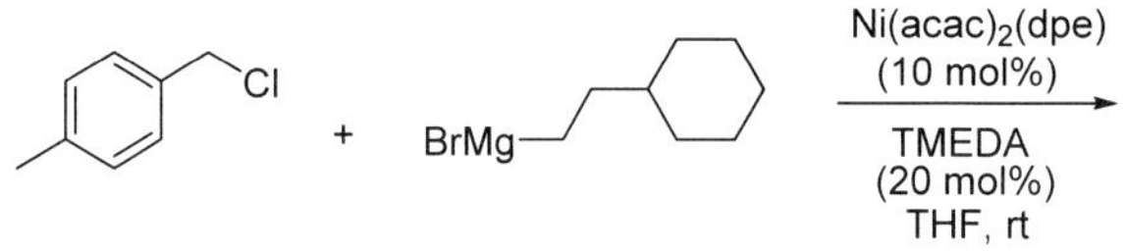 + BrMg — $Ni(acac)_2(dpe)$ (10 mol%), TMEDA (20 mol%), THF, rt

(10) $Pd(Allyl)_2Cl_2$, TBAF, THF

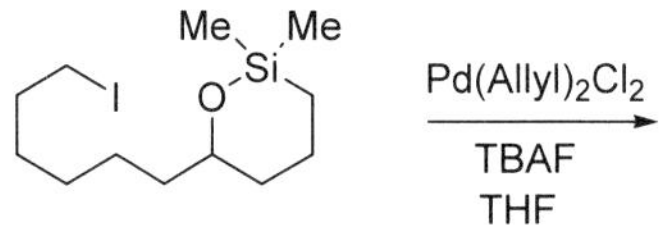

(11) 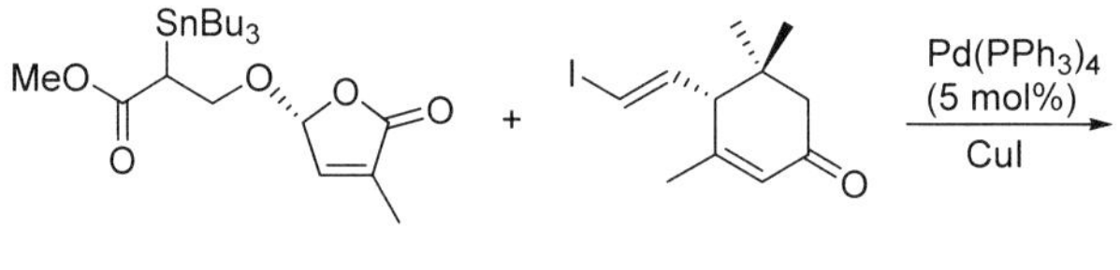 + $Pd(PPh_3)_4$ (5 mol%), CuI

3

다음과 같은 반응에서 최초 페닐아세틸렌 화합물 한 분자를 $Pd(PPh_3)_4$ 촉매와 함께 반응해서 생기는 산물을 밝히고 이후 **product 1**과 **product 2**가 무엇인지를 밝히시오.

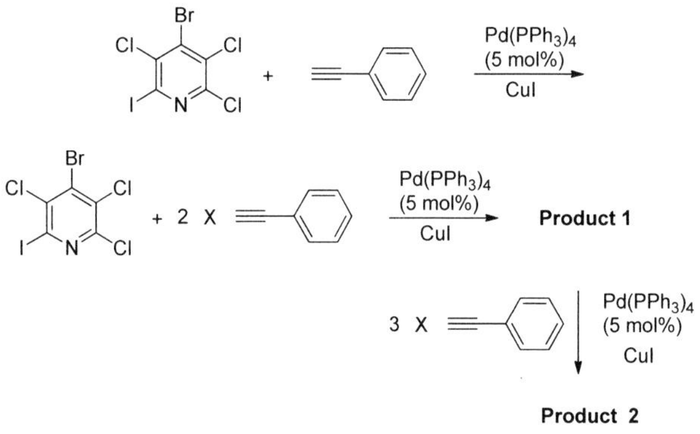

+ — $Pd(PPh_3)_4$ (5 mol%), CuI →

+ 2 X — $Pd(PPh_3)_4$ (5 mol%), CuI → **Product 1**

3 X — $Pd(PPh_3)_4$ (5 mol%), CuI → **Product 2**

4

다음의 반응은 Br이 떨어지면서 만들어지는 산물을 주산물로 얻게 되는 반응이다. 이 반응이 어떻게 일어나 어떤 산물을 만드는지를 밝히시오.

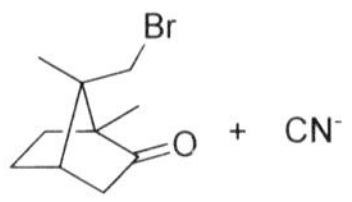

+ CN^-

5

다음과 같은 Stock enamine 이용하는 반응에서 product가 무엇인지를 밝히시오.

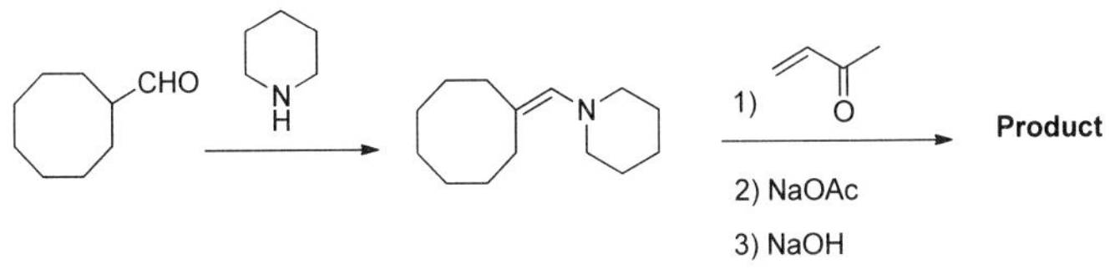

CHO, N H, N, 1) O, 2) NaOAc, 3) NaOH, **Product**

6

다음은 루이스 산을 이용하는 에폭사이드(epoxide)의 전이에 대한 반응이다. 위쪽의 반응 메커니즘은 그 반응의 예이다. 이를 기초로 아래쪽 반응의 산물을 예상해 보시오.

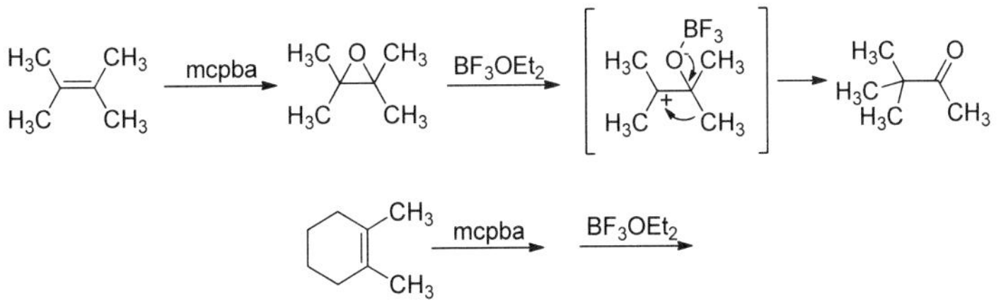

H_3C, CH_3, H_3C, CH_3 —mcpba→ H_3C O CH_3, H_3C, CH_3 —BF_3OEt_2→ [BF_3, H_3C O CH_3, H_3C + CH_3] → H_3C, H_3C, H_3C, O, CH_3

CH_3, CH_3 —mcpba→ —BF_3OEt_2→

Chapter 03

산화 환원 반응

NOTES

유기화합물의 산화와 환원에서 산화수를 따지는 것은 그다지 쉬운 일이 아니다. 대신 우리가 일반적으로 가지는 산화와 환원의 개념, 즉 산화는 산소와의 결합이나 수소를 잃는 과정, 그리고 환원은 이와 반대로 수소를 얻거나 산소를 잃는 반응으로 이해할 수 있다. 그리고 유기화합물의 산화수 상태에 따라 다음의 표에서처럼 산화 환원의 과정을 대별해 볼 수 있으며 이러한 구분에 따라 동일한 산화수를 가지는 다른 작용기의 내용을 그 아래에 나열하고 있다. 그리고 이들 동일한 산화수의 화합물들 사이에서 산화 환원의 반응이 아닌 다른 일반적인 반응에 의해 상호 바뀔 수 있는 관계를 보여준다. 예를 들면 RCN은 RCO_2H와 같은 산화 상태를 보이는데 이들 둘 사이는 비록 다른 작용기이지만 RCN을 가수분해하면 RCO_2H가 얻어진다.

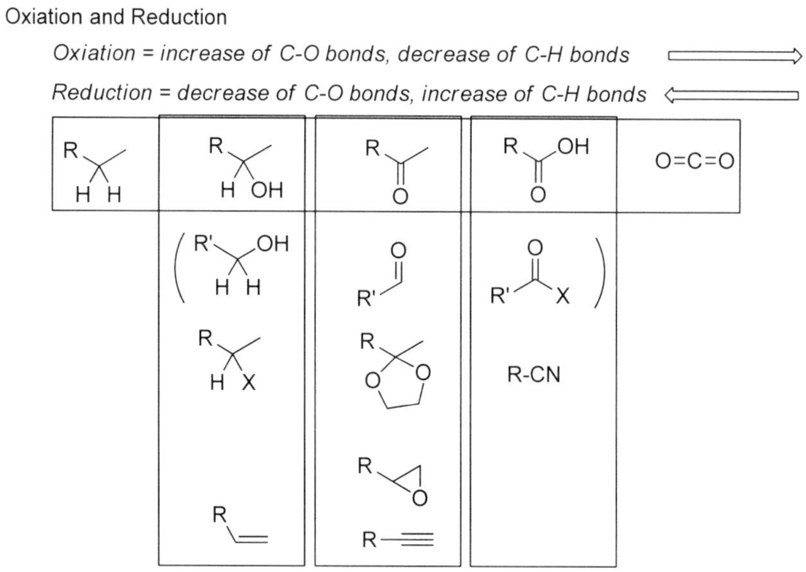

Oxiation and Reduction

Oxiation = increase of C-O bonds, decrease of C-H bonds ⟹

Reduction = decrease of C-O bonds, increase of C-H bonds ⟸

O=C=O

R-CN

1. 산화(oxidation)

산화와 환원에서 가장 잘 알려진 것은 일차 알코올의 산화이다. 한 번 산화되면 알데하이드가 되고 이것을 더 산화하면 카복실산까지 산화가 일어난다. 여기서 더 많이 산화가 일어나면 CO_2까지 진행이 된다. 이 과정을 나

NOTES

타내고 있는 것이 다음의 화학식이다.

B: base
Oxid: Oxidant
Red: Reduced

표 3.1 대표적인 산화제

Oxidation procedure	Reagents
Johns reagent	CrO_3, Acetone, H_2SO_4
PCC (Pyridinium chlorochromate)	$[Pyriddine\text{-}H]^+[CrO_3Cl]$
PDC (Pyridinium dichromate)	$[Pyriddine\text{-}H]^+[Cr_2O_7]^{-2}$
Ley	$(Pr)_4N^+RuO_4^-$, NMO, CH_2Cl_2
Swern reagent	1) DMSO, $COCl_2$, 2) Et_3N
Moffatt	DMSO, DCC, H^+
Dess Marten	AcO, OAc, OAc, I, O, O
TEMPO	Me, Me, Me, Me, N, O
Manganese dioxide	MnO_2
Fetizon's reagent (Silver carbonate on celite)	$AgCO_3$, Celite

산화제는 표 3.1에 언급한 것 이외에도 여러 가지 많은 종류들이 알려져 있다. 이들 가운데 적절한 산화제를 사용함으로써 원하는 산화를 선택적으로 얻어낼 수도 있다. 이러한 예 몇 가지를 알아보자. 우선은 Swern 산화를 통해 알코올을 알데하이드나 케톤으로 산화시킬 수 있다.

NOTES

Swern [O]

이 밖에도 알코올을 PDC 나 PCC 등으로 산화시킬 수 있다. 이때는 용매의 산도가 어떤가를 살피며 출발 물질에 있는 다른 작용기를 고려해서 적절하게 골라 산화를 시킨다.

PDC (1.5 eq.) CH_2Cl_2

or PCC (1.5 eq.) NaOAc CH_2Cl_2

적절한 산화제를 택하여 작용기 선택적인, 그래서 화학적 선택성이 매우 큰 반응을 진행시킬 수도 있다. 예를 들어, 같은 알코올이라도 알릴이나 벤질 위치의 알코올만을 산화시키기 위해서 MnO_2나 Ag_2CO_3를 사용할 수 있다.

MnO_2 Acetone

MnO_2 Acetone

Ag_2CO_3 (5 eq.) Celite Benzene Reflux

또한 일차 알코올이 분자 내에 작용기로 있다고 해도 이차 알코올의 반응성이 큰 것으로 Ceric 암모늄나이트레이트[ammonium nitrate, $(NH_4)_2Ce(NO_2)_6$] 혹은 세륨브로이트[cerium sulfate, $Ce(BrO_3)_3$] 등이 사용된 예를 다음에서 볼 수 있다.

NOTES

$(NH_4)_2Ce(NO_3)_6$, $NaBrO_3$, CH_3CN, 80°C

$Ce(BrO_3)_3$, CH_3CN

또 한 가지의 유용한 산화 반응은 이중 결합에서 알릴릭 위치에 카보닐을 도입하는 알켄의 알릴릭 산화다. 이 산화를 위해서는 다음과 같이 세 가지의 대체적으로 알려진 반응 중 적절한 반응 방법으로 산화를 시킬 수 있다.

Method

R, R' = Alkyl or H

Method 1 SeO_2 (0.5 mol eq. *t*-BuOOH (2 eq)

Method 2 *t*-$BuOCrO_3H$

Method 3 $Mn(OAc)_2$

2. 환원 (reduction)

특별한 산화 상태의 화합물 예를 들면 카복실산이나 에스터 산 염화물 등 카복실산의 유도체, 혹은 나이트로, 이 밖에도 알데하이드나 케톤을 작용기로 가지는 물질을 환원시켜 알코올이나 혹은 아민 등으로 작용기를 변환하기 위한 반응에는 적절한 하이드라이드를 제공하는 반응물을 가장 많이 사용한다. 이들 하이드라이드를 제공하는 환원제도 환원의 효과, 반응성, 하이드라이드의 성격 및 반응물의 액성에 따라 가장 적절하다고 판단되는 하이드라이드 환원제(hydride reducing agents)를 가장 많이 활용한다. 주로 사용되는 하이드라이드 환원제는 대략 다음과 같다.

$LiAlH_4$, $NaBH_4$, BH_3, $LiBHEt_3$, $Zn(BH_4)_2$, $LiAlH(OR)_3$, $NaBH_4$, DIBAL (DIBAH)

NOTES

이들을 적절하게 선택함으로써 어떤 특정한 작용기만 반응하도록 할 수 있는, 즉 chemoselectivity를 잘 보여줄 수 있다. 그 간단한 예는 다음과 같다.

Reduction by lithium hydrides hydride

$$HO_2C-CH_2-CO-CH_2-CO_2Et \xrightarrow{LiAlH_4\ (LAH)} HO-CH_2CH_2-CH(OH)-CH_2-OH$$

환원제로 트라이-*t*-뷰톡시알루미늄 하이드라이드(lithium tri-*t*-butoxy aluminium hydride)를 만들어 사용하며 이는 $LiAlH_4$의 세 하이드라이드를 알코올 *t*-뷰탄올로 바꾸고 하나의 하이드라이드만 남겨두는 방식으로 만든다.

$$LiAlH_4 + 3\ t\text{-}BuOH \xrightarrow{\text{in THF}} Li[AlH(Ot\text{-}Bu)_3] + 3\ H_2\uparrow$$

사용 예

$$NC-C_6H_4-COCl \xrightarrow{Li[AlH(Ot\text{-}Bu)_3]} NC-C_6H_4-CHO$$

특히 이는 아마이드나 나이트릴 기를 한 분자에 동시에 가지고 있는 에스터의 선택적인 환원에 아주 유용한 경우가 많다.

$$Et_2N-CO-(CH_2)_4-CO_2Me \xrightarrow{1)\ Li[AlH(Ot\text{-}Bu)_3]\quad 2)\ NaBH_4\quad 3)\ H^+} Et_2N-CO-(CH_2)_4-CH_2OH$$

케톤이나 에스터를 가진 카복실산의 선택적인 환원을 통해 이 작용기만 알코올로 만들기 위해서는 BH_3 환원이 아주 널리 활용된다.

$$HO_2C-CH=CH-CO_2Et \xrightarrow[H_2O]{BH_3\ SMe_2} HO-CH_2-CH=CH-CO_2Et$$

NOTES

간혹 에스터가 존재하는 케톤의 환원을 위해서 $NaBH_4$를 사용하면 선택적으로 원하는 작용기 케톤만을 반응시킬 수도 있다.

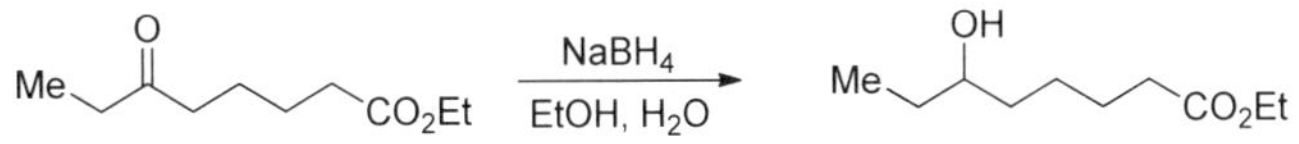

Me–CH2–C(=O)–(CH2)5–CO_2Et —($NaBH_4$ / EtOH, H_2O)→ Me–CH2–CH(OH)–(CH2)5–CO_2Et

이와 함께 에스터와 알데하이드가 모두 존재하는 케톤 화합물에서 이 케톤만의 환원을 위해 $CeCl_3$, EtOH, $HC(OCH_3)_3$를 사용한다. 이후 $NaBH_4$로 반응을 시키고 반응이 끝난 후 산으로부터 산물을 추출하면 우리는 케톤만 환원되고 에스터나 알데하이드는 그대로 살아 있는 산물을 얻어낼 수 있다.

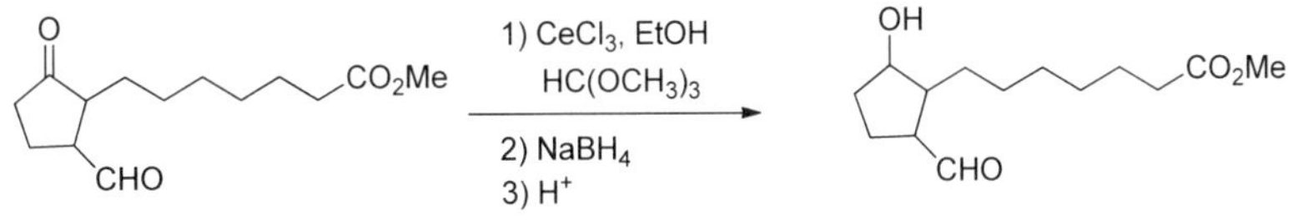

1) $CeCl_3$, EtOH, $HC(OCH_3)_3$; 2) $NaBH_4$; 3) H^+

역으로 케톤을 가진 분자의 알데하이드 작용기의 환원을 위해서는 $K[BH(OAc)_3]$ 혹은 $Zn(BH_4)_2$를 사용하기도 한다.

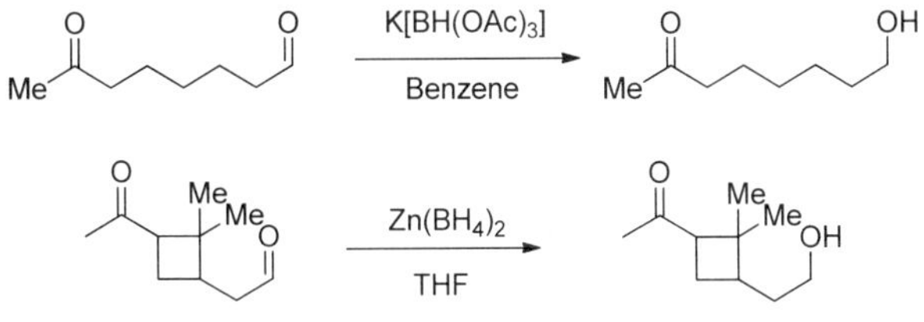

$K[BH(OAc)_3]$ / Benzene

$Zn(BH_4)_2$ / THF

또한 대부분의 하이드라이드 환원제가 에스터를 알코올까지 환원시키지만, DIBAL(diisobutyl aluminum hydride)은 에스터를 알데하이드까지만 환원을 시키는 환원제로 아주 많이 사용되고 있다. 그 이유는 괄호에 있는 중간체가 안정하게 존재함으로써 가수분해로 알데하이드를 만들기 전까지 다른 하이드라이드가 오지 못하도록 하기 때문이다.

NOTES

R–CH2CH2–C(=O)OR' + DIBAL → [ ] → H_2O → R–CH2CH2–CHO

예를 들어 다음의 반응들은 알데하이드를 산물로 준다. 특히 나이트릴기가 환원되어 알데하이드가 된다.

CO_2Et —DIBAL / Workup→ CHO

CN —DIBAL / Workup→ CHO

이 밖에도 다음 예에서 보는 바와 같이 DIBAL은 경우에 따라 삼중 결합에 수소화알루미늄이 만들어지고 이렇게 만들어진 산물은 시스 결합의 이중 결합 알켄 화합물을 얻는다.

$R^1{-}{\equiv}{-}R^2$ —DIBAL→ (R^1, R^2, H, Al(i-Bu)$_2$) —H_3O^+→ (R^1, R^2, H, H)

R^1, R^2 = H, allyl, TMS

3. 금속 촉매 수소화 반응

앞서 소개한 바와 같이 탄소-탄소 사이 혹은 탄소-산소, 탄소-질소 사이의 불포화를 가진 화합물은 원칙적으로 수소 첨가 반응으로 환원을 시킬 수 있다. 이들 환원은 수소만으로는 불가능한 경우가 대부분이며 적절한 금속 촉매가 필요하고 어떤 금속 촉매를 사용하는가에 따라 반응성이 달라진다. 또한 반응 후 얻어지는 산물이 달라질 수도 있다.

구체적으로는 이중 결합이나 삼중 결합을 가진 알켄 및 알카인을 수소 첨

NOTES

가 반응을 통해 단일 결합 화합물로 환원시킬 때에는 Pd이나 Pt 등의 금속 촉매를 필요로 한다. 이는 전자 바다 형태의 금속이 그 표면에 수소를 가지고 있다가 알켄이나 알카인이 오면 수소를 첨가하게 된다. 따라서 이들 반응은 입체 장애가 덜한 방향의 "syn" 첨가이다.

$$R^1-C\equiv C-R^2 \xrightarrow[\text{Cat.}]{H_2} R^1-CH_2-CH_2-R^2$$

$$R^1R^3C=CR^2R^4 \xrightarrow[\text{Cat.}]{H_2} R^1R^3CH-CHR^2R^4$$

다음은 수소화 반응이 입체 장애가 덜한 방향으로 "syn" 첨가를 하는 예이다.

$$\xrightarrow[\text{Cat.}]{H_2}$$

이 밖에도 금속 촉매하에 수소 첨가 반응을 탄소와 질소의 다중 결합 예를 통해 살펴보자. 나이트라일, 이민을 포함한 나이트로 화합물, 아자이드 등도 환원을 하여 모두 아민을 만들 수 있다. 또한 벤질릭(benzylic) 부분을 이러한 수소의 첨가 반응을 통해 수소화 환원을 할 수 있다. 즉, 벤질릭으로 보호기를 만든 그룹을 제거하는 좋은 방법이 되기도 한다.

$$C_6H_5-CH_2OR \xrightarrow[\text{Cat.}]{H_2} ROH + C_6H_5-CH_3$$

또한 Raney Nickel을 그 촉매로 하여 알데하이드나 케톤을 알코올로 환원할 수 있으며 다이티안(dithiane)을 환원하여 알카인으로 만들어 주기도 한다. 이 반응은 앞서 언급한 Clemmenson 환원(Zn/Hg, HCl에 의한 카보닐 제

NOTES

거 메틸렌으로 환원)이나 Wolff-Kishner 환원(NH_2NH_2, KOH, 카보닐 제거 메틸렌으로 환원)과 함께 카보닐을 제거하는 반응으로 사용되기도 한다.

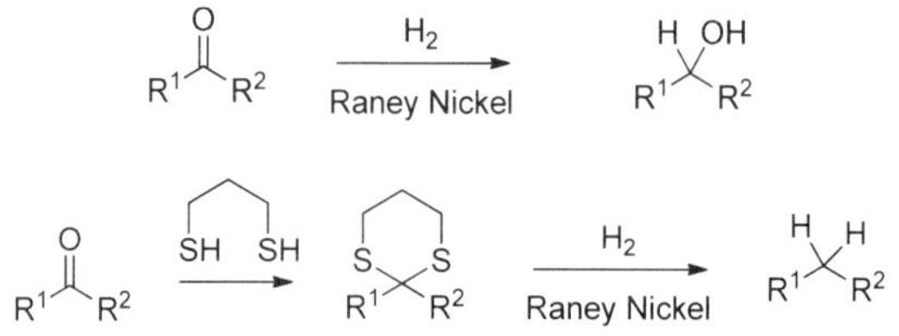

이러한 수소 첨가 반응을 시킬 때 촉매가 배위할 수 있는 리간드를 가지도록 할 수 있다. 특히 거울상 이성질체의 순수한 한 가지의 입체 이성질체 리간드를 사용하여 반응을 하게 되면 수소 첨가 반응을 비대칭으로 할 수도 있다. 다음은 아미노산을 순수하게 비대칭이 될 수 있도록 올레핀에 수소 첨가 반응을 보여주는 예이다. 이때 앞서 언급한 바와 같이 카이랄한 촉매 환경을 만들어 내기 위한 광학적으로 순수한 리간드를 활용하였다. 이렇게 하여 수소 첨가가 비대칭으로 일어나게 하여 α,β-불포화 아미노산을 (S)-아미노산으로 만들 수 있게 된다.

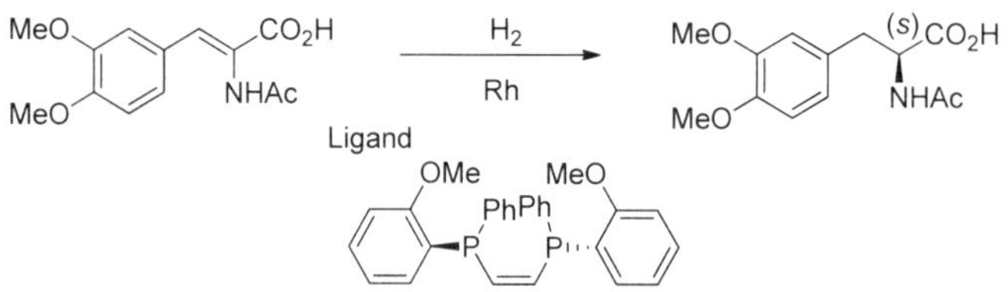

연습문제

1

다음 반응을 진행하기 위한 조건 혹은 방법을 쓰시오.

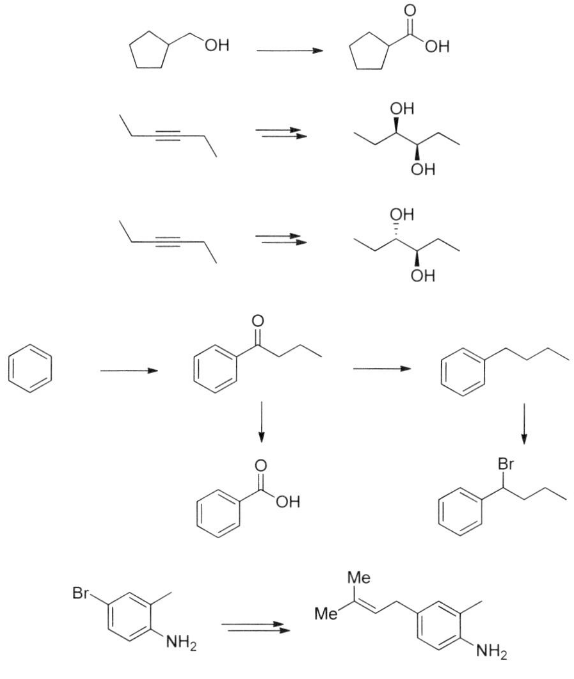

OH → OH, O, OH, OH, OH, OH, O, O, OH, Br

Br, NH_2, Me, Me, NH_2

2

다음 반응으로부터 얻어지는 산물(주산물)을 쓰시오.

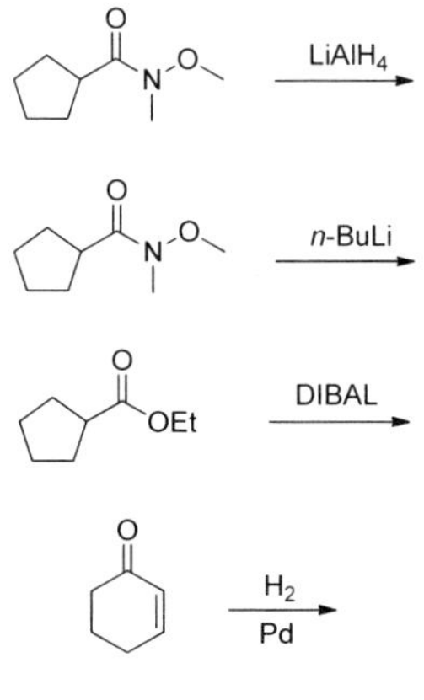

O, N, O, $LiAlH_4$

O, N, O, n-BuLi

O, OEt, DIBAL

O, H_2, Pd

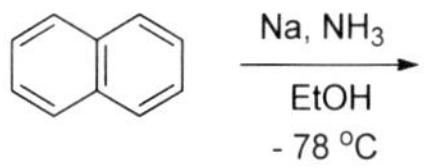

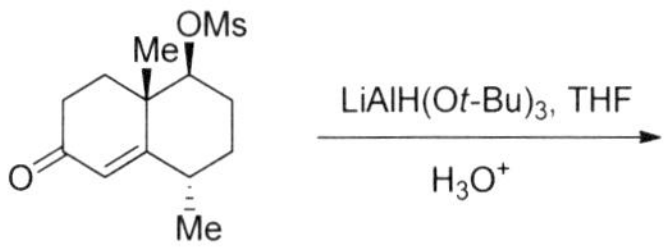

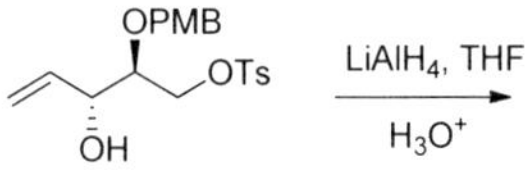

Na, NH_3
EtOH
- 78 °C

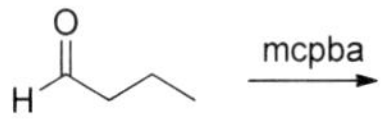

mcpba

OMs
Me
LiAlH(O*t*-Bu)$_3$, THF
H_3O^+
Me

Me
Me
LiAlH(O*t*-Bu)$_3$, THF
H

OPMB
OTs
LiAlH_4, THF
H_3O^+
OH

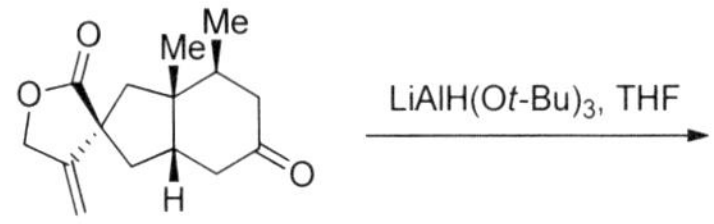

3

각각의 출발 물질로부터 오른쪽의 산물을 얻는 방법을 제시하시오.

(1)  Ph ⟶ Ph, Cl

(2)  OH ⟶ Cl

(3)  Cl ⟶ Cl

4

상업적으로 쉽게 구할 수 있는 출발 물질로부터 다음 화합물을 만드는 효과적인 방법을 제시하시오.

(1) 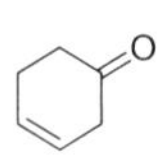 O (2) 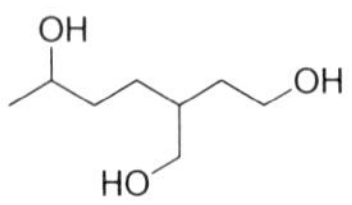 OH, OH, HO

5

다음 TM으로 주어진 화합물을, 역합성해서 얻은 각각의 단위 화합물로부터 만드는 방법들을 제시하시오.

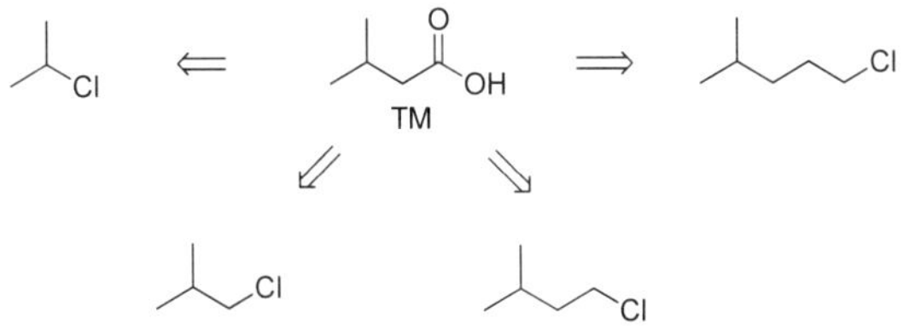

TM

6

다음의 A와 B의 화합물이 무엇인지 밝히고 이를 바탕으로 C를 만드는 방법을 제시하시오.

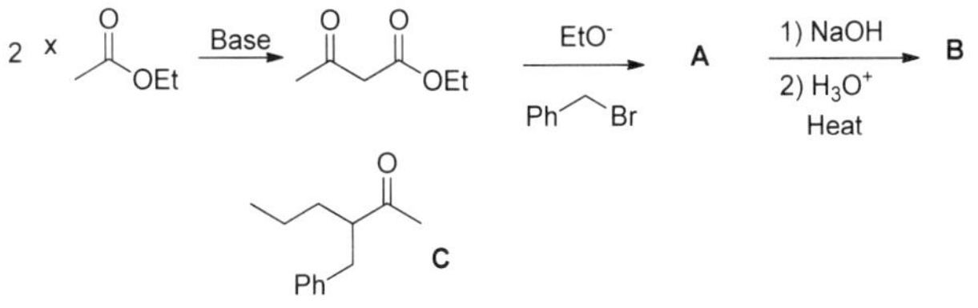

2 x OEt, Base → OEt; EtO^-, Ph⌒Br → A; 1) NaOH 2) H_3O^+ Heat → B

C

7

사이클로헥산온(cyclohexanone)을 출발 물질로 하여 다음 화합물을 각각 합성하시오.

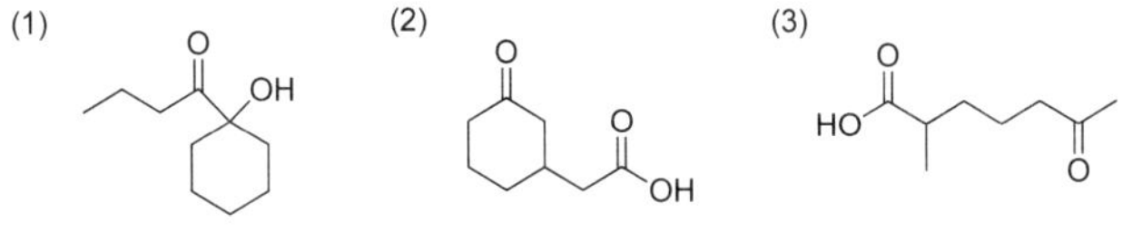

(1) (2) (3)

Chapter 04

고리형 협동 반응 및 고리화 반응

NOTES

1. 시그마트로픽 재배열 반응

시그마트로픽(sigmatropic) 반응으로 중요한 것은 6개의 p-오비탈들이 관계하여 일어나는 재배열 반응(rearrangement) 반응이다. 이들의 예를 대표적인 몇 가지로 살펴보려고 한다.

한 가지는 엔반응(ene reaction)이다. 이는 오비탈이 6원자 고리를 형성하는 전이 상태를 가지는 프로필렌(propylene)과 에틸렌 사이의 반응이다.

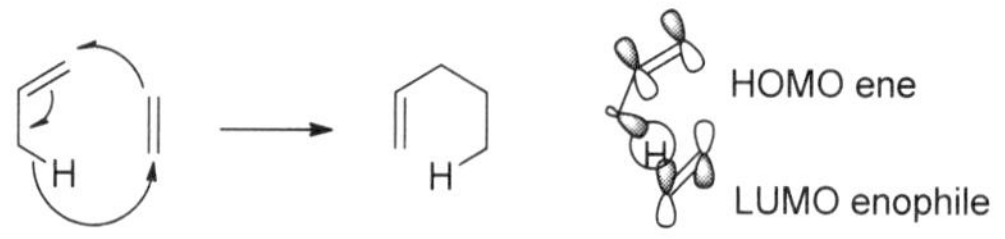

이를 이용한 한 가지의 반응의 예는 다음에서 볼 수 있다.

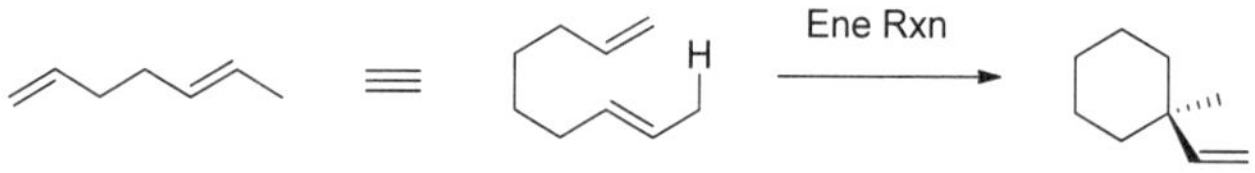

시그마트로픽 반응 중 가장 널리 많이 사용되는 반응이 바로 코프 재배열(Cope rearrangement) 반응과 클라이젠 재배열(Claisen rearrangement) 반응이다.

코프 재배열(Cope rearrangement) 반응은 [3,3]-시그마트로픽 반응의 일종으로 탄소를 가진 구성원의 이중 결합이 1,2- 그리고 5,6-의 관계로 되어 있을 때 다음에서 보는 바와 같이 재배열이 일어나는 반응이다. 그리고 그 옆에는 3,4-다이페닐-핵사-1,5-다이엔에 조금 열을 가하게 되면 두 이중 결합이 모두 *trans* 이성질체인 열역학적으로 더 안정한 1,6-다이페닐-헥사-1,5-다이엔을 얻게 된다.

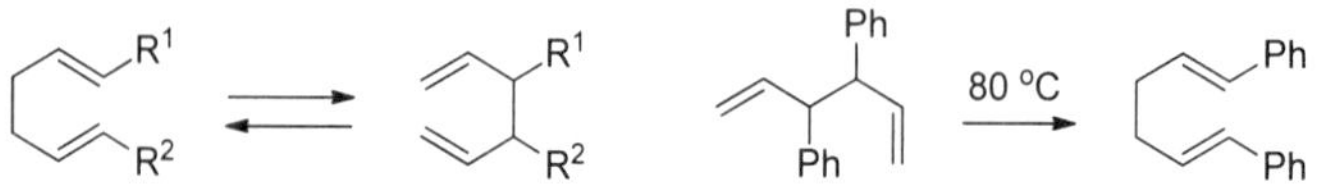

NOTES

이 코프 재배열 반응을 활용하여 화합물을 합성해 나간 몇 가지의 예들이 있는데 그중 하나가 다음과 같은 바이사이클릭 합성 중간체를 얻는 것이다.

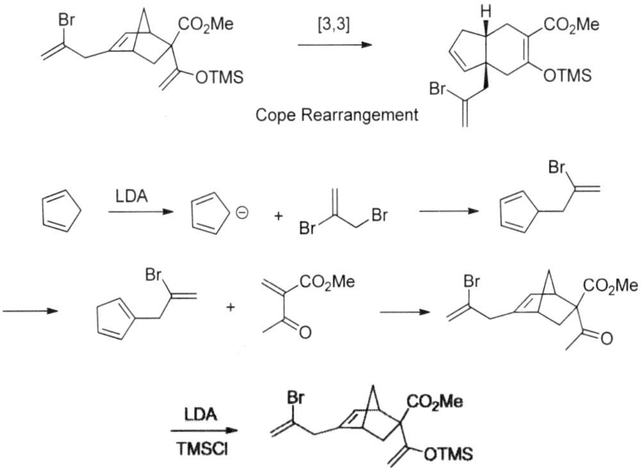

[3,3]
Cope Rearrangement
LDA
LDA
TMSCl

출발 물질은 사이클로펜타다이엔으로부터 적절하게 치환된 화합물을 얻고 이를 알켄을 가지는 딜스-알더 반응으로 얻을 수 있다.

2. 클라이젠 재배열

코프 재배열 반응과는 달리 클라이젠 재배열(Claisen rearrangement) 반응은 산소를 끼고 있는 바이닐 알릴 에터 형태의 화합물이 3+3 형태의 재배열 반응을 일으켜 γ, δ-불포화 카보닐 화합물을 만드는 반응이다.

특히 클라이젠 재배열 반응은 다양한 형태로 변형되었으며 그중 중요한 몇 가지로는 캐롤-클라이젠 재배열 반응(Carroll Claisen rearrangement), 존슨-클라이젠 재배열 반응(Johnson-Claisen rearrangement), 에센모저-클라

NOTES

이젠 재배열 반응(Eschenmoser modified Claisen rearrangement), 아일랜드-클라이젠 재배열 반응(Ireland-Claisen rearrangement) 등이 있다.

우선 캐롤-클라이젠 재배열 반응에서는 알킬아세틸아세테이트를 출발로 알릴 알코올과 반응을 시작한다. 원래의 알킬 에스터가 알릴 알코올로 인해 알릴 에스터로 바뀌면, 이 알릴 에스터의 이중 결합과 양쪽 카보닐의 알파 위치에 해당하는 이중 결합이 클라이젠 축합 반응을 한다. 이후 생겨나는 카복실산이 떨어져 버리고서 산물을 만드는 과정으로 반응이 진행되어 γ, δ-불포화 케톤이 만들어진다.

캐롤-클라이젠 재배열 반응(Carroll Claisen rearrangement)

Carroll Claisen Rearrangement

$HOCH_2CH=CH_2$, NaOAc, 100 °C

$HOCH_2CH=CH_2$, NaOAc, 100 °C

OMe

$- CO_2$

존슨-클라이젠 재배열 반응은 알릴 알코올과 트라이알킬오쏘에스터를 반응시켜 얻어지는 알릴 바이닐 에터를 재배열하는 반응이다. 그리하여 반응을 마치고 나면 γ, δ-불포화 에스터가 얻어진다.

존슨-클라이젠 재배열 반응(Johnson-Claisen rearrangement)

Johnson variation of Claisen Rearrangement

OH, R

$CH_3C(OEt)_3$, H^+, - EtOH

Me, OEt, OEt, R

- EtOH

OEt, R

CO_2Et

NOTES

에센모저-클라이젠 재배열 반응은 존슨-클라이젠 재배열 반응에서 사용한 트라이에틸오쏘에스터에서 하나의 에틸렌옥시 대신에 다이에틸아민을 가진 N,N-다이메틸아세트아마이드 다이메틸 아세탈(N,N-dimethylacetamide dimethyl acetal)을 사용하여 최종 산물로 γ, δ-불포화 다이메틸아마이드를 얻는 반응이다.

에센모저-클라이젠 재배열 반응(Eschenmoser modified Claisen rearrangement)

Eschenmoser variation of Claisen Rearrangement

또 한 가지의 가장 많이 사용되는 새로운 반응은 아일랜드(Ireland)가 개발한 것이다(아일랜드-클라이젠 재배열). 대표적인 반응의 다음 scheme에서 볼 수 있는 바와 같이, 에스터를 가진 화합물의 에스터 알파 위치 양성자가 염기에 의해 떨어지고 나면 α,β-위치의 탄소-탄소에 이중 결합이 만들어진다. 이는 클라이젠 재배열을 할 수 있다. 즉 3+3 시그마트로픽 재배열이 가능하고 이로부터 γ, δ-불포화 에스터를 얻을 수 있다. 물론 이 에스터는 아주 간단하게 카복실산으로부터 손쉽게 만들 수 있다.

아일랜드-클라이젠 재배열(Ireland-Claisen rearrangement) 반응

Ireland Claisen Rearrangement

NOTES

이 반응의 가장 큰 장점 중 하나는 에스터의 알파 위치의 양성자를 떼어 내고 나면 α,β-위치의 탄소-탄소에 이중 결합이 만들 때 적절한 반응의 조건에서 *E*와 *Z*를 각각 얻어낼 수 있고 이는 결국 재배열 반응을 마치고서 α와 β-위치의 치환체의 입체 화학을 조절할 수 있다는 점이다.

이러한 반응을 이용한 화합물의 합성에 대해, 항생 활성을 가지는 천연물 스트렙톨릭산(streptolic acid)과 신경흥분역할을 하는 카이닉 산(kanic acid)의 다음과 같은 예에서 살필 수 있다.

Streptolic acid
Subunit of the antibiotic streptolydigin

1) LDA, HMPS
THF, -78 °C
2) TBSCl

Kainic acid
naturally occuring a potent neuroexcitatory amino acid in some seaweed

1) LDA, TBSCl
THF, -100 °C to -20°C
2) K_2CO_3, $MeOH/H_2O$

Kainic acid

3. 고리화 반응(cyclization reactions)

1) 육원자 고리화 반응

육원자 고리화 반응에서 가장 중요하고 가장 널리 활용하는 반응이 딜스-알더 반응이다. 이는 아주 중요하며 유기 합성에 여러 형태로 널리 쓰이는 반응으로 앞선 많은 친핵체, 친전자체 라디칼 등 전자의 이동으로 생겨나는 반응이 아니라 시그마트로피 반응에서 살펴본 바와 같이 *p*-오비탈의 겹침으로 일어나는 반응이다.

NOTES

(1) 딜스-알더(Diels-Alder reaction) 반응

1950년 노벨 화학상 수상자인 Otto Diels와 Kurt Alder

앞서 다루지 않았던 다른 중요한 반응과 그 반응의 합성에의 적용에 대해 살펴보도록 하겠다. 우선은 딜스-알더 반응(Diels-Alder reaction)에 대해 보도록 하겠다. 이 반응은 소위 *p*-오비탈의 겹침으로 일어나는 시그마트로픽(sigmatropic) 반응에 속하며 가장 오랜 시간 가장 많이 활용되는 반응 중 하나이다. 이 반응은 대부분의 경우 뷰타다이엔(butadiene)과 에틸렌(ethylene) 사이에서 일어나는 반응으로, 보통의 전자 환경에서는(normal electron-demand Diels-Alder reaction) 아래에서 보는 바와 같이 뷰타다이엔의 HOMO와 에틸렌의 LUMO 사이 오비탈의 겹침으로 일어난다.

S^1 + S^2 → S^1 S^2

HOMO
LUMO

그리고 뷰타다이엔에 전자를 주는 작용기나 원소가 부착되어 있거나 에틸렌에 전자 끌개를 가진 경우에 반응이 잘 일어나며 특히 이 반응은 루이스 산(Lewis acid)의 촉매에 의해 매개되는 특징이 있다. 따라서 합성이 많이 사용하는 뷰타다이엔(butadiene)과 에틸렌(ethylene)의 예는 다음과 같다.

NOTES

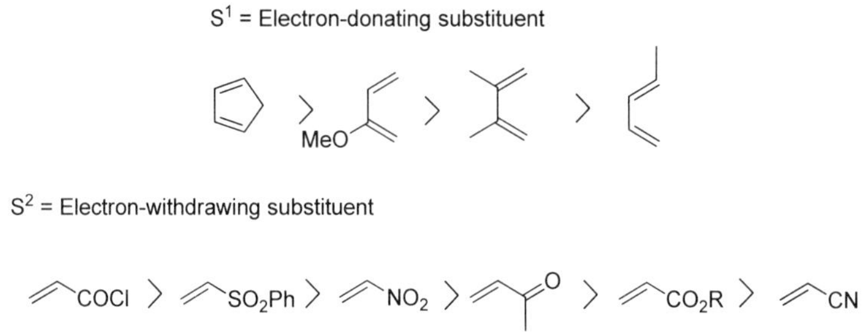

S^1 = Electron-donating substituent

S^2 = Electron-withdrawing substituent

COCl > SO_2Ph > NO_2 > ... > CO_2R > CN

이런 치환체를 부착하고 있는 뷰타다이엔과 에틸렌이 반응하여 생겨나는 산물은 대부분의 경우 ortho 혹은 para의 관계를 가진다. 그 이유는 오비탈 겹침이 일어날 때 서로 끌리는 경우가 바로 ortho 혹은 para의 관계일 때이기 때문이다.

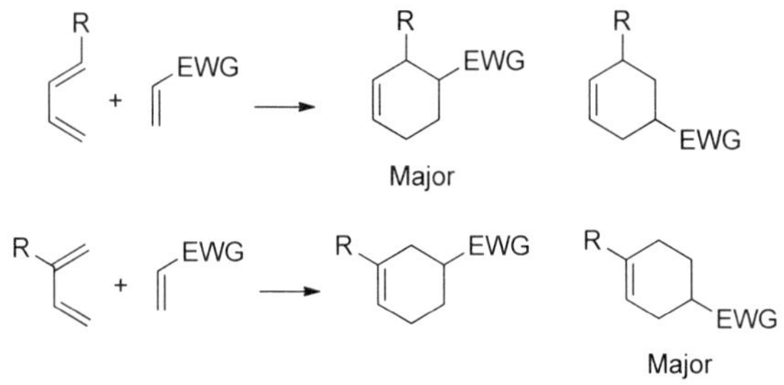

R, EWG, Major

또한 입체 화학을 가지는 산물을 만드는 경우에는 *endo* 산물이 주로 얻어지는 입체 선택성을 보이는데, 그 이유는 에틸렌의 치환체로 있는 전자를 끄는 작용기의 p-오비탈이 뷰타다이엔의 p-오비탈과 2차 오비탈 겹침이 일어나도록 하기 위해 그 작용기가 뷰타다이엔의 p-오비탈 안쪽으로 끼어 들어가는 전이 상태가 유리하기 때문이다.

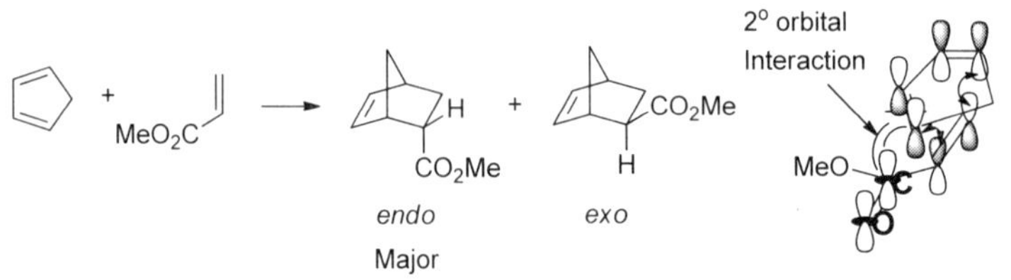

MeO_2C → H, CO_2Me + CO_2Me, H

endo Major *exo*

2° orbital Interaction

MeO

NOTES

딜스-알더(DA) 반응을 이용한 천연물 합성의 예를 아칸토산(acanthoic acid)의 합성에서 찾아볼 수 있다.

이 아칸토산 화합물은 다이터펜의 일종의 천연물이다. 이 물질의 합성을 바이사이클릭 단일 이성질체 (*R*)-Weiland-Miescher ketone을 출발 물질로 해서 다이엔을 만들고, 여기에 알켄을 다이에노파일(dienophile)로 하는 Diels-Alder(DA) 반응을 통해 입체 선택적인 세 개의 고리가 함께하는 뼈대가 만들어진 예이다.

Acanthoic acid
pimarane diterpene

(*R*)-Wieland-Miescher Ketone

$SnCl_4$, CH_2Cl_2

1) $NaBH_4$ 2) Raney-Ni

1) Dess-Martin oxi 2) $Ph_3P{=}CH_2$, THF

LiBr, DMF → **Acanthoic acid**

또 다른 예는 여성 호르몬인 에스트론(estrone)을 만드는 합성에 DA 반응을 사용하는 것이다. 이는 루이스 촉매를 이용해서 반응을 잘 일어나게 하면서도 이 촉매가 광학적으로 순수한 것을 사용하여 비대칭 반응을 하게 하는 예이다.

Estrone
female sex hormone

NOTES

Catalyst
Ph
o-Tol
$^-N(Tf)_2$
Estrone

이 밖에도 DA 반응으로부터 얻어지는 산물이, 이 산물의 이중 결합 부분을 잘라냄으로써 다양한 작용기로 변환을 시킬 수 있는 좋은 출발 물질이 되기도 한다.

Functionalization of olefin derived from DA adduct

1) O_3
2) H_2O_2
CrO_3
H^+
Bicyclic double lactone used by Eschenmoser

(2) 분자 내 DA 반응

분자 내의 다이엔과 다이에노파일의 역할을 하는 작용기들끼리도 DA 반응을 하여 fuged되거나 bridged가 된 두 고리를 만들어 낼 수 있다. 이 경우도 반응의 입체 화학은 *endo*로 진행된다.

분자 내 Diels-Alder(DA) 반응을 적용한 예

$EtAlCl_2$

NOTES

분자 간이 아니라 분자 내에 다이엔과 다이에노파일을 함께 가진 출발 물질을 만들어 이를 입체 선택적인 DA 반응시켜 아주 훌륭한 합성을 해낼 수 있다. 다음은 식물에서 얻어낸 알칼로이드 힘바신(Himbacine)의 합성에 중요한 합성 중간체를 만든 예이다.

Himbacine

alkaloid isolated from the bark of the Australian pine tree of *Galbulimima* species

이러한 DA 반응에서 반응의 출발 물질을 광학 활성이거나 광학적으로 순수한 화합물로 사용하거나, 촉매로 사용하는 루이스 산(Lewis acid)으로 3차원적 입체 화학을 줄 수 있는 광학 활성의 촉매 물질을 사용함으로써 반응을 비대칭으로 할 수도 있다.

2) 5원자 고리의 합성

5원자 고리의 합성은 이온이나 혹은 라디칼의 첨가를 통해 만드는 것이 보편적인 방법 중 하나이다. 우선 고리를 만드는 여러 가능한 경로 중 어떤 경로의 몇 원자 고리를 만들 것인가 하는 문제는 매우 흥미롭고 또한 합성을 하는 데 아주 중요한 가늠자가 된다.

Baldwin's rules for ring closure

NOTES

이 예에서 보는 바와 같이 우선은 브로민이 떨어지고 생기는 라디칼은 5원자 고리와 6원자 고리를 만드는 각각의 경로, 즉 a와 b의 두 경로가 가능한데 이 반응은 5원자 고리만을 만드는 방향으로 반응이 진행된다. 이렇게 고리가 만들어질 때 어떤 경로의 진행으로 몇 원자의 고리가 만들어질 것인가에 대한 연구를 하고 이에 일정한 실험적 규칙을 만들었다. 그리고 만든 이의 이름을 따서 "발드윈의 고리 형성 규칙(Baldwin's rules for ring closure)"으로 명명하고 그 내용을 다음과 같이 정리하였다. 우선은 *exo*와 *endo*의 경우로 나누며 각 경우에 몇 원자의 고리를 만드는 것이 더 유리한가에 대해 표 4.1과 같이 정리하였다. 물론 반응은 음이온 라디칼 그리고 양이온에 대해서도 적용 가능하다. 하지만 이는 어디까지나 실험적 경험적인 규칙이며 이의 예외도 있을 수 있다. 실제로 예외로 알려진 바도 제법 많이 있다.

endo
exo
tet: sp^3
trig: sp^2
dig: sp

표 4.1 발드윈의 고리 형성 규칙

	3		4		5		6		7	
type	*exo*	*endo*	*exo*	*endo*	*exo*	*endo*	*exo*	*endo*	*exo*	*endo*
tet	✓		✓		✓	✗	✓	✗	✓	✗
trig	✓	✗	✓	✗	✓	✗	✓	✓	✓	✓
dig	✗	✓	✗	✓	✓	✓	✓	✓	✓	✓

예를 들어 5-*exo*-trig와 5-*endo*-trig의 두 경로가 가능할 때 위의 발드윈의 고리 형성 규칙에 따라 5-*exo*-trig는 가능하지만 5-*endo*-trig는 가능하지 않아 한 가지의 반응 산물만을 만든다. 그 예를 다음과 같이 살펴볼 수 있다.

O OMe O 5-endo-trig O OMe O⁻ ≡ O⁻ MeO O 5-exo-trig O O

NOTES

이와 관련된 일련의 반응들을 보면 이들 규칙이 이해된다. 물론 이들 규칙에 따라 두 가지의 경우가 모두 가능할 때도 어느 한쪽이 다른 한쪽보다 반응이 훨씬 잘 진행되기도 한다. 이러한 경우와 관련해서 아주 흥미로운 한 가지 반응은 아래에서 보는 바와 같이 이 규칙에 따른 고리화 반응으로 5-*exo*-dig과 6-*endo*-dig의 고리화 반응이 모두 가능하다는 것이다. 하지만 실제 반응에서는 5-*exo*-dig의 경로로 반응이 진행되어 *exo*-methylene 산물을 만들고 이것이 원래 다른 쪽의 이중 결합과 클라이젠 재배열을 일으켜 큰 7원자 고리의 산물을 만든 예를 볼 수 있다.

OH Base 6-endo-dig Ar H+ O- H+ 5-exo-dig Ar [3+3] O Ar H Ar O

발드윈의 고리 형성 규칙에서 엔올의 반응에 대해서는 따로 표로 그 규칙을 만들었다(표 4.2). 즉 enolate의 경우 카보닐에 첨가되는(trig) 고리 형성과 함께 진행되는 알돌 반응이나 혹은 이탈기를 가진 알킬화 반응(tet)에 대해 그 규칙과 몇 가지의 예에 대하여 살펴보도록 하자.

표 4.2 엔올에 대한 고리 형성 규칙

	enolendo					enolexo				
type	3	4	5	6	7	3	4	5	6	7
exo-tet	✗	✗	✗	✓	✓	✓	✓	✓	✓	✓
exo-trig	✗	✗	✗	✓	✓	✓	✓	✓	✓	✓

예

O O- 6-enolendo exo-trig O

O O- 5-enolendo exo-trig O

NOTES

TsO 6-enolendo exo-tet O

TsO 5-enolendo exo-tet O

(1) 나자로브(Nazarov) 고리화 반응

펜타다이엔-3-온(pentadiene-3-one)을 루이스 산의 존재하에서 고리화 반응을 함으로써 사이클로펜테논(cyclopentenone)을 만드는 반응이다.

O Lewis Acid O

O- LA ⊖LA O ⊕ H - H+ ⊖LA O H+

이 반응의 메커니즘은 위와 같이 루이스 산에 의해 전자가 부족해지는 것이 양쪽의 파이 결합을 가진 이중 결합을 만드는 과정으로 진행된다. 예를 들면 아래의 경우를 볼 수 있다. 물론 산물의 이중 결합은 고리의 이음새 전체에 만들어진 것이 아니면서 안정한 쪽의 고리로 옮아간 경우이다.

O BF_3OEt_2 CH_2Cl_2 O Me Me Me

고리화된 후 양성자가 떨어지거나, 전하를 가지고 잘 떨어질 수 있는 TMS 등을 수소 대신 가지는 반응물은 반응의 효율이 훨씬 뛰어나다. 합성에는 이를 잘 활용하는 예들이 여러 가지 제시되어 있다.

NOTES

$FeCl_3$ / CH_2Cl_2

BF_3OEt_2 / Toluene

(2) 1,3-쌍극자 고리화 첨가 반응(1,3-dipole cycloaddition)

비공유 전자쌍을 가지는 헤테로 원소를 하나 이상 가지면서 5원자 고리를 이루는 화합물의 합성에 가장 널리 사용되는 반응이 바로 1,3-쌍극자 고리화 첨가 반응(1,3-ipole cycloaddition)이다.

1,3-dipole

d=e dipolarophile

이는 헤테로 원소가 가지는 비공유 전자쌍으로 인해 분자 내의 쌍극자가 만들어지며 이 쌍극자가 보통의 경우 탄소-탄소의 다중 결합을 가지는 알켄이나 알카인과 반응하여 5원자의 고리 화합물을 만든다. 이 반응의 예로 다음 두 가지 acetonitrile oxide와 2-butene의 반응 예와 2022년 노벨 화학상을 안긴 클릭 반응(click reaction, Huisgen cycloaddition)으로 알려진 아자이드와 알카인의 반응을 소개하고자 한다.

1,3-dipole cycloaddition

1,3-dipole cycloaddition
or *Huisgen cycloaddition*

NOTES

3) 4원자 고리의 합성

사이클로뷰테인을 대표로 하는 4원자 고리의 합성은 대표적인 시그마트로픽 반응의 일종으로 빛이나 열의 [2+2] 타입으로 cycloaddition 반응으로부터 얻어낼 수 있다. 즉 아래에서 보는 바와 같이 두 분자의 에틸렌을 첨가 반응으로 4원자 고리의 합성을 이루어 낼 수 있다.

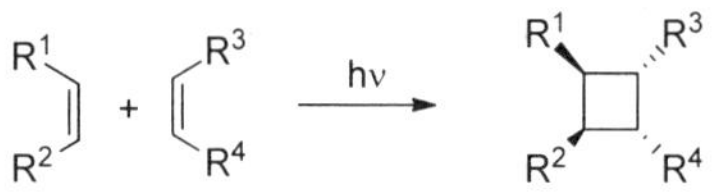

이 반응을 이용한 합성에는 아래와 같이 아이소코민(isocomene)으로 명명된 탄화수소로 된 탄소 15개의 세스퀴터펜(sesquiterpene)을 만드는 반응의 중간에 사용한 사이클로프로페인을 만드는 예에서 찾아볼 수 있다.

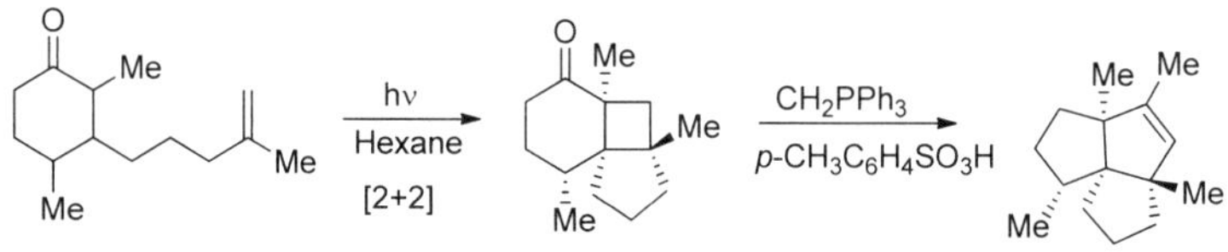

isocomene

4) 3원자 고리의 합성

삼원자 고리 즉 사이클로프로페인의 합성은 주로 올레핀에 카벤을 도입하는 방법으로 합성이 이루어진다. 이 반응에서 앞서 그 구조와 내용의 일부를 소개한 바와 같이 카벤이 singlet일 때는 올레핀의 치환체의 입체 화학(시스, 트랜스)이 완전히 보존되는 데 비해 triplet으로는 반응이 일어날 때는 올레핀의 치환체 입체 화학 보존되지 않는다. 합성의 측면에서는 대부분의 경우 입체 화학이 보존되는 방향으로 반응이 진행되도록 한다. 이런 카벤은 다이아조 화합물(예, CH_2N_2)과 같이 질소가 빠져나가면서 카벤을 만들어 주거나 시몬-스미스 반응(Simmons-Smith reaction)으로 알려진 사이클로프로페인을 만드는 CH_2I_2와 금속 Zn(Cu)를 통한 카벤의 제조 방법이 있다.

NOTES

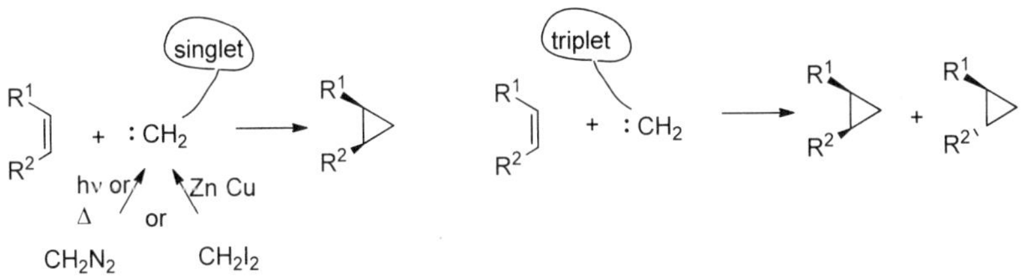

실질적으로 이 반응을 적용한 예 중 하나는 아래와 같다.

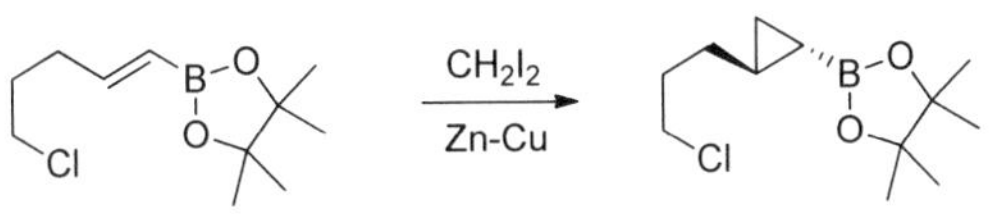

(1) 다이메틸 황 일라이드

삼원자 고리와 관련하여 우리가 꼭 알아야 할 중요한 반응 한 가지가 Dimethylsulfoxonium ylide를 이용하는 반응이다. 이 반응은 다이메틸설폭사이드(dimethylsulfoxide)에 아이오도메테인(CH_3I, iodomethane)을 반응시켜 trimethylsulfonium iodide를 만들고 여기에 적절하게 강한 염기로 다이메틸 황 일라이드를 만들어 이 탄소를 친핵체로 반응하게 한다.

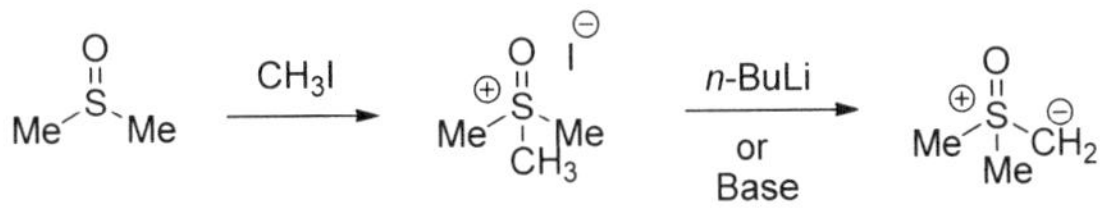

이렇게 반응을 하는 염기로 다이메틸 황 일라이드는 탄소와 탄소의 새로운 결합을 만들게 된다. 이때 이 일라이드가 카보닐의 탄소에 들어가면 새로운 탄소-탄소 결합이 생성됨과 동시에 카보닐의 산소가 음이온 산소(즉 옥소늄)가 되는데 이 산소 음이온이 다이메틸설폭사이드를 제거하는 방향으로 더 반응이 진행되면서 에폭사이드를 만들게 된다.

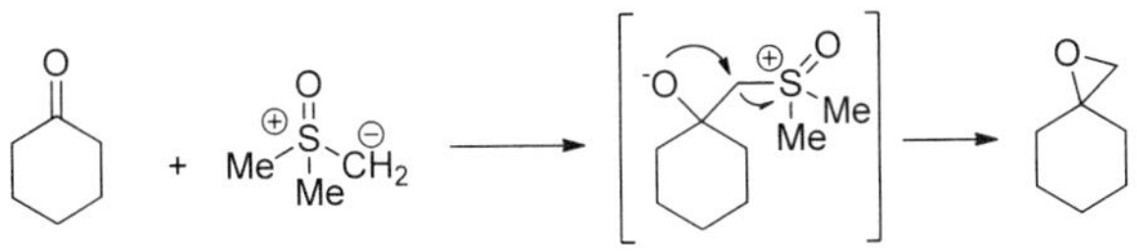

NOTES

이때 반응을 하는 짝이 카보닐이 아니라 전자를 끄는 작용기의 α와 β 탄소의 β 자리에 새로운 결합을 만들고 위의 카보닐 반응의 경우 생겨난 옥소늄 대신에 만들어지는 탄소 음이온(carbanion)이 새로운 결합을 만들면서 다이메틸설폭사이드를 제거하는 방향으로 더 반응이 진행되면서 사이클로프로페인 화합물이 만들어진다. 이때 반응이 잘 진행되도록 전자를 끄는 그룹이 붙어 있는 이중 결합이 반응도 잘 진행되게 하고 반응 중간체로 얻어지는 음이온도 안정이 된다.

EWG + Me–S⁺(=O)(Me)–CH₂⁻ ⟶ EWG, R

EWG = Electron withdrawing group
R = H, alkyl

예를 보면 아래처럼 여러 사이클로프로페인 화합물을 만들 수 있다.

Ph + Me–S⁺(=O)(Me)–CH₂⁻ ⟶ Ph

CO_2Et, CO_2Et + Me–S⁺(=O)(Me)–CH₂⁻ ⟶ CO_2Et, CO_2Et

5) 아실로인 축합(Acyloin condensation)

특별하게 몇 원자 고리를 만드는 것 없이 다양한 크기의 고리를 만드는 방법 중 하나로 사용하는 반응이 아실로인 축합이다. 이 반응은 양 끝에 에스터를 가지고 있는 출발 물질에 Na을 통한 단일 전자 라디칼 반응을 유도하고 이 라디칼이 다른 한쪽으로 환원적 고리화를 일으켜 알파-하이드록시 케톤을 만드는 반응이다.

$(\ )_n$ CO_2R, CO_2R —Na/Xylane, H^+⟶ $(\ )_n$ OH, H, O

NOTES

즉 양쪽의 에스터를 끌어와 알파-하이드록시 케톤을 만들고, 그 양 끝에서 반응 후 묶여지는 결과가 고리를 만드는 것이다. 그런데 이 반응이 환원 과정을 거치며 일어나는 홑전자 반응이라는 사실은 그러한 환원 과정 없이 일어나는 디에크만 축합(Dieckmann condensation)과 비교해서 볼 수 있다.

Dieckmann Condensation　　Acyloin condensation

NaOMe/MeOH, H^+　　Na/Xylane, H^+

이러한 아실로인 축합의 산물로 얻어지는 알파-하이드록시 케톤 고리의 하이드록시 작용기는 간단한 환원 반응으로 케톤 고리 생성물을 얻을 수 있다.

n = 8　Na/Xylane, H^+　Zn/HCl

6) 1,2-shift 재배열 반응

탄소의 *p*-오비탈 관련한 반응으로는 양이온과 음이온의 1,2- shift 재배열 반응이 있다. 이들 중 우선적으로 가장 많이 다루어지는 것이 탄소 양이온 관련한 반응일 것이다. 이는 탄소 양이온을 중간체로 가지는 반응들 대부분에 해당할 것이며 이들을 친핵 전이 반응이라 명명하기도 한다.

Carbocation and nucleophilic rearrangements

이러한 탄소 양이온을 이용한 합성 반응에는 **Wagner-Meerwein 재배열, Tiffeneau-Demjdemj 재배열, Pinacol 재배열** 등이 있다. 다음은 Wagner-Meerwein 재배열의 한 가지 예이며 이 반응으로 고리 확장을 가능하게 한다.

NOTES

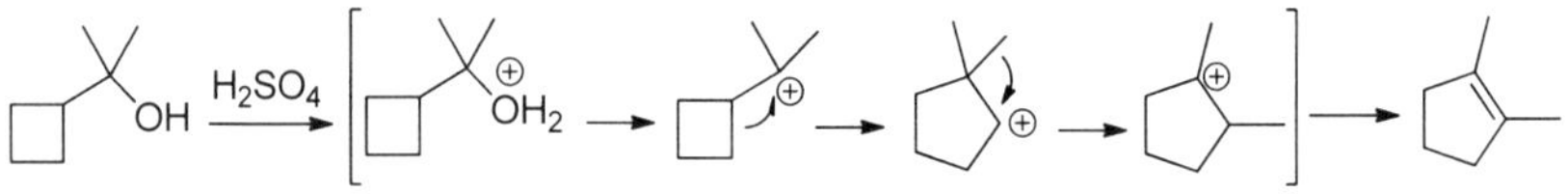

Tiffeneau-Demjdemj 재배열 반응은 아민을 $NaNO_2$와 반응시켜 다이아조를 만들고 이를 제거하면서 만들어지는 양이온을 이용하는 반응이다.

7) 피나콜 짝지음 및 피나콜 전이 반응

고리 관련한 반응 중 몇 가지를 더 살펴보면 우선 피나콜 짝지음(Pinacol coupling)이 있다. 이는 두 케톤이 Mg(Hg), $TiCl_4$로 만들어지는 단일 홑전자 짝지음을 유도하여 다이올을 생성하고 이 다이올이 산의 존재하에서 고리 확장 반응을 일으켜 아래에서 보는 바와 같이 원래의 고리보다는 고리 원자가 하나 더 늘어난 스피로 화합물을 만드는 반응이 일어난다.

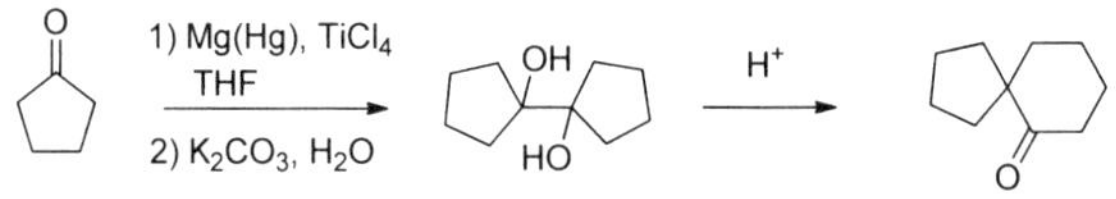

한편 탄소 음이온을 중간체로 만들어 이를 재배열하는 반응은 친전자 전이 반응으로 다음과 같은 오비탈의 변환으로 진행된다.

Carbanion and elctrophilic rearrangements

이러한 오비탈의 변환으로 진행되는 반응은 Stevens **재배열**(Stevens rearrangement)이 대표적이며 이는 암모늄이나 설포늄 화합물을 적절한 염기로 이들을 가진 탄소의 양성자를 떼어 내고 음이온을 만들면 이 음이온이 재배열하여 암모늄이나 설포늄의 그룹 가운데 이동이 용이한 결합이 옮겨 감으로써 진행되는 반응이다.

NOTES

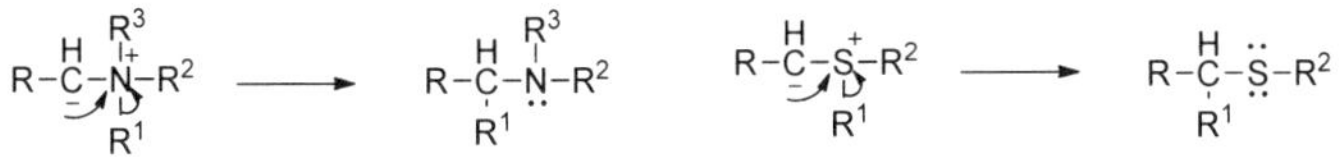

이 반응을 이용하며 아주 새롭게 알파 아민의 제조와 메타사이클로판(meta-cyclophane)의 합성에 사용한 예는 아래와 같다.

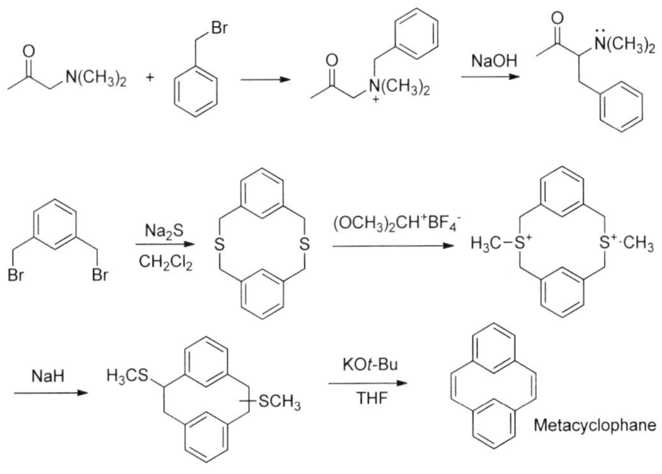

알릴 알킬 에터의 산소 옆 알킬 쪽의 음이온을 잘 만들 수 있는 화합물은 2,3-이동을 통한 재배열이 아주 잘 일어나며 이 반응을 비티히가 발견하고 발전을 시킨 장본인으로 비티히(Wittig) 전이 반응으로 일컫는다. 다음과 같이 벤질 알릴 에터를 *n*-BuLi으로 음이온을 만들고 이것이 전이되는 반응이다.

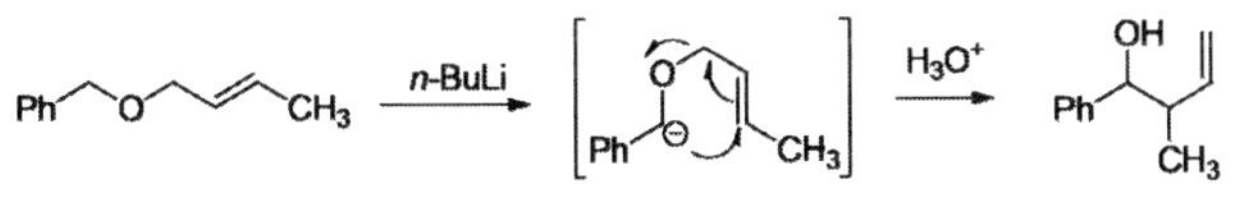

이 반응은 매우 선택적으로 잘 진행되며 따라서 유기 합성에도 자주 등장하는 반응이다. 다음은 이를 합성에 중요하게 이용한 반응의 예이다.

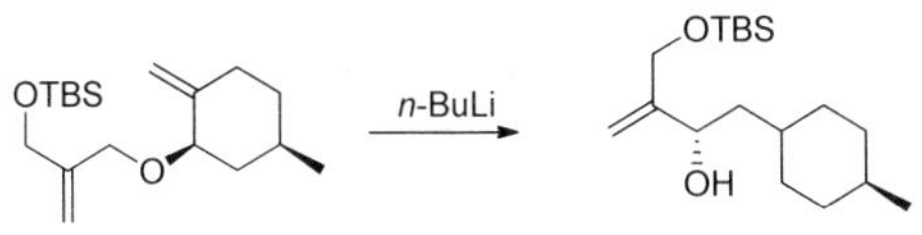

NOTES

8) 양이온 파이-고리화(cation π-cyclization)

고리화와 관련한 또 다른 중요한 반응은 바로 양이온 파이 고리화 반응이다. 이 반응은 여러 고리를 가진 스테로이드나 터펜 등의 천연물이 실제로 생명체 내에서 만들어질 때도 똑같은 양이온 파이 고리화 반응으로 일어나는 경우가 많다.

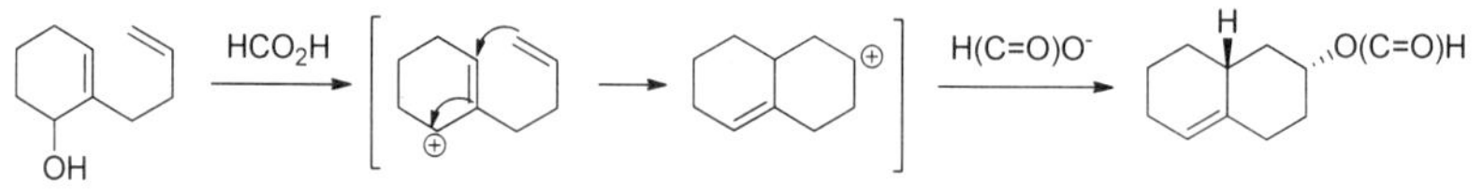

이 반응은 우선적으로 양이온이 만들어지고, 이 양이온에 이웃하는 전자가 풍부한 올레핀이 전자를 줌으로써 5원자 혹은 6원자의 안정한 고리 결합이 만들어지는 과정이다. 그러한 과정을 다 마치고서 양이온은 반응의 주위에 있는 음이온이 들어가거나 경우에 따라서는 양성자를 잃어버림으로 반응이 종결된다. 앞서 언급한 스테로이드나 터펜 등의 천연물의 경우 이러한 경로를 통한 반응 산물 가운데 고리화가 모두 진행된 후 생겨나는 양이온에 물에서 오는 하이드록시가 붙어 알코올 천연물이 많이 만들어지는 경우를 어렵지 않게 발견할 수 있다.

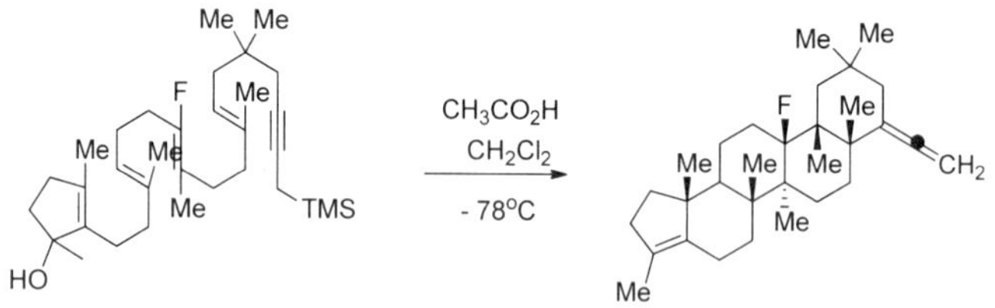

이 예에서 보는 바와 같이 산의 존재하에 최초로 만들어지는 사이클로프로페인의 알릴 양이온에 이중 결합들이 연속적으로 고리화 반응을 진행한다. 종국에는 스테로이드와 같은 4개의 고리를 가진 6개의 새로운 입체 화학을 일정하게 만들면서 70%에 달하는 높은 수율로 단일한 산물을 만들어낸다. 양이온 파이 고리화 반응의 백미라고 할 수 있다.

NOTES

9) 결합 분열을 통한 큰 고리 화합물 합성: 그로브 쪼갬 반응(Grob fragmenatation)

하이드록시 작용기의 β-위치에 좋은 이탈기를 가지는 경우 그 하이드록시 작용기에서의 적절한 염기는 양성자를 떼어 내고 이 하이드록시기를 가졌던 탄소와 탄소 결합이 붕괴되면서 이탈기를 가진 탄소와 이중 결합을 만든다.

이 과정에서는 하이드록시기를 가졌던 탄소와 이탈기를 가지는 탄소 결합의 입체적인 관계가 매우 중요한데, 다음의 예에서 보는 바와 같이 오비탈의 겹침이 잘 일어나도록 하는 입체적인 모양은 반응의 유무와 반응 산물과의 관계에서 핵심이 된다. 오비탈의 겹침이 잘 일어나지 않는 입체적인 관계를 가지는 경우 반응이 일어나지 않으며 반응이 일어나 만드는 산물도 그 출발 물질의 입체적인 모양에 따라 *E* 혹은 *Z*가 된다.

NOTES

이러한 결합 분열을 통한 큰 고리 화합물 합성은 매우 요긴한 반응일 때가 많다. 그중 하나의 예는 아래에서 보는 바와 같이 6원자 고리를 깨트려 큰 고리의 화합물을 만드는 경우이며 이때 주위의 치환체 입체 화학이 그대로 보전된다.

OH Me Base O Me H OTs

다른 하나의 예는 5원자 고리 두 개가 함께 있는 화합물의 두 고리 가운데의 결합을 깨트려 8원자 고리를 만든 예를 볼 수 있다.

HO MeO OTs Me Me NaOMe O MeO Me

이와 같은 반응을 활용하여 이처럼 고리가 이어진 화합물의 고리 이음새(ring junction)를 제거하는 방법으로 아주 큰 고리의 화합물을 만들 수 있기도 하다.

연습문제

1

다음 반응으로부터 얻어지는 산물(주산물)을 필요한 경우 입체 화학과 함께 쓰시오.

(1) 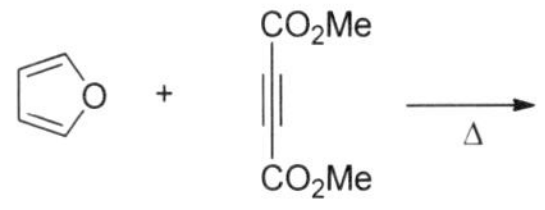 furan + CO_2Me–C≡C–CO_2Me $\xrightarrow{\Delta}$

(2) 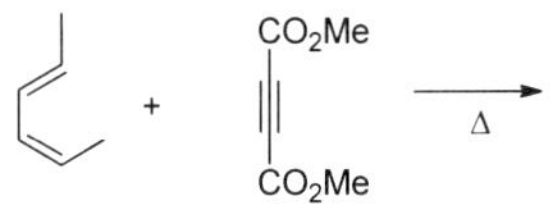 + CO_2Me–C≡C–CO_2Me $\xrightarrow{\Delta}$

(3) 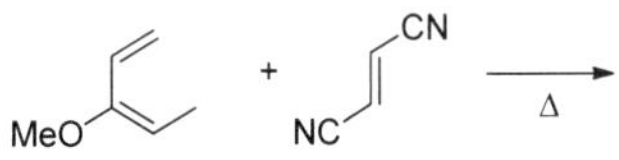 MeO + NC, CN $\xrightarrow{\Delta}$

(4) 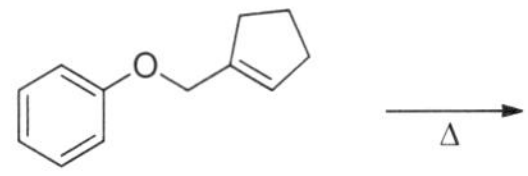 O $\xrightarrow{\Delta}$

(5) 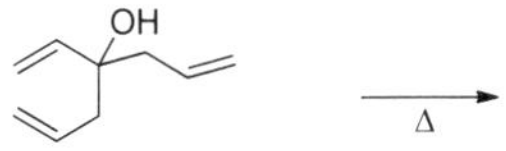 OH $\xrightarrow{\Delta}$

(6) 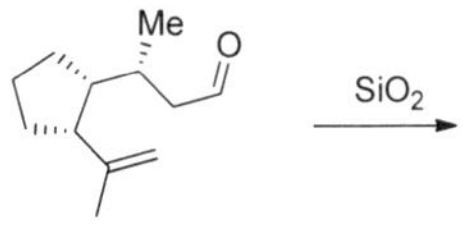 Me, O $\xrightarrow{SiO_2}$

(8) 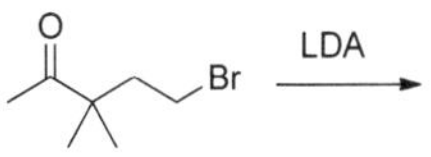 O, Br $\xrightarrow{LDA}$

2

다음 반응으로부터 얻어지는 산물(주산물)을 필요한 경우 입체 화학과 함께 쓰시오.

(1) 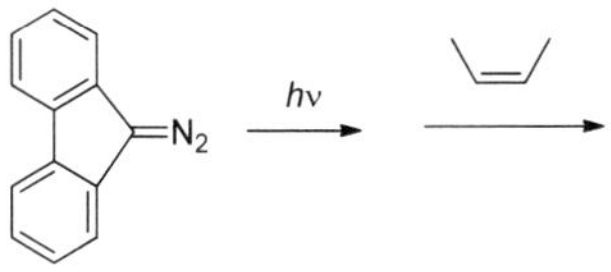 $=N_2$ $\xrightarrow{h\nu}$ $\longrightarrow$

(2) O, OAc $\xrightarrow{h\nu}$ O, OAc $\xrightarrow[H_2O]{NaOH}$ $C_{11}H_{16}O_2$

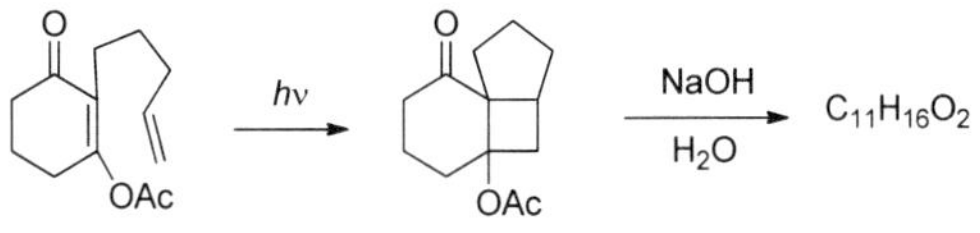

(3) AIBN, $SnBu_3H$

(4) MeOH, H^+ → MeO, MeO → Δ

(5) MeO, OMe, OH, OTBS — 1) KH 2) H^+ → Initial product → OTBS, MeO, OMe, O

(6) MeOH, H^+ → MeO, MeO → Δ

(7) N H — $HCCl_3$, NaOH, Heat → Initial product → Cl, N

3

아래는 존슨-클라이젠 반응의 한 예이다. 이 반응에서 얻어지는 산물을 그 입체 화학과 함께 밝히시오.

Bn, N, CH_3, OH — $CH_3C(OEt)_3$, H^+, 110 °C →

4

아래는 에센모저-클라이젠 반응의 한 예이다. 이 반응에서 얻어지는 산물을 그 입체 화학과 함께 밝히시오.

Me_3Si, OH — NMe_2, MeO, OMe, Δ →

5

다음과 같은 반응에서는 이성질체 관계의 여러 고리 화합물을 얻게 된다. 이 반응으로부터 먼저 주어진 산물의 생성과정을 살피고 이를 기초로 가장 많은 고리의 다른 산물의 생성을 밝히시오.

Me, I, O, Me, n-Bu_3SnH, Me, O, Me, + , Me, H, Me, Me

+ cyclic product

6

다음 반응으로 얻어지는 (1)과 (2)의 산물이 무엇인지 쓰시오.

Me, OH, Me, Me, Me, OH, H_2SO_4 (1)

O, H, Me, Me, n-BuLi (2)

Chapter 05

반응 선택성과 보호기

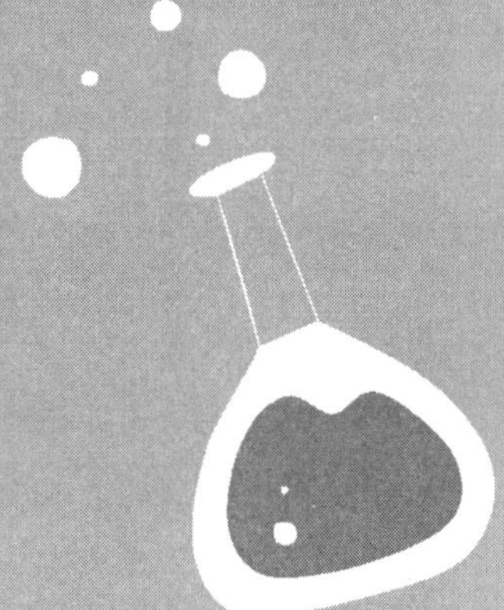

NOTES

어떤 화학 반응에서는 화학적 작용기의 선택성(화학적 선택성, chemoselectivity), 반응하는 자리에 대한 선택성(자리 선택성, regioselectivity) 혹은 입체 화학을 선택적으로 진행하게 하는 반응(입체 선택성, stereoselectivity)같은 내재적인 성질이 있으며 이를 반응 선택성이라 한다. 이러한 선택성이 생겨나게 하는, 즉 선택성을 결정하는 여러 가지의 요인들이 있다. 이들 가운데에는 열역학적 변화와 관련하여 하몬드의 가설(Hammond postulate), 입체전자 효과(stereoelectronic effect)의 개념으로 차이를 설명하기도 한다.

1. 화학적 선택성: 화학적으로 유사한 적용기의 반응 구분

아래의 예에서 보는 것처럼 에스터와 아마이드는 동일한 카복실산의 유도체로서 화학적으로 매우 유사한 그룹에 속한다고 볼 수 있다. 따라서 반응성이 제법 큰 $LiAlH_4$를 환원제로 사용하는 경우에는 두 작용기 모두 환원이 일어나 에스터 쪽은 알코올로 그리고 아마이드 쪽은 아민을 얻게 된다. 하지만 우리는 $LiBH_4$를 환원제로 사용하면 이 두 작용기의 구분이 가능해진다. 에스터는 알코올로 환원이 일어나지만 아마이드는 전혀 반응하지 않고 그대로 있게 되므로, $LiBH_4$는 선택적인 환원제가 되는 셈이다.

EtO(C=O)–(CH₂)₄–C(=O)NH₂ —$LiBH_4$→ HO–(CH₂)₅–C(=O)NH₂

EtO(C=O)–(CH₂)₄–C(=O)NH₂ —$LiAlH_4$→ HO–(CH₂)₆–NH₂

이러한 화학적 선택성을 가지는 여러 반응물들이 많이 개발됨으로써 똑같은 작용기 그룹이 함께 존재하는 경우가 아니라면 구분할 수 있게 되었다. $NaBH_4$를 사용하면 다음과 같이 1,3-다이카보닐 작용기만 환원이 일어

NOTES

나고 벤젠 고리에 있는 벤조익에스터는 반응을 하지 않는다.

NaBH$_4$ (3 eq.) MeOH

또 다른 산화의 예에서 일차 알코올과 이차 알코올이 함께 있을 때 이 두 개의 알코올 중 이차 알코올만 산화를 시켜 케톤으로 만드는 산화제로 $(NH_4)_2Ce(NO_3)_6$가 개발되어 사용되고 있다.

$(NH_4)_2Ce(NO_3)_6$ $NaBrO_3$ CH_3CN, 80°C

알코올과 아민이 함께 존재하는 분자라 하더라도 아민의 친핵성이 알코올의 친핵성보다 훨씬 크다. 따라서 당량만큼의 산염화물을 반응시키면 아민은 아마이드가 되지만 알코올은 반응 후에도 그대로 있게 된다. 이런 경우도 우리는 화학적 선택성이라 일컬을 수 있다.

CH_3COCl Et_3N

아래의 석신산 무수물(succinic anhydride)은 고리산 무수물의 일종인데 여기에 당량만큼의 염기를 반응하게 함으로써 한쪽은 에스터를 그리고 다른 한쪽은 산으로 남게 되는 선택적인 작용기를 만드는 하나의 좋은 방법이 되기도 한다.

NaOMe (1 eq) MeOH

NOTES

2. 보호 및 탈보호(protecting과 deprotecting)

우리가 화합물을 만드는 데 있어 동일 분자 내에 여러 작용기가 함께 공존할 때, 그 작용기 각각이 필요한 경우 이들 각각의 작용기만을 변환시킬 수도 있다. 하지만 유사한 성질을 가진 다른 작용기나 혹은 동일한 반응을 시키는 더 반응성이 큰 작용기가 존재한다면 우리가 반응시키려는 작용기를 제외한 다른 작용기는 반응을 하지 않도록 해야 한다. 이를 위해 우리는 시키려는 반응에서 함께 반응이 일어나거나 혹은 다른 어떤 형태로나 방해를 하는 작용기를 그 반응에서 그대로 있도록 하기 위해 보호기(protecting-groups)를 사용하게 된다.

NaBH$_4$ · NaBH$_4$ (3 eq.) or LiAlH$_4$ · HO⁀OH, H$^+$ · NaBH$_4$ or LiAlH$_4$ · H$^+$ · OEt · OH

Reaction product (Racemate)

R = $(CH_2)_3CO_2Et$ or
R = $(CH_2)_4OH$

How to get each enantiomer as a single isomer

이 예에서 보는 바와 같이 여러 가지 환원제를 사용하여 케톤과 에스터 각각의 작용기를 환원할 수 있지만 에스터보다 반응성이 큰 케톤만을 선택적으로 환원하기는 어렵다. 이 경우 우리는 케톤이 환원 반응을 하지 못하도록 보호한 뒤, 환원 반응이 끝나면 다시 케톤으로 돌려 두는 방법을 사용해야 한다. 이처럼 진행되는 과정을 보호(protecting group)와 탈보호(deprotecting)라 하며 이를 위한 여러 보호기가 개발 활용되고 있다. 위의 예에서는 케톤 알코올을 만들기 위해 케톤을 환원 반응에서 반응하지 못하도록 아

NOTES

세탈(이때의 아세탈이 보호기가 된다)로 만들고, 하이드라이드로 환원하면 케톤에 비해 상대적으로 반응성이 작은 에스터가 알코올로 환원된다. 추후 아세탈을 떼어 내는 탈보호를 함으로써 원래의 케톤으로 되돌릴 수 있다. 한편 이러한 환원 반응은 입체 선택성이 당연히 없이 라셈 혼합체로 얻어진다. 즉 이러한 환원 과정에서 우리는 거울에 대칭인 거울상 이성질체에 대한 선택성은 찾아볼 수 없지만 이들의 거울상 입체 이성질체까지 선택적으로 환원하는 방법도 있을 수 있다. 어떻게 그것이 가능할지에 대해서는 추후 공부하도록 한다.

이러한 보호기는 그 필요나 특성에 따라 아주 많은 것들이 개발되어 있다. 이들은 첫째, 우리가 부착하려는 작용기에 대해 선택적으로 부착이 용이하며 부착된 보호기로 보호된 작용기는 반드시 행하려는 반응에서 반응성이 전혀 없어야 한다. 둘째, 이들 보호기가 보호의 역할을 다 마치고서는 떼어 내기가 용이하며 원래의 작용기로 잘 돌아가도록 해야 한다.

하지만 보호기를 하나 사용할 때마다 화학적으로는 보호기 부착과 탈착(제거)이라는 최소 두 단계의 화학적 반응 과정을 통해야 하므로 가능한 선택적인 반응물을 찾거나 합성을 계획할 때 되도록 보호기의 사용을 피하거나 아니면 그 사용이 최소화되도록 해야만 한다. 아래는 한 가지의 예를 들어 보았다.

HO⁄⁄N(H)⁄⁄OH
Starting
Protection: 1. $(Boc)_2O$ 2. TBSCl
HO⁄⁄N(Boc)⁄⁄OTBS
Protected
Boc = $(C{=}O)OC(CH_3)_3$
TBS = $Si(CH_3)_2C(CH_3)_3$
MeI, Base
MeO⁄⁄N(Boc)⁄⁄OTBS
Product
Deprotection H^+ (or n-Bu_4NF)
MeO⁄⁄N(H)⁄⁄OH

출발 물질 아미노다이올 화합물의 한쪽만을 Methoxy로 바꾼 화합물을 만드는 경우 우선은 출발 물질에 한쪽만의 알코올에 염기와 함께 MeI로 반응시키는 경우를 상정하고 보면 어떤 경우이든 아민의 친핵성이 알코올의 친핵성보다 크므로 알코올이 반응하게 하기는 매우 어렵다. 따라서 반응하

NOTES

려는 알코올의 한쪽만 그대로 둔 채 아민과 다른 한쪽의 알코올을 보호기로 보호한 중간물을 만들고 이를 염기와 함께 MeI로 반응을 시킨다. 반응이 끝난 후 보호기를 모두 제거함으로써 산물을 얻어낸다.

이 예에서 보는 바와 같이 반응을 시킬 때 그 반응에 참여하게 될 다른 작용기가 반응에 참여하지 못하도록 막는 물질을 보호기라 일컬으며, 이때 보호하려는 작용기의 종류에 따라 그리고 앞서 언급한 바와 같이 보호와 탈보호가 상대적으로 쉬운 보호기를 고르도록 한다. 다음은 많이 사용하는 전형적인 보호기를 보호하려는 작용기에 따라 어떤 것들이 있는지를 보여주고 있다.

3. 작용기에 따른 여러 종류의 보호기

Alcohols R–OH

Silylether

RO–PG PG = $-Si(R^1)(R^2)(R^3)$

R^1, R^2, R^3; $(CH_3)_3$
R^1, R^2, R^3; Et_3
R^1, R^2, R^3; $i\text{-}Pr_3$
R^1, R^2, R^3; $t\text{-}Bu(CH_3)_2$
R^1, R^2, R^3; $t\text{-}BuPh_2$

Formation

$$ROH + X\text{-}Si(R^1)(R^2)(R^3) \xrightarrow{\text{Base}} RO\text{-}Si(R^1)(R^2)(R^3)$$

X = Cl or OTf Base = Pyridine, DMAP, 2,6 Lutidine, Imidazole, etc

Deprotection (Cleavage)

$$RO\text{-}Si(R^1)(R^2)(R^3) \xrightarrow{F^-}$$

F^- source = TBAF, Pyridine-HF, NH_4F, HF, etc)

Benzylether $RO\text{-}CH_2Ph$

Formation

$$ROH + BrCH_2Ph \xrightarrow{\text{NaH}} RO\text{-}CH_2Ph$$

Deprotection (Cleavage)

$$RO\text{-}CH_2Ph \xrightarrow[\text{Pd/C}]{H_2} ROH$$

NOTES

Tetrahydropyranyl ether

RO–THP

Formation

ROH + dihydropyran $\xrightarrow[CH_2Cl_2]{PPTS}$

Deprotection (Cleavage)

RO–THP $\xrightarrow{H^+}$

Esters

RO(C=O)*t*-Bu

Formation

ROH + Cl(C=O)*t*-Bu $\xrightarrow{pyridine}$ RO(C=O)*t*-Bu

Deprotection (Cleavage)

RO(C=O)*t*-Bu $\xrightarrow{H^+}$ ROH

Aldehydes and Ketones

R^1(C=O)R^2

Acetal

1,3-dioxolane (R^1, R^2)

Formation

R^1(C=O)R^2 + HO–CH₂CH₂–OH $\xrightarrow{p\text{-TsOH}}$ acetal (R^1, R^2)

Deprotection (Cleavage)

acetal (R^1, R^2) $\xrightarrow[H_2O]{H^+}$ R^1(C=O)R^2 + HO–CH₂CH₂–OH

Carboxylic acid

R(C=O)OH

Esters

R(C=O)OR'

Formation

R(C=O)OCH_3

R(C=O)OH + CH_2N_2 ⟶ R(C=O)OCH_3

Deprotection (Cleavage)

R(C=O)OCH_3 $\xrightarrow[H_2O_2]{LiOH}$ R(C=O)OH

or mild acid or base

NOTES

$RCOOCH_2CH_3$ $RCOOH + CH_3CH_2OH \xrightarrow{DCC} RCOOCH_2CH_3 \xrightarrow[H_2O_2]{LiOH} RCOOH$

$RCOOBn$ $RCOOH + BnOH \xrightarrow{DCC} RCOOBn \xrightarrow[H_2O_2]{LiOH} RCOOH$

DCC = 1,3-dicyclohexyl carbodiimide

N=C=N

Amino groups

$R-NH_2$

t-Butyloxycarbonyl protecting group (BOC)   R-NH-C(=O)-O-C(CH₃)₃

Formation

$R-NH_2$ + *Di-t-butyloxydicarbonate (BOC_2O)* $\xrightarrow[K_2CO_3]{NaOH \text{ or}}$ R-NH-C(=O)-O-tBu

Deprotection (Cleavage)

R-NH-C(=O)-O-tBu $\xrightarrow{\text{Trifluoroacetic acid}}$ $R-NH_2$

Benzyloxycarbonyl protection group (CBZ)   R-NH-C(=O)-O-CH₂-Ph

Formation

$R-NH_2$ + Ph-CH₂-O-C(=O)-Cl $\xrightarrow{NaHCO_3}$ R-NH-C(=O)-O-CH₂-Ph

Deprotection (Cleavage)

R-NH-C(=O)-O-CH₂-Ph $\xrightarrow[Pd/C]{H_2}$ $R-NH_2$

이상으로 여러 가지 작용기에 사용하는 아주 보편적인 몇 가지의 보호기와 이를 만드는 방법, 그리고 이들의 탈보호기(제거)에 대해서 알아보았다. 우리는 이들을 적절하게 사용하여 원하는 작용기만을 변환시키도록 할 수 있다. 다음은 아주 간단하지만 동시에 보호기의 사용이 필수적인 경우 하나를 보도록 하자.

NOTES

1,4-다이하이드록시펜테인으로부터 1-하이드록시-4-펜탄온을 만드는 경우를 보자. 어떤 산화제를 사용하여도 일차 알코올의 산화가 훨씬 잘 일어나므로, 일차 알코올을 그냥 둔 채로 이차 알코올을 산화해야만 얻어지는 산물을 선택적으로 만들 수는 없다.

OH ? OH O OH

이 경우 우선 일차 알코올의 산화가 일어나지 않도록 보호기로 감싼 후 산화를 하게 되면 보호되지 않은 알코올만 산화가 일어난다. 즉, 보호기의 부착이 없는 이차 알코올이 산화되며, 산화되어 케톤이 만들어진 화합물의 일차 알코올 보호기를 제거함으로써 우리가 원하는 산물을 얻을 수 있다.

적절한 방법으로 보호기를 사용하여 반응을 시키고, 반응을 마친 후 탈보호를 하는 과정을 선택적으로 하는 것은 보호기 화학에서 매우 중요한 일이다. 아래는 동일하게 아세탈을 만들어 이를 케톤의 보호기로 사용해야 하는데 이때 α,β-불포화 케톤과 아닌 케톤을 각각 다른 반응 조건에서 보호기 부착이 가능하다.

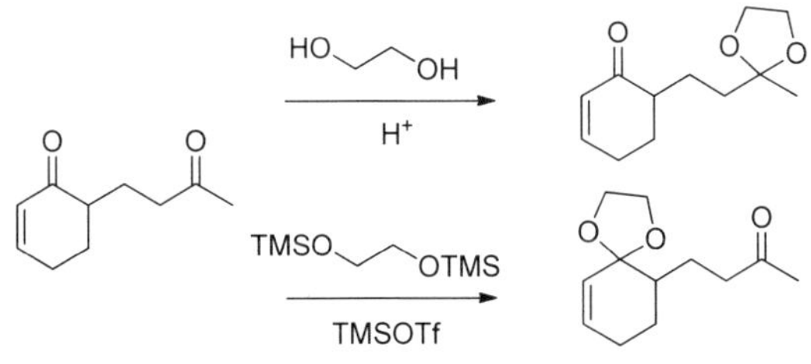

HO OH H⁺ TMSO OTMS TMSOTf

이는 한 가지 예일 뿐이다. 이 경우뿐만 아니라 여러 가지의 다른 반응 조건과 사용되는 보호기의 적절한 선택은 많은 경우 유사하거나 동일한 작용기를 각각의 경우에 따라 서로 다른 보호기 부착이 가능하며 이에 대해 지금까지 많은 연구가 이루어졌다.

우리가 유기화합물을 만드는 데 보호기를 사용해야 하는 경우를 흔히 찾

NOTES

아볼 수 있다. 예를 들면 세드롤(cedrol)이라는 세스퀴터펜(sesquiterpene)을 만드는 반응을 보자. 이것의 합성을 위해 오원자 및 육원자 고리가 스피로 형태로 있으면서, 오원자 쪽에는 다이메틸하이드록시메틸(dimethylhydroxy-methyl)을 가지며 육원자 고리 쪽의 케톤을 그대로 유지하게 하는 화합물을 얻어야 한다. 이 경우 오원자 쪽에 다이메틸하이드록시메틸을 도입하는 가장 좋은 방법은 에스터에 메틸리튬이나 메틸그리냐르와 같은 메틸 친핵체를 과량으로 주어 하나가 들어가서 만드는 알데하이드에 더해 두 개가 들어가도록 하는 방법이다. 그런데 이 경우 분자에 케톤이 그대로 있으므로 그 케톤을 보호기로 보호하지 않고 메틸친핵체와 반응시키면 이 케톤에 메틸기가 들어가 오히려 반응성이 더 좋아 보이는 케톤이 먼저 반응하게 된다.

Me, O, CO$_2$Me, Me, O, OH, Me Me, Me, OH, Me, Me, H, Me, cedrol, Excess MeLi, HO, OH, H$^+$, protection, H$^+$, deprotection, Me, Me, OH, CO$_2$Me, +, Me, Me, OH, OH, Me Me, Me, O, O, CO$_2$Me, Excess MeLi, Me, O, O, OH, Me Me

따라서 이 케톤을 메틸 친핵체와 반응하기 전에 먼저 아세탈 보호기로 보호하고 메틸 친핵체와 반응을 하게 한 다음에야 이 아세탈을 원래의 케톤으로 되돌림으로써 원하는 에스터에 메틸 친핵체가 둘 들어가며, 그리하여 에스터가 다이메틸하이드록시메틸이 되도록 하는 것이다.

다른 하나의 예는 스테로이드 계열 화합물에서 하이드록시 작용기는 케톤으로 산화시키고 원래 케톤으로 존재하는 작용기는 환원하여 알코올이 되도록 하고, 이 하이드록시에 아세탈이 부착된 화합물을 만드는 일이다. 이는 산화와 환원 반응을 시켜야 하는 것인데 우선은 원래 출발 물질의 알코올을 t-뷰틸에테르로 보호하고 원래의 케톤을 $LiAlH_4$로 환원하며 원하는

NOTES

알코올을 얻고, 이 알코올의 보호기 역할을 해줄 수 있는 원하는 아세틸을 첨가한 에스터를 얻는다. 그리고 *t*-뷰틸에터로 보호기 부착된 화합물에서 *t*-뷰틸을 떼어 내고서 원래의 알코올을 만든 후 이를 PCC로 산화시켜 케톤을 만들면 원하는 산물이 된다.

이런 식으로 보호와 탈보호를 하며 원하는 산물을 얻게 된다. 보호기의 부착을 잠시 동안 손쉽게 하여 전체적으로 반응이 잘 진행되도록 하는 경우도 있다. 예를 들면 3-에틸-1,2,3,6-테트라하이드로피리딘(3-ethyl-1,2,3,6-tetrahydropyridine, 출발 물질)의 질소에 알코올이 TBDPS 보호기를 부착하고 있는 페닐에탄올을 가진 화합물에서 다이하이드로피리딘의 이중 결합을 mcpba와 반응하여 에폭사이드를 만드는 일을 수행하고자 한다. 출발 물질 그 자체를 mcpba와 반응하게 하면 N-옥사이드를 만드는 것이 워낙 쉽게 일어나는 일이라 에폭사이드를 만들면서 혹은 이보다 먼저 N-옥사이드가 만들어지는 반응으로 진행될 수 있다. 따라서 반응성이 큰 삼차 아민의 아민 쪽이 mcpba와 반응을 못 하도록 보호기 역할을 할 수 있는 합성 중간물질을 만들어야 한다.

이에 가장 적절한 방법은 삼차 아민을 산으로 처리해 주는 것이다. 그러면 양성자와 함께 아민의 염을 만들게 되고 이렇게 만들어진 염은 더 이상 mcpba와 반응을 하지 않을 것이며, 따라서 원하는 고리의 이중 결합의 에폭사이드를 만들 수 있게 될 것이다. 물론 반응을 마치고서 염기(K_2CO_3)를

NOTES

가지고 삼차 아민의 양성자 염을 중화시켜 주면 양성자가 없어지고 원래의 아민으로 돌아오게 된다. 여기서는 양성자가 곧 보호기의 역할을 하게 해준 셈이 된다.

OTBDPS Ph N O mcpba SM CF_3CO_2H K_2CO_3 $CF_3CO_2^{\ominus}$ H O

우리는 이렇게 다양하게 보호기를 사용할 수 있고, 이런 보호기가 원하는 화합물의 합성을 쉽고 효율적으로 할 수 있다.

4. 자리 선택성: 동일한 뼈대에 있는 가능한 반응 부위의 구분

동일한 조건의 유기화학 반응에서 반응의 기작을 달리하면서 동일한 실험식을 가지지만 원소나 그룹의 위치가 다른 이성질체(우리는 이를 자리 이성질체라 명명)를 만드는 경우가 있다. 이런 경우에도 우리는 어느 한 방향의 반응이 다른 이성질체를 만드는 반응보다 더 잘 일어나 반응에서의 선택성이 나타나도록 한다. 이런 과정을 반응에서의 자리 선택성이라 명명한다.

NOTES

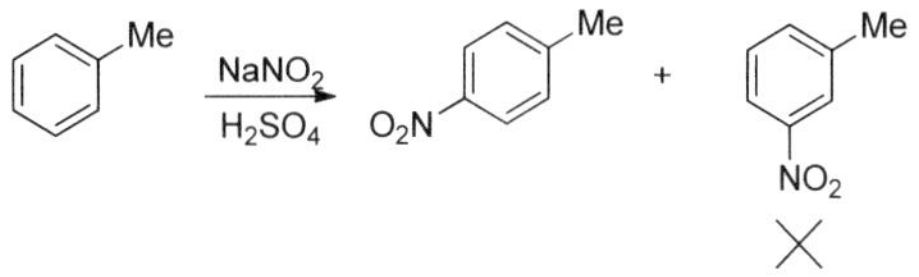

잘 아는 바와 같이 벤젠 고리에 치환체를 가진 경우 이 화합물의 친전자 치환 반응은 3가지의 다른 자리를 선택할 수 있다. 이 가운데 특정한 자리가 상대적으로 더 유리한 자리 선택성이 있다.

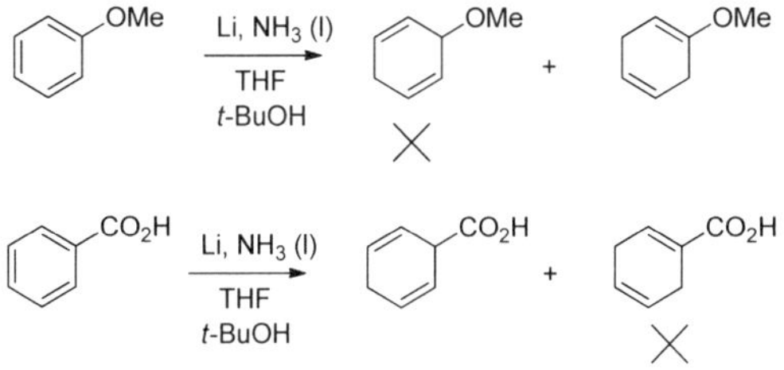

또 다른 한 가지의 예는 위에서 보는 바와 같이 Birch 환원의 조건에서 벤젠 고리 화합물을 환원할 때 기존의 벤젠 고리의 치환체에서 보면 두 가지의 다른 자리로의 환원이 일어날 수 있다. 이 경우 어떤 자리로 일어나는 것이 유리한지는 치환체가 전자를 주는 것이냐 전자를 끄는 것이냐의 차이에 달려 있다. 전자를 주는 작용기(위의 예에서는 메톡시)가 있을 경우, 치환체를 낀 이중 결합이 1,4-다이엔의 방향으로 환원이 일어난다. 이에 비해 전자를 끄는 치환체(위의 예에서는 카복실산)가 있는 경우, 치환체를 끼지 않은 먼 쪽으로 이중 결합이 형성되는 환원이 일어난다.

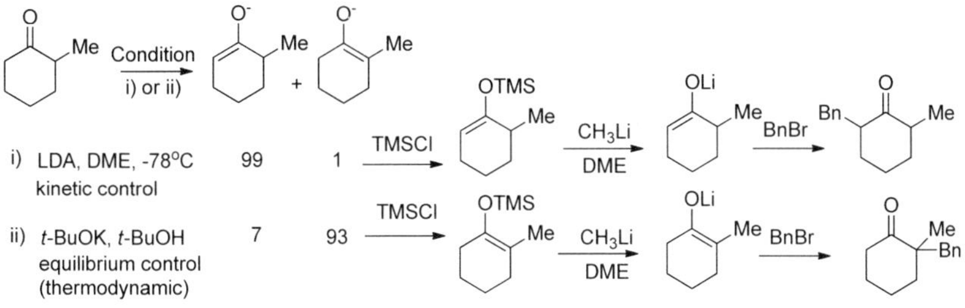
Condition
i) or ii)
i) LDA, DME, -78°C
kinetic control
99
1
ii) t-BuOK, t-BuOH
equilibrium control
(thermodynamic)
7
93
TMSCl
OTMS
CH3Li
DME
OLi
BnBr

NOTES

자리 선택성과 관련하여 아주 중요한 내용의 한 가지는 앞선 반응에서 보인 에놀레이트(enolate)의 생성과 관련한 것이다. 즉 카보닐의 알파 위치의 수소는 염기에 의해 양성자로 잘 떨어지고 그 후 에놀레이트(enolate) 생성이 가능할 때, 그 염기에 의해 떨어지는 양성자는 두 가지의 선택 방향이 있을 수 있다. 위의 예에서 보는 바와 같이 1-메틸사이클로헥산온은 치환체 메틸을 가진 쪽의 알파 탄소와 메틸의 치환체가 없는 알파 탄소의 두 가지가 가능하며 생성된 에놀레이트는 다음 반응에서 자리 이성질체를 주게 된다. 물론 우리는 두 가지의 양성자 가운데 선택적으로 하나의 양성자를 떼어 내고 이로부터 선택적인 반응을 할 수 있다. 아주 강한 염기(LDA)에 의해 낮은 온도에서 속도론적 에놀레이트(kinetic enolate)를 만들게 되면 알킬 치환체를 가지지 않은 방향의 양성자를 떼어 내게 되고 그래서 TMSCl과 반응에서나 알킬 할라이드 반응에서 치환체를 가지지 않은 알킬화를 할 수 있다. 이에 비해 상대적으로 높은 온도에서 아주 약염기(위의 경우 t-BuOK/t-BuOH)에 의해 열역학적 에놀레이트(thermodynamic enolate)를 만들게 되면 알킬 치환체를 가지고 있는 방향의 양성자를 잃게 되고 그래서 TMSCl과 반응에서나 알킬 할라이드 반응에서 치환체를 가지고 있는 쪽의 알킬화를 할 수 있다.

O Me + N H TsOH N Me 90 + N H H Me 10 BnBr H_2O, H^+ Bn O Me (Bn O Me 97% *trans*)

이러한 알킬화의 자리 선택성에서 속도론적 혹은 열역학적 에놀레이트의 조절 대신 엔아민(enamine)을 만들면 이 엔아민은 치환체를 가지지 않은 쪽의 양성자를 잃기 쉬우며 따라서 위의 속도론적 에놀레이트를 만들어 알킬화를 한 경우와 같은 자리 선택성을 구할 수도 있다.

또한 이러한 자리 선택성을 얻기 위해 에스터를 도입한 여분의 카보닐을 가지도록 하고, 이의 두 카보닐에 의해 그 양쪽에 낀 양성자를 훨씬 쉽게 제

NOTES

거하여 아주 선택적인 알킬화를 할 수도 있다. 물론 카보닐을 만들기 위해 도입한 에스터를 나중에 쉽게 제거함으로써 자리 선택적인 반응을 유도할 수도 있다.

O
Me
NaOEt
EtOC(O)OEt
H_2O
EtO_2C
O
Me
1) NaOEt
2) BnBr
3) H_2O, H^+
Heat
Bn
O
Me

연습문제

1

다음과 같이 propionic acid를 출발 물질로 해서 3-hydroxy-2-amino-propane을 만드는 방법을 제시하시오.

2

아래의 반응물을 기초로 화합물을 합성할 때 보호기(protecting group)가 필요하다. 적절한 보호기를 붙여 반응을 시키고 이를 제거하여 주어진 산물을 만드시오.

(1) PhMgBr (Excess)

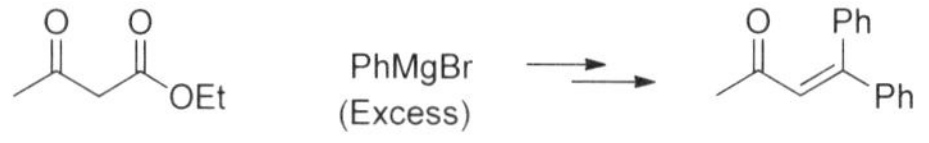

(2) PCC

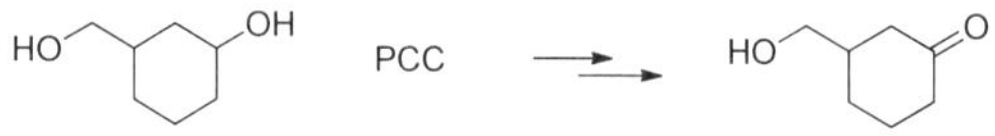

(3) NaCN

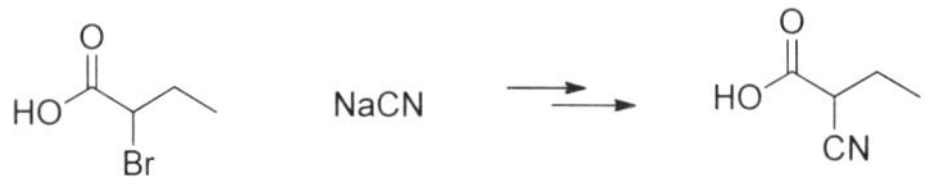

3

출발 물질 S에서 Pc를 만드는 방법을 제시하시오.

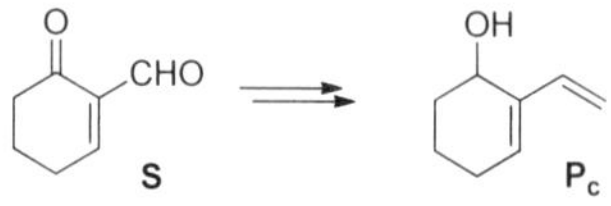

Chapter 06

화합물의 입체성과 입체 선택적 반응

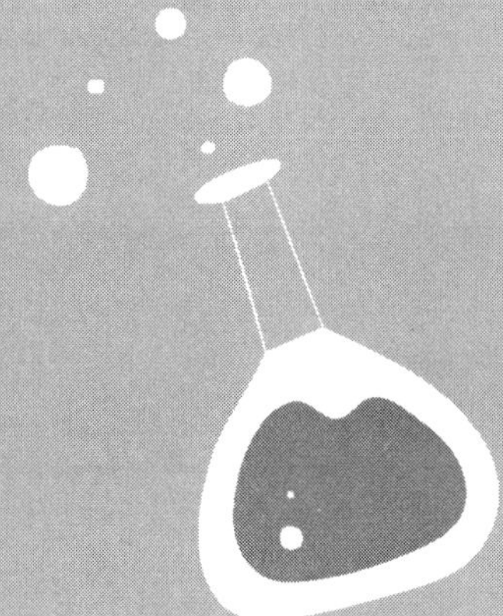

NOTES

1. 입체 선택적 반응(stereoselective reactions)

입체 이성질체를 만들어 낼 수 있는 어떤 화학 반응에서 하나의 입체 이성질체가 다른 입체 이성질체에 비해 잘 만들어지도록 진행되는 반응을 입체 선택적 반응이라고 한다. 일면 모든 입체 선택적 반응은 입체 특이적인 반응을 동반하고 있다고도 볼 수 있다.

분자가 똑같은 원소와 같은 뼈대로 구성된 경우라고 하더라도 공간적인 배열을 달리하는 분자들의 관계를 입체 이성질체라고 일컫는다. 이들은 자유롭게 회전이 되지 못하는 탄소와 탄소의 이중 결합을 가진 알켄 화합물에서 *cis*와 *trans*(*Z* 와 *E* isomers) 경우도 있고 또한 sp^3탄소에 네 개의 결합이 모두 다른 이성질체도 있다. 이렇게 공간적인 배열을 달리하면서 생겨나는 이성질체에 우리가 관심을 두는 이유는 여러 가지 있지만 그중 가장 중요한 점은 물리적, 화학적 성질이 다르다는 것이다. 우선 신남산(cinnamic acid)의 경우를 보자. 이 물질은 음식물이나 음료수에 약산의 향을 보태기 위해 첨가되는 물질로서 *genus cinnamomum*라는 학명의 나무껍질에서 얻는 물질이다. 이 물질의 두 이성질체 중 *trans*(*E* isomers)만 옥신 유출의 강력한 억제물이 되고 있다. 이렇게 생물적인 활성의 차이뿐만 아니라 녹는점도 *trans*–cinnamic acid 경우 103℃와 *cis*–cinnamic acid 경우 68℃를 가지는 등 아주 다른 물리적인 성질을 보인다.

cis and trans (Z and E isomers)

trans–Cinnamic acid　　*cis*–Cinnamic acid

H, CO_2H / Ph, H　　H, H / Ph, CO_2H

mp 103°C　　mp 68°C

이러한 이성질체 이외에 sp^3탄소에 네 개의 결합이 모두 다른 탄소를 가진 이성질체의 경우에는 이와는 좀 다른 면이 있으며, 부분 입체 이성질체

NOTES

와 거울상 이성질체가 있다. 즉 아래의 분자에서 보는 바와 sp^3 탄소에 네 개의 결합이 모두 다른 탄소, 소위 비대칭 탄소나 카이랄 탄소라 명명하는 탄소를 가지는 경우가 있다.

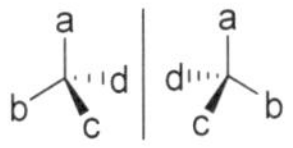

이들이 만드는 입체 이성질체 중 완전하게 겹치지는 않지만 일부만 거울에 대해 대칭인 부분 입체 이성질체(diastereomer)가 있고 겹치지는 않지만 완전하게 거울에 대칭인 관계를 가지는 분자의 이성질체인 거울상 이성질체(enantiomer)가 있다. 특히 부분 입체 이성질체의 경우 비대칭 탄소를 둘 이상 가지고 있는 경우에 해당하며 이들 부분 입체 이성질체 사이에는 원칙적으로 모든 물리적인 성질이 다르다.

이와는 달리 거울상 이성질체 사이는 편광 회전만 달리할 뿐 모든 물리적인 성질이 동일하다. 그런데 우리는 이런 입체 화학을 가지는 화합물의 경우에도 특정한 입체 화학의 화합물을 만드는 일은 매우 중요하다. 이들 화합물의 합성에 대해 개략적인 도식과 함께 비대칭 합성에 대하여 그린 다이어그램을 통해 다음과 같이 설명할 수 있다.

우선 다음과 같이 카보닐 작용기에 친핵체를 첨가하여 sp^3 탄소의 알코올을 만드는 반응을 보자. 친핵체(Nu:)는 이 카보닐의 윗부분(*Si* 면)에서 올 수도 있고 카보닐의 아랫부분(*Re* 면)에서 올 수도 있다. 그리고 그 어느 방향에서 왔는가 하는 것이 바로 그 이웃하는 카이랄 탄소로 인한 부분 입체 이성질체 관계의 화합물을 주게 된다. 이럴 때 "친핵체(Nu:)가 어느 방향에서 오는가?"하는 점은 바로 이웃하는 카이랄 센터의 입체 배열로 인하여 두 방향 즉 *Si* 면과 *Re* 면으로 오는 정도가 똑같지 않아 일반적으로 많거나 적은 정도의 부분 입체 이성질체의 양이 달리 만들어져 부분 입체 선택적인 반응을 할 수 있게 된다(이런 점은 추후 다시금 설명할 것이다).

NOTES

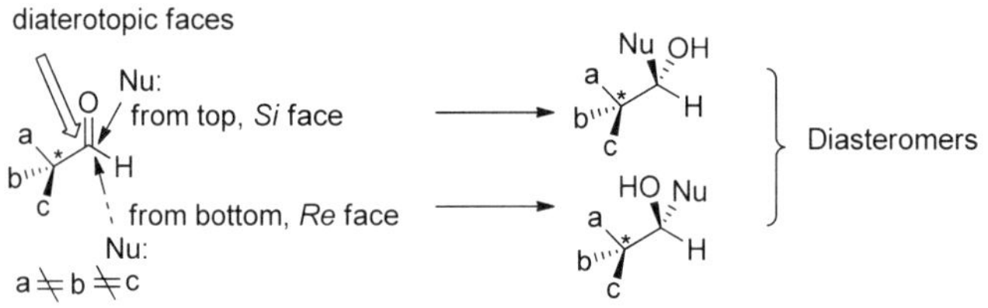

diaterotopic faces

Nu: from top, *Si* face

from bottom, *Re* face Nu:

a ≠ b ≠ c

Diasteromers

이에 반하여 주위에 어떤 카이랄 탄소도 가지고 있지 않은 다음의 경우를 보자. 친핵체(Nu:)가 이 카보닐의 윗부분(*Si* 면)에서 오거나 카보닐의 아랫부분(*Re* 면)에서 오는 그 방향의 차이를 만들 수 있는 것이 아무것도 없기 때문에 이것 자체로 만들어지는 거울상 이성질체 두 가지는 똑같은 양으로, 즉 라셈 혼합체로 얻어진다.

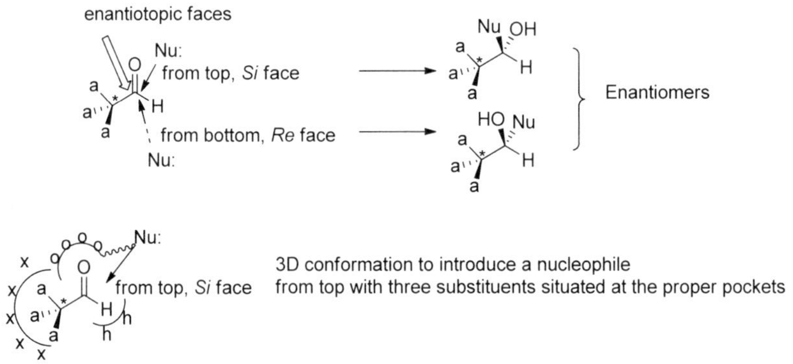

enantiotopic faces

Nu: from top, *Si* face

from bottom, *Re* face Nu:

Enantiomers

Nu: from top, *Si* face

3D conformation to introduce a nucleophile from top with three substituents situated at the proper pockets

만약 생겨나는 두 가지의 거울상 이성질체 가운데 어느 하나만 주산물로 얻고자 한다면 이 반응의 과정이 구분될 수 있도록 거울상 이성질체 선택적 반응(enantioselective reaction)을 수행해야 한다. 이러한 거울상 이성질체 선택적 반응이 일어나려면, 다음과 같은 카보닐 첨가 반응에서 3차원적으로 카보닐에 첨가되는 친핵체가 *Re* 혹은 *Si*면 어느 한 방향으로 접근하도록 다른 반응물이 출발 물질이 되는 기질의 치환체를 각자가 꽉 붙들어 매어 주어야 한다. 이러한 반응을 비대칭 반응이라고 한다. 이런 역할을 하는 것이 비대칭 반응물, 비대칭 촉매, 효소 등이 될 수 있으며 이들의 여러 예를 이 책을 통해 볼 수 있을 것이다. 다음은 그 내용의 일부를 약술한 것이다.

NOTES

2. 입체 선택성: 부분 입체 선택성과 거울상 이성질체 선택성

입체 특이적 반응(stereospecific reactions)은 하나의 입체 이성질체를 다른 입체 이성질체보다 더 많이 잘 만드는 내재적 특성을 가진 반응을 말한다. 아래는 이중 결합 알켄 화합물이 첨가 반응을 할 때 알켄의 이중 결합 두 곳에 첨가되는 원소나 그룹이 경우에 따라서는 같은 방향으로 첨가되는 syn 반응과 반대 방향으로 첨가되는 anti 반응을 하는 예들을 소개하고 있다. 가령 동일한 자리에 syn으로 첨가된 반응 산물은 anti 방향으로 첨가되어 얻어지는 반응 산물과는 입체 이성질체 관계를 가지게 될 것인데 이렇게 입체 이성질체가 생겨날 가능성이 있는 반응에서 syn 혹은 anti 반응은 그 반응이 가지는 내재적 특성 때문에 가지게 되는 입체 특이적 반응(stereospecific reactions)이라 할 수 있다.

다음은 우리가 알고 있는 입체 특이적인 반응들이다.

Addtion to alkene

No stereospecific

OsO_4, HBr, Br_2, H_2, $Hg(OAc)_2$ / H_2O, RCO_3H, HBR'_2, PhSCl

Syn *Anti*

Elimination, E2 — Base, - HX

Anti-periplanar H and X

Subsitution, S_N2 — Nu^- — *Inversion*

입체 선택적 반응(Stereoselective reactions)은 입체 이성질체를 만들어 낼 수 있는 어떤 화학 반응에서 하나의 입체 이성질체가 다른 입체 이성질체에

NOTES

비해 잘 만들어지도록 진행되는 반응을 말한다. 일면 모든 입체 선택적 반응은 입체 특이적인 반응을 동반하고 있다고도 볼 수 있다.

예를 들면 Br을 OH로 바꾸는 치환 반응에서 우리는 한 산물을 다른 한 산물보다 많이 얻게 되는데 이것은 반응이 괄호에 있는 것처럼 S_N1으로 일어나 양이온의 반응 중간체를 만들고 이 반응 중간체에 H_2O가 친핵체로 올 때 사이클로뷰테인 고리의 가까운 3번 탄소에 위치한 Ph로 인해 Ph기가 있는 반대쪽 면에서 접근하여 산물을 만드는 것이 유리하기 때문이다. 이것은 이 반응이 가지는 반응의 내재적인 성질보다는 이런 반응이 일어나는 주위 환경 때문에 이런 입체적인 선택성이 나타나는 것이므로 이러한 반응을 입체 선택적 반응이라 할 수 있을 것이다.

Ph, Me, Br; Ph, Br, Me → (H_2O) Ph, Me, OH (Major); [Ph, +, H_2O — Preferred face from Bottom]; Ph, OH, Me (Minor)

또 다른 한 가지의 예를 보면 2-methylcyclohexanone의 화합물에 있는 케톤을 $LiAlH_4$로 환원하는 경우 이때 오게 되는 하이드라이드도 methyl과는 반대의 방향에서 오기 때문에 주산물로 얻어지는 것이 시스 관계의 알코올이다. 이 또한 입체 선택적 반응이다.

O, (R) → ($LiAlH_4$) OH (S), (R) (Major) + OH (R), (R) (Minor)

이 두 가지 이외에도 우리는 반응을 잘 이해함으로써 입체 선택적인 반응을 유도할 수 있으며 이러한 반응으로부터 가능한 입체 이성질체 중 우리가 원하는 입체 이성질체만을 얻어낼 수 있다. 위의 경우 Major로 얻는 화합물은 minor로 얻어지는 화합물과 부분 입체 이성질체(diastereomer)의 관계에

NOTES

있다. 즉, 특정한 한 가지의 입체 화학을 가지는 경우로서 입체 선택성 중에서도 부분 입체 이성질체 선택성(diastereoselectivity)이라고 할 수 있다. 반응에서 사용하는 그 어떤 반응물에도 입체 화학 가운데 거울상 이성질체의 구분을 가능하게 하는 반응물이 관계하지 않는다면 비대칭으로 산물을 얻어낼 방법은 없다. 즉 위의 예에서의 반응은 다음과 꼭 같은 반응이 되는 셈이다. 그리고 얻어지는 주산물은 methyl과 hydroxy 그룹이 시스 관계인 화합물을 얻게 되며 이들이 보이는 산물은 거울상 관계에 있게 된다.

O (S) —$LiAlH_4$→ OH (R) (S) + OH (S) (S)

Major Minor

그리고 여기서의 절대적인 입체 화학 즉 CIP의 "*R*"과 "*S*"에 대해서 *R*의 입체 화학을 그 출발로 가지는 경우에는 하이드록시 작용기가 *S*인 산물을 얻게 되며, *S*의 입체 화학을 그 출발로 가지는 경우에는 하이드록시 작용기가 *R*인 산물을 얻게 된다. 이러한 경우를 우리는 부분 입체 선택적인 반응이라 말한다.

이에 비해 위에서 보는 바와 같이 2,2-dimethylcyclohexanone의 화합물은 그 자체가 입체 중심을 가지고 있지 않으며 일반적인 환원 반응에서 입체 선택성이라는 것이 있을 수 없다. 그런데 만약 우리가 이 반응에서 *S*의 입체 화학만을 가지는 알코올을 얻는 반응을 하게 되면 이는 거울상 이성질체에 대해 거울상 이성질체 선택적인 반응이라 말할 수 있다. 그러면 이러한 거울상 이성질체 선택적인 반응을 하려면 어떻게 할 것인가? 바로 환원을 시킬 때 그 환원제가 하나의 enantiomer만을 가진, 그래서 환원 반응을 거울에 대해 대칭이 되는 전이 상태가 만들어지지 않도록 함으로써 가능할 것이다. 그 한 예의 환원제가 바로 (−)-DIP-Cl이다. 마찬가지로 *R*의 입체 화학만을 가지는 알코올을 얻어야 하는 경우 환원제 (−)-DIP-Cl의 거울상 이성질체에 해당하는 (+)-DIP-Cl을 사용하면 된다.

NOTES

(-)-DIP-Cl
$(OHCH_2)_2$-NH
Work-up

(+)-DIP-Cl
$(OHCH_2)_2$-NH
Work-up

B-Cl
2
(-)-DIP-Cl

Cl-B
2
(+)-DIP-Cl

이러한 역할을 할 수 있는 환원제가 현재까지 아주 많이 개발되어 있으며 그중 일부는 아래와 같은 것들이 있다.

(S)-Oxazaborolidine (R)-Oxazaborolidine (S)-BINAL-H (R)-BINAL-H

또 다른 예와 구체적으로 적용된 많은 합성에 대해서는 다음에 기술되어 있다.

BH_3, THF
1 mol%
97% yield
96.5% ee

따라서 우리는 여러 가능한 입체 이성질체 중 절대적인 입체 화학이 하나로 되어지는 한 가지의 이성질체만을 얻는 합성, 즉 "비대칭 합성"은 위에서 언급한 예에서 보는 바와 같은 원리를 통해 다양한 방법으로 진행되고 있으며 좀 더 구체적으로는 다음과 같이 몇 가지로 구분 지어 볼 수 있다. 우리가 원하는 입체 이성질체만을 얻도록 광학 분리(optical resolution)를 하는 방법, 기타 광학적으로 얻어진 천연물이나 기타 쉽게 얻어질 수 있는 광학적으로 순수한 출발 물질(카이랄 풀, chiral pool)로부터 원하는 화합물을 만들어가는

NOTES

전략, 그리고 비대칭 합성법이다. 비대칭 합성법은 최근 아주 다양하게 개발되고 있다. 특히 균일계 비균일계 촉매 반응도 가능하며 이 중 특히 생물이 하는 반응을 이용하는 생촉매 반응 방법도 있을 수 있다.

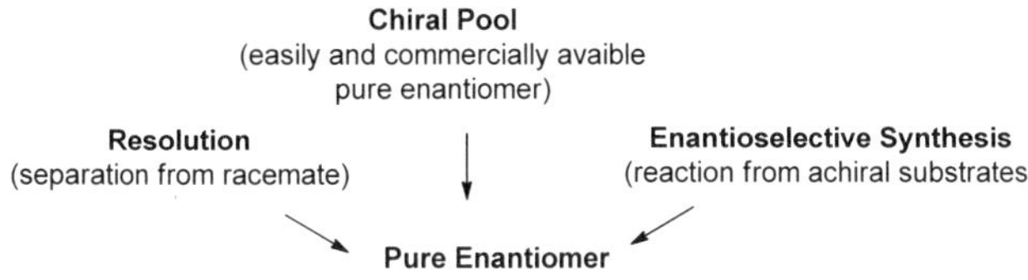

일반적으로 순수한 거울상 이성질체를 얻기 위한 전략은 위에서 언급하고 요약된 그림과 같이 크게 세 가지로 볼 수 있다.

이러한 입체적인 관계를 통한 입체 선택적인 반응의 근본은 그 물질이 가지고 있는 내재적인 입체 형태(conformation)에 기인한다. 즉 많이 일어나는 반응은 에너지상으로도 안정된 입체 형태에서 유리한 방향으로 반응이 진행된다고 볼 수 있다. 따라서 입체 선택적인 반응(stereoselective reaction)의 출발은 반응하는 기질의 3차원적인 모양의 이해로부터 시작해야 한다. 그런 면에서 아래는 중요한 사이클로헥세인(cyclohexane)의 입체 형태와 관련한 여러 반응에서의 입체적인 형태에 대해 주로 논의하고자 한다.

Conformational energies of mono-substituted cyclohexanone

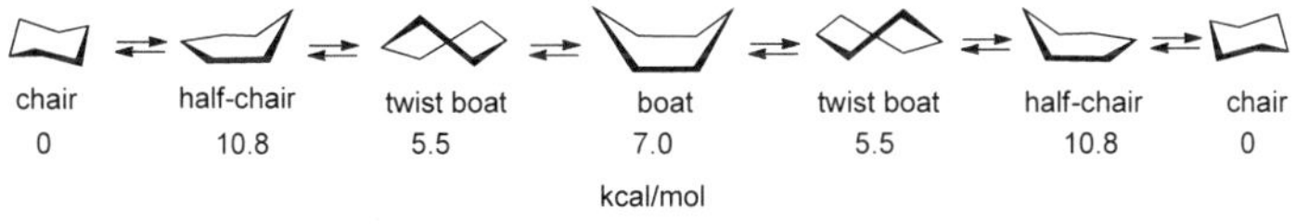

사이클로헥세인 화합물의 경우 위에서 보는 바와 같이 다양한 형태의 입체 구조를 만들어 내게 된다. 이들의 모양을 찬찬히 보면 의자(chair) 형태에서부터 에너지가 높은 한쪽 방향은 평면상에 함께 놓이고 그 끝에만 들려 있는 반쪽 의자(half chair)의 형태, 뒤틀린 보트(twist boat), 그리고 완전한 보트(boat) 형태까지 만들어 낸다. 이들은 모두 의자(chair) 형태에 비해 에너

NOTES

지가 높으며 따라서 대부분의 입체 형태는 의자(chair) 형태로 있다고 봐도 무방하겠다. 이런 의자(chair) 형태에 치환체가 있는 경우 그 치환체는 축 방향과 적도 방향의 방향 향배를 보일 것이지만, 당연히 축 방향의 치환체를 가지는 경우 수소 등의 다른 치환체 때문에 생겨날 수 있는 입체적인 장애로 인하여 적도 방향을 보이는 치환체가 더 유리할 것으로 쉽게 이해된다. 그리고 이러한 적도 방향의 선호는 그 치환체에 따라 달라지고 그 치환체의 덩치가 클수록 축 방향과 적도 방향의 에너지 차이가 커지며 적도 방향 향배의 입체 형태가 훨씬 유리해질 수 있다.

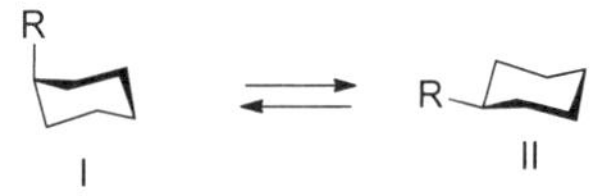

R =	-Δ G (kcal/mol)	Ratio (II:I)
Me	1.74	19 : 1
t-Bu	4.7	>99 : 1
OMe	0.55	2.5 : 1

이런 이유 때문에 어떤 반응에서도 가능하다면 그 반응의 전이 상태가 6원자 고리 전이 상태의 유사한 모양을 가지는 경우 대부분의 반응은 chair-like의 전이 상태를 가지는 반응으로 진행되며 이는 boat-like 전이 상태보다 전이 상태가 에너지상으로 유리하다. 다음은 예로 든 반응들이다.

Claisen rearrangement

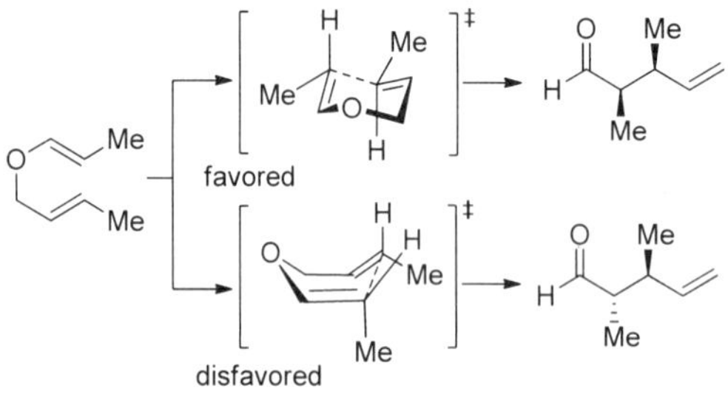

favored

disfavored

Aldol reaction

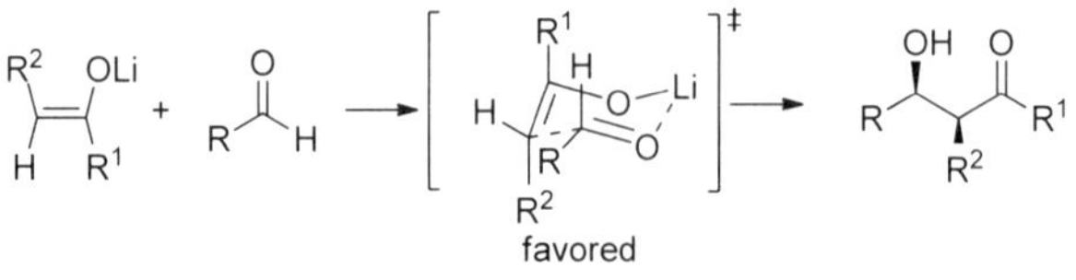

favored

NOTES

Metal Allylation Reaction

Me, B, O, RCHO, H, favored, OH, R, Me

그렇지만 모든 경우에 항상 chair-like의 전이 상태가 유리한 것은 아니다. 특히 치환체를 고리로 가지는 경우를 포함하여 몇 가지 경우에서는 boat-like 전이 상태가 유리한 경우도 있다. 따라서 반응물들의 입체적인 여러 요건을 감안해서 chair-like의 전이 상태와 boat-like 전이 상태를 잘 비교해 봄으로써 어떤 쪽의 전이 상태가 유리한가를 판단하며 그에 따라 반응 산물의 입체 화학이 결정된다.

Boat-like transition state

OMe, Me, O, H, MeO, MeO_2C

axial attack
$LiAlH_4$, $NaBH_4$
~107°
equatorial attack
LTSBH
~107°

이러한 고리 형태의 전이 상태를 가지는 것이 아니라 일반적으로 비고리 상태에서 어떤 방향으로 화합물이 와서 어떤 입체 화학의 산물을 만들어 낼 것인가의 문제는 다른 접근법이 필요하다.

앞서 언급한 "카보닐의 첨가 반응에서 어느 면으로 친핵체가 올 것인가?"의 문제에서 바로 이웃하는 탄소의 치환체가 어떤 영향이 주는지를 살핌으로써 "어떤 부분 입체 이성질체가 주로 얻어지는가?"하는 입체 선택적인 반응을 이해하기 위한 좋은 모델들이 제시되어 있으며 이들에 따라 만들어지는 반응 산물을 예견할 수 있다.

NOTES

Felkin-Anh Model

Nucleophile (Nu)

~107° Nu

favored

disfavored

L = largest group
M - middle group
S =smallest group

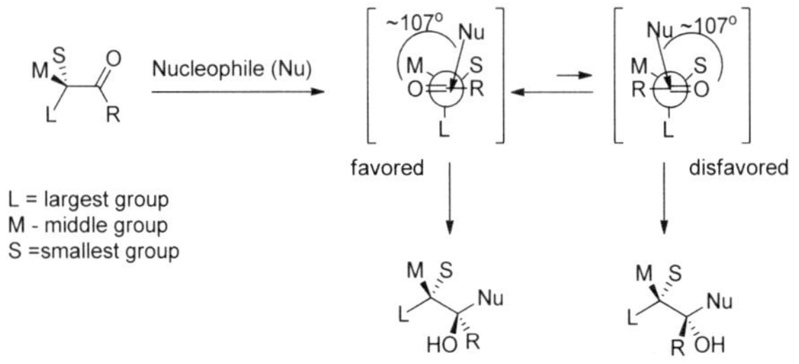

친핵체가 카보닐에 들어갈 때 오비탈의 겹침이 가장 많이 효과적인 것은 90°이지만 실제로 이것이 접근할 때는 약간 비스듬한 방향인 107°(Bürgi-Dunitz trajectory)로 접근하는 것이 에너지상으로 유리하다. 친핵체가 카보닐에 직각으로 접근하면서 가지게 되는 카보닐의 비결합 오비탈의 방해를 덜 받는 정도이기 때문이다. 이에 따른 좋은 모델이 바로 Felkin-Anh Model이며 아래는 이러한 모델에 따른 선택성 그리고 그 선택성을 유도하는 친핵체의 성격에 대한 예이다.

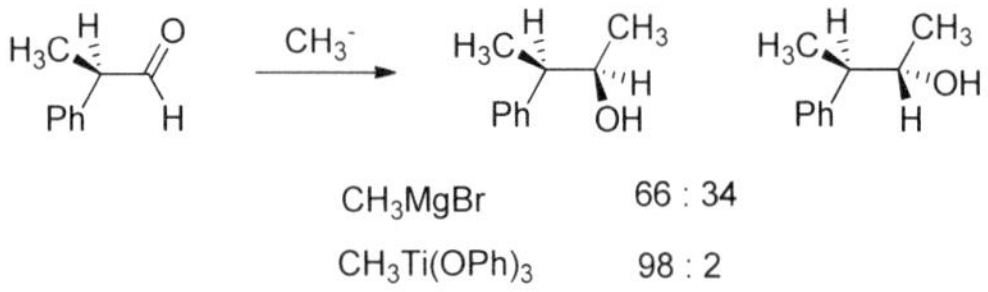

CH_3^-

CH_3MgBr	66 : 34
$CH_3Ti(OPh)_3$	98 : 2

다음으로는 chelate model이라 일컫는 것으로 반응 중 카보닐에 이웃하는 탄소에 친핵체를 유도하는 금속(Li, Cu, Mg 등)과의 킬레이션이 가능한 경우 이 킬레이션이 동일한 면에서 일어남으로써 가지는 모델이다.

Chelate model

Nucleophile (Nu)

addition on less hindered face

Cram chelate model

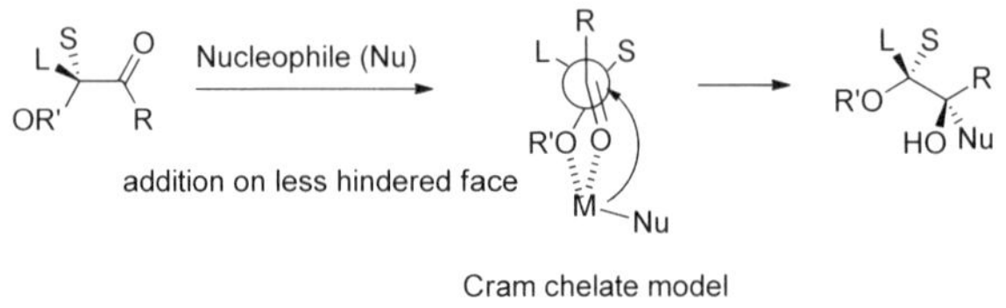

NOTES

다음의 예는 chelate model에 따라 일어나는 Grignard reagent의 카보닐 첨가 친핵 반응에서 Mg^{2+}가 킬레이션하고서 얻어지는 주산물을 보여주고 있다.

n-C_7H_{15}, H, Me, BnO, O → (n-BuMgBr / THF, -78°C) → n-C_7H_{15}, H, Me, n-Bu, BnO, OH

이러한 예들이 보이는 입체 선택성(입체 선택적 반응)은 모두 라셈 혼합물을 주는 카이랄 탄소가 둘 이상인 경우에 부분 입체 이성질체 선택적(diastereo-selective)인 반응을 보여준다. 거울상 이성질체에 대하여 단일한 이성질체만을 얻을 수 있는, 거울상 이성질체 선택적(enantioslective)인 반응은 아니다. 거울상 이성질체 선택적인 반응(enantioslective), 즉 비대칭 반응(asym-metric reaction)은 비대칭의 환경이 반응 중 영향을 미치는 경우에만 가능하다.

즉, 비대칭 합성이란 입체 이성질체 중 두 개의 거울상 이성질체 중 한 가지의 이성질체만을 만드는 것이다. 이는 입체 선택적인 반응의 한 단계 더 특별한 경우이며, 입체 중심에서 볼 때 거울상 이성질체를 만들어 낼 수 있는 반응의 프로카이랄(prochiral)한 기질, 예를 들어 프로카이랄 중심(prochiral center), 면(prochiral face), 축(prochiral axis) 등에서부터 온다. 아무튼 이들로부터 한 가지의 거울상 이성질체만을 만들기 위해서는 반응 중 순수한 거울상 이성질체가 관여해야 한다. 따라서 이 비대칭 반응에는 반드시 프로카이랄한 것이 카이랄하게 바뀌어야 하며 카이랄한 입체 이성질체 가운데 특정한 이성질체만 생기거나 혹은 특정한 이성질체가 최소한 더 많이 생겨나야 한다.

여기서 다음과 같은 카이랄한 1-하이드록시프로필벤젠의 비대칭 합성을 생각해보자. 이 화합물은 카이랄한 탄소가 하나 있고 그래서 거울상 이성질체를 가지게 되는데, 이 중 *S*의 입체 배열을 가지는 하나의 이성질체만을 얻을 수 있는 합성법을 찾아보자.

NOTES

OH

이 화합물의 입체 화학을 고려하지 않을 때는 다음 두 가지의 방법으로 만들 수 있다. 우선 하나는 벤즈알데하이드에 에틸을 도입하는 방법으로 만들 수 있으며 다른 한 방법은 프로피오날에 페닐 그리냐르를 반응시켜 만들 수 있다.

retrosynthetic analysis

OH

OH

synthesis

O

+ XMg

H_3O^+

이 역합성이 다른 결합을 만드는 아래와 같은 역합성도 가능할 것으로 평가된다. 이런 경우 어떤 경로를 택할 것인가는 반응물의 가격이 결정한다.

retrosynthetic analysis

OH

OH

synthesis

MgX

+

O

H_3O^+

일단 이렇게 만들고서 얻어지는 라셈 혼합물에서 광학 분리의 방법으로 *S*의 입체 배열을 가지는 이성질체를 얻어낼 수 있다.

우선 첫 번째의 광학 분리 방법은 *o*-위치에 카복실산을 가진 벤조산과 에스터를 만들고, 카이랄 아민[(2R)-페닐에틸아민]과의 염을 만들어 분리한 뒤, 원하는 이성질체를 가진 염에서 다시금 가수분해하여 얻어내는 방법이다.

NOTES

Resolution I (From Diastereomeric salts)

OH

OH

OH^-, H_2O

CO_2H

NH_2

CH_3

CO_2H

NH_2

O O +

CH_3

O O + CH_3 Separation

CH_3

Racemate Enantiopure amine

CO_2H NH_2

O O + CH_3

CH_3

두 번째의 광학 분리 방법은 라셈 혼합물 알코올을 카이랄한 카복실산 염화물과 반응시켜 에스터를 만들면, 원래의 라셈 혼합물이 부분 입체 이성질체가 되면서 분리가 가능해진다. 이렇게 만든 에스터의 분리 후 *S*의 입체 배열을 가지는 알코올과 만들어진 에스터만을 가수분해하는 방법으로 원하는 거울상 이성질체를 얻을 수 있다.

Resolution II (From diastereomers)

Ph CF_3 Ph CF_3

OH CF_3

+ Ph Cl O O + O O

O CH_3 CH_3

Separation

OH^-, H_2O

OH

또 다른 한 가지는 라이페이스 효소의 입체 선택적 가수분해 방법으로 원하는 알코올을 광학적으로 순수하게 얻는 방법이다. 보다 자세한 효소 반응의 응용은 뒤에 다시 설명되어 있다.

NOTES

Resolution III (Enzymatic)

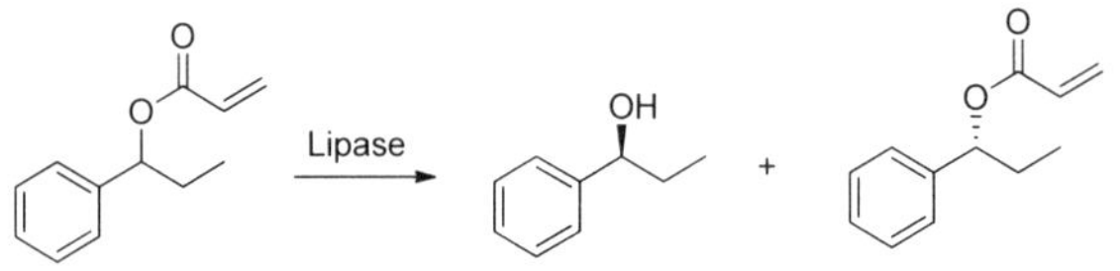
O
O
Lipase
OH
+

카이랄한 촉매 환원제를 이용한 하이드라이드 환원에 의해 케톤 화합물을 입체 선택적으로 환원하는 방법으로 얻을 수 있다.

Enantioselective reduction by chiral borane (chiral oxazaborolidine reductions)

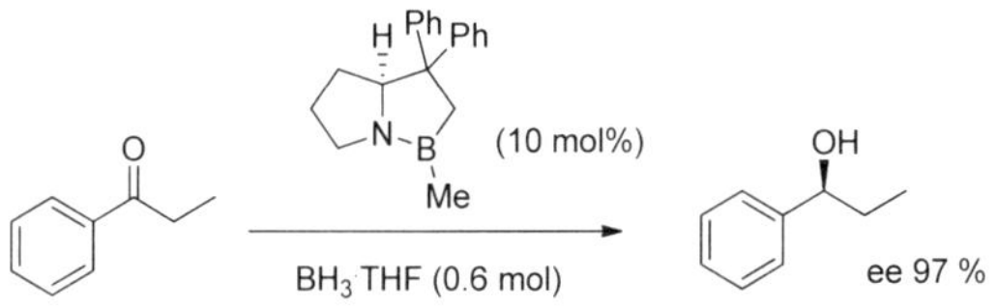
H
Ph
Ph
N
B
Me
(10 mol%)
O
OH
BH3·THF (0.6 mol)
ee 97 %

마찬가지로 하이드라이드 환원제 대신 카이랄한 촉매에 의한 케톤 화합물의 수소 첨가 방법으로 원하는 입체 화학의 산물을 얻을 수 있다.

Asymmetric hydrogenation with a chiral catalyst and H_2

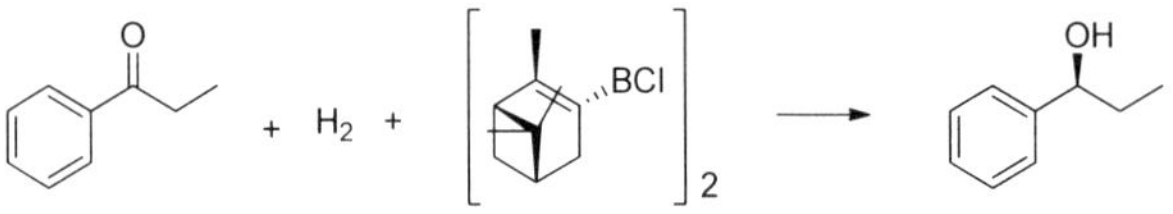
O
+ H2 +
BCl
2
OH

또 다른 한 가지는 벤즈알데하이드에 에틸 그룹을 입체 선택적으로 카이랄 촉매를 이용하여 도입하는 방법으로 얻을 수 있다.

비대칭 알데하이드의 에틸화 반응(Asymmetric Ethylation of aldehyde)

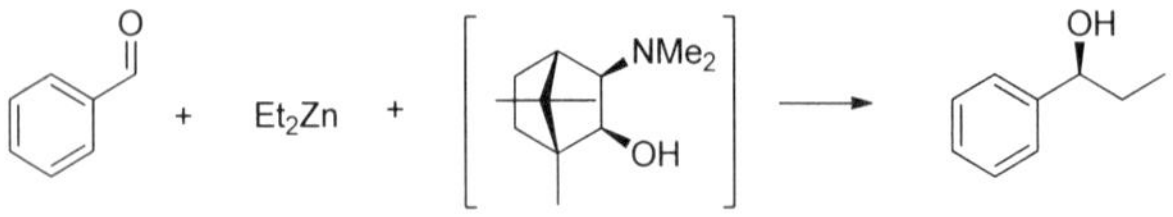
O
+ Et2Zn +
NMe2
OH
OH

NOTES

이러한 비대칭 반응들에 대해 각 반응이 만들어 내는 전이 상태의 입체적인 형태에 대해서 관련 문헌을 통해 공부하는 것이 도움이 될 것이다. 아무튼 어떤 화합물을 거울상 이성질체 한 가지만을 얻기 위한 소위 비대칭합성은 매우 다양한 방법으로 할 수 있으며 "어떤 방법으로 진행을 할 것인가?" 하는 것은 각 방법들의 장단점을 잘 이해하고 그 화합물의 성질을 잘 보고서 결정하여 진행한다.

이번에는 다음의 scheme에 있는 것처럼 *S* 입체 배열을 완전하게 *R* 입체 배열의 화합물로 만드는 방법에 대해 공부해 보자. 이는 일반 유기화학 책에서도 많이 다루고 있으며 대부분의 유기화학 수강생은 잘 알고 있는 내용이라 추측된다.

OH OH

이러한 알킬화 반응에서는 반응이 일어나는 주위 환경을 비대칭으로 만들어 비대칭 알킬화 반응을 야기하고, 이로부터 타깃 분자의 비대칭 합성을 하기도 한다. 페로몬의 일종인 4-메틸-헵타-3-온(4-methyl-hept-3-one)의 비대칭 합성에서 한 예를 찾아볼 수 있다. 우선 펜탄-3-온(pentan-3-one)의 카보닐에 단일 거울상 이성질체 화합물 (*S*)-1-아미노-2-메톡시메틸피롤리딘[(*S*)-1-amino-2-methoxymethylpyrrolidine]을 부착한다. 이 화합물의 α-탄소의 양성자를 LDA 염기로 떼어 내고 생겨나는 음이온을 아이오도프로페인(iodopropane)과 반응하여 알킬화 반응을 유도한다. 그런데 이때의 알킬화 반응이 (S)-1-아미노-2-메톡시메틸피롤리딘의 부착으로 거울상 선택적으로 일어나기 때문에 최종 산물도 단일 거울상 이성질체로 얻어지게 된다.

NOTES

3. 단일 거울상 이성질체 산이나 염기를 이용한 염의 형성과 이의 분리

아민 염기에 산을 가해 염을 만들 때, 가하는 산이 카이랄이면 염도 카이랄이다. 특히 사용하는 산이 단일 거울상 이성질체라면, 얻어지는 염은 물리적으로 구분 가능한 부분 입체 이성질체가 되고 이를 재결정의 방법으로 광학 분리를 하고서 맨 처음 준 산을 염기로 제거하면 단일한 거울상 이성질체가 얻어진다.

이러한 광학 분리의 방법은 입체 이성질체가 1:1의 비율을 가질 때 하나의 이성질체를 얻는 수율이 50%를 넘을 수 없는 한계가 있다. 하지만 염기의 역할을 할 수 있거나 산의 역할을 할 수 있는 물질을 염으로 만들어 쉬이 분리할 수 있어 공업적으로는 아주 오래전부터 아주 많이 사용된 방법이며 현재에도 널리 사용되고 있다.

1) HCHO
2) (-)-*L*-dibenzoyltartaric acid
3) NaOH

H_2,Pd C

MsCl

Paroxetine (Paxil)
Antidepressant,
serotonin uptake inhibitor

이 밖에도 이미 잘 알려진 카이랄한 분자를 이용하는 카이랄 풀 합성이 있다. 손쉽게 싼 가격에 구입해서 얻을 수 있는 카이랄 센터를 가진 광학적으로 순수한 화합물을 가리키며, 이들을 활용한 합성을 카이랄 풀 합성이라 일컫는다. 아래의 항생제 리네졸리드의 합성에서 이의 중요한 뼈대인 옥사졸리딘온의 5번 위치의 클로로메틸 그룹을 아주 값싸고 쉽게 얻을

NOTES

수 있는 에피클로로하이드린으로부터 얻도록 하는 방법도 이 카이랄 풀 합성에 속한다.

Linezolid Synthesis

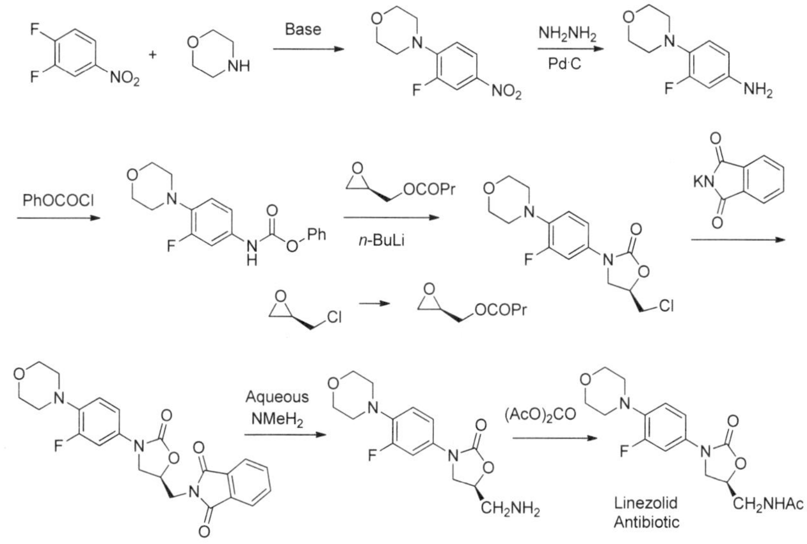

Base
NH_2NH_2
Pd·C
PhOCOCl
n-BuLi
Aqueous $NMeH_2$
$(AcO)_2CO$
Linezolid
Antibiotic

4. 카이랄 보조기를 이용한 비대칭 합성(asymmetric alkylation reaction with chiral auxiliary)

우선 한 가지는 SAMP로 알려진 카이랄 보조기를 사용하여 케톤에 부착을 하고 그렇게 함으로써 출발 물질이 거울상 단일 이성질체를 만든 후 여기에 알킬화 반응을 하는 방법이다.

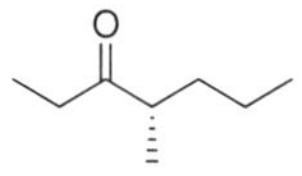

Alam pheromone
Leaf cutting ant, Atta texana

NOTES

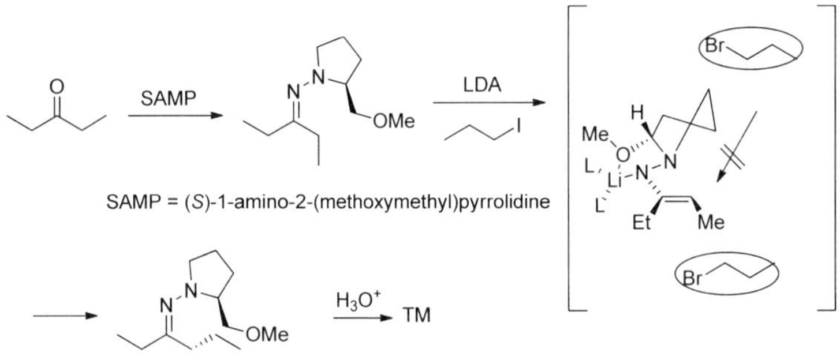

SAMP = (*S*)-1-amino-2-(methoxymethyl)pyrrolidine

이와 동일한 개념으로 이반스 교수의 옥사졸리딘온을 사용하는 것도 알려져 있다. 옥사졸리딘온의 4번 위치에 있는 알킬이나 아릴기(원래는 이들 그룹이 아미노산에서 유래됨)의 입체 화학으로 인해 앞선 경우와 마찬가지로 에놀레이트의 음이온이 만들어지고 난 후 친핵체로 작용할 탄소의 입체 화학이 비대칭으로 만들어지게 되며, 따라서 일어나는 알킬화 반응과 반응의 산물도 거울상 이성질체 없이 단일한 입체 화학의 비대칭 화합물을 얻을 수 있다.

이반스의 옥사졸리딘온(Evan's oxazolidinones)

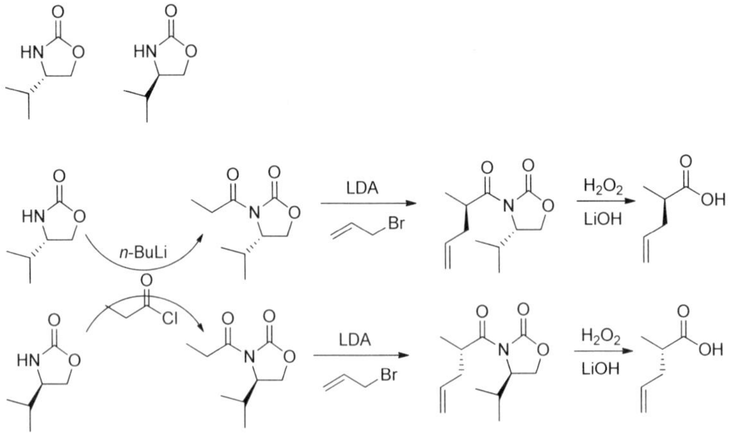

NOTES

5. 카이랄 풀 합성

카이랄 풀이란 우리가 손쉽게 싼 가격에 구입해서 얻을 수 있는 카이랄 센터를 가진 광학적으로 순수한 화합물을 가리키며, 이들을 활용한 합성을 우리는 카이랄 풀 합성이라 일컫는다. 이런 카이랄 풀의 분자는 광학적으로 순수한 일정한 입체 화학을 가지는 생물체가 만들어 내는 아미노산 및 기타 간단한 일차 대사물에서부터 여러 가지 다량으로 싼 가격에 얻을 수 있는 모노터펜(monoterpene)에 이르기까지 우리 주위를 보면 많이 찾아볼 수 있다. 그리고 이들이 가진 탄소 뼈대와 입체 화학을 잘 활용하여 보다 복잡하고 필요한 분자를 합성해 내는 일이 카이랄 풀의 합성이다.

이러한 카이랄 풀의 합성은 아주 많이 활용되고 또한 효과적으로 화합물을 얻는 좋은 방법이 되고 있다. 이 중 하나의 예로 알칼로이드 Huperzine H의 합성을 한번 보자. 이 타깃 분자는 (+)–pulegone에서부터 만들 수 있는데 이 모노터펜이 가지는 육원자 고리의 메틸 입체 화학을 그대로 활용하며 그 주위의 치환체를 바꾸고 탄소와 탄소의 결합들을 적절하게 만들고 종국에는 피롤 고리 부분을 부착함으로써 목적하는 타깃 화합물을 만들게 된다.

Huperzine H

Alkaloid from *Huperzia serrata*

(+)-pulegone

1) TBSO, HN, I / Me_2AlCl

2) K_2CO_3

3) I_2, PPh_3

KHMDS

18-Crown-6

H_2, Pd/C

TBAF → Huperzine H

NOTES

다른 한 가지의 예는 카이랄한 아지리딘을 이용한 피페리딘 고리 알칼로이드 천연물을 만드는 일이다. 예를 들어 벌의 독에 들어있는 isosolenopsin 이라는 화합물의 합성을 보자. 먼저 이 화합물이 가지는 광학적으로 순수한 아지리딘의 2번 위치의 하이드록시메틸 입체 화학을 가진 카이랄 풀로부터, 필요한 만큼의 사슬 길이를 가지며 추후 피페리딘 고리를 만들 수 있는 델타-아민의 케톤을 가진 사슬의 아지리딘을 만든다. 이 화합물을 상온에서 수소화 반응을 시키면 아지리딘의 고리가 입체 선택적으로 열리면서 아민이 얻어진다. 이 아민은 2번 위치 아지리딘의 사슬에 있던 케톤과 환원적 아민화 반응을 하게 되며 동시에 원래 아지리딘 아민에 있던 페닐에틸 보호기도 제거되면서 타깃 분자를 만들 수 있다. 이 방법은 특히 다른 반응(아지리딘 고리 열림, 환원적 아민화, 탈보호기) 여럿이 한 용기에서 한 스텝으로 일어나게 하여 아주 효과적으로 화합물을 만드는 방법이다.

Isosolenopsin
Fire Ant Venom for Psoriasis Treatment

1) $(COCl)_2$, DMSO, Et_3N
2) $PPh_3CHCH_2CH_2CH_2OH$, THF, -10°C
3) NBSH, TEA
73% in three steps

1) $(COCl)_2$, DMSO, Et_3N
2) $C_8H_{17}CH_2MgBr$
3) Dess-Martin Oxidation
85% in three steps

$Pd(OH)_2$, H_2 → **Isosolenopsin**

앞선 isosolenopsin 합성의 예에서 본 바와 같이 마찬가지의 전략으로 deoxocassine의 합성을 볼 수 있다. 이 화합물의 합성은 앞선 isosolenopsin 의 경우에서 피페리딘 고리의 3번 위치에 일정한 입체 화학의 하이드록시를 더 가지고 있는 천연물이다. 이 하이드록시 작용기를 그 일정한 입체 화학과 더불어 알카인으로부터 만들었으며 이의 반응 방법은 아래의 스킴에서 볼 수 있다. 이 반응 방법은 앞선 isosolenopsin 합성의 다른 여러 반응을 한 용기 그리고 단일한 반응 조건에서 진행하는, 합성의 백미를 보여주는

NOTES

예이다. 즉 이 피페리딘 고리 합성의 출발 물질을 만들고 $Pd(OH)_2$의 촉매하에서 상온 수소화 반응을 시키면 하이드록시만 TBS로 보호된 원하는 산물을 얻을 수 있다. 이 과정은 isosolenopsin 합성의 예에서 본 세 가지의 다른 반응, 아지리딘 고리 열림, 환원적 아민화, 탈보호에 더해서 삼중 결합의 환원까지 포함하는 네 가지 다른 반응을 한 용기에서 한 스텝으로 일어나게 하는 아주 효과적인 화합물 합성 방법이다.

HO, Me, N, H, $C_{12}H_{25}MgBr$

Deoxocassine
isolated from the plant cassia
potent anesthetic, analgesic and antibiotic

Me, Ph, N, OH, H

1) $(COCl)_2$, DMSO, Et_3N, quantative
2) Ethyl propiolate, LiHMDS
major:minor ratio = 7:3, 82%
3) TBSOTf, 2,6-lutidine, 90%
4) N,O-DMHA, *i*-prMgCl, 75%
55% in four steps

Me, Ph, N, OTBS, H, NMe(OMe), O

$C_{12}H_{25}MgBr$
90%

Me, Ph, N, OTBS, H, O, $C_{10}H_{23}$

1) $Pd(OH)_2$, H_2
2) conc.HCl
96% in two steps

위의 몇 예에서 보는 바와 같이 카이랄 풀의 합성은 아주 효과적으로 화합물을 비대칭으로 얻는 좋은 방법이 되고 있다.

또 다른 한 가지의 합성 방법으로는 카이랄한 염기를 사용하여 알파 위치의 양성자를 떼어 내고서 생기는 음이온을 카이랄하게, 경우에 따라서는 비대칭으로 만들어 이를 활용한 알킬화와 비대칭 합성을 하는 방법이 있다. 다음은 에리스로다이엔(erythrodiene)이라는 터펜 화합물의 합성에 카이랄한 염기를 사용한 알킬화를 키 반응으로 합성을 한 예를 보여주고 있다.

NOTES

Chiral Base for asymmetric deprotonation

Erythrodiene

sesquiterpenoids isolated from
Caribbean gorgonian octocoral *Erythropodium caribaeorum*

1) Li amide; 2) $MeO_2C\text{-}CN$ (2 eq.) -100°C; NaH, DMF

1) PhSH, AIBN
2) mcpba
3) DMSO, $NaHCO_3$ Heat

$Ph_3P{=}CH_2$ → Erythrodiene

1) 비대칭 화학적 변환(반응)

몇 가지의 비대칭 화학적 변환(반응)(enantioselective chemical transformation)을 통한 비대칭으로 화합물의 합성에 대하여 알아보도록 하자.

Meptazinol
opioid analgesic

이 예는 첫째의 과정으로 카이랄 보론(chiral borane)을 사용하여 케톤을 비대칭으로 환원하여 알코올을 만드는 과정을 포함하며 이렇게 얻어진 광학적으로 순수한 한 가지의 거울상 이성질체를 가지고서 여러 단계의 화학적 반응을 통해 타깃 분자를 전합성하는 예를 보여주고 있다.

(30 mol%) $BH_3 \cdot THF$ (2.2 eq.); Ac_2O/Et_3N; $Rh_2(OAc)_2$

NOTES

DBU, MsCl, $SiEt_3H$ Heat, $LiBH_4$, Swain Oxidation, 1) PH_3PCH_2 2) H_2, Pd/C, BBr_3, $LiAlH_4$ → Meptazinol

2) 비대칭 수소화 반응(asymmetric hydrogenation)

수소화 반응에서 반드시 필요한 금속 촉매와 더불어 광학적으로 순수한 거울상 단일 이성질체 리간드로 그 촉매 환경을 비대칭으로 만들어 주면, 이로부터 일어나는 환원적 수소화 반응이 비대칭으로 일어나게 된다. 현재는 이러한 카이랄 리간드의 촉매가 많이 개발되고 활용되었으며 공업적으로도 거울상 선택적인 화합물의 제조에 아주 많이 활용되고 있다. 이 중 하나의 예를 들면, 다음과 같이 (-)-BINAP 리간드와 함께 $Ru(OAc)_2$를 사용하여 이중 결합을 수소화 반응시키면 *S* 배열만 가지는 메틸을 얻을 수 있다. 이렇게 하여 얻어지는 이 단일 거울상 이성질체 화합물이 항염증 치료제로 사용되는 나프록센(Naproxen)이다.

H_2, (-)-BINAP, $Ru(OAc)_2$

Naproxen
anti-inflammatory analgesic

(-)-BINAP

이러한 예로는 다음 반응들이 있다.

H_2, Chiral Catalyst, (-)-BINAP-$Ru(OAc)_2$

Naproxen
anti-inflammatory analgestic
92% Yield, 97% ee

NOTES

3) 비대칭 에폭시화 반응(asymmetric epoxidation)

사실 수소를 첨가하는 반응도 중요하며 그 쓰임새가 많지만 단순한 수소보다는 다른 작용기, 특히 에폭사이드 작용기를 도입하는 것은 더욱 중요하다. 이 작용기가 아주 힘들이지 않고서 여러 다른 작용기로 전환이 가능하기 때문이다. 예를 들면 친핵체에 의한 고리 열림 반응을 자리 및 입체 선택적으로 함으로써 1,2-관계의 작용기를 가지는 화합물을 손쉽게 만들어 낼 수 있다. 이렇게 유용한 에폭사이드를 알릴 알코올에 비대칭으로 도입할 수 있는 반응이 작용기 전환이 용이하기 때문이다. 이러한 유용한 알코올의 비대칭 촉매 반응이 샤플리스 교수에 의해 개발되었으며 화합물의 비대칭 합성에 광범위하게 매우 유용하게 활용되고 있다.

"O"
D-(-)-DET | $Ti(Oi\text{-}Pr)_4$, t-BuOOH
R^2, R^1, R^3, OH
L-(+)-DET | $Ti(Oi\text{-}Pr)_4$, t-BuOOH
"O"

D-(-)-DET: EtO, OH, OH, O, O, OEt
L-(+)-DET: HO, OH, OEt, EtO, O, O

합성에 활용한 구체적인 예를 한 가지 들면 다음과 같은 페로몬의 일종인 디스팔루르(disparlure)의 합성에서 찾아볼 수 있다.

$n\text{-}C_{10}H_{19}$, OH → (D-(-)-DET, $Ti(Oi\text{-}Pr)_4$, t-BuOOH) → O, $n\text{-}C_{10}H_{19}$, OH (80% Yield, 91% ee) → → O, $n\text{-}C_{10}H_{19}$, $(CH_2)_3CMe_2$

(+)-Disparlure
sex pheromone

4) 비대칭 다이하이드록시 반응(asymmetric dihydroxylation)

이 반응 또한 샤플리스 교수가 개발한 또 다른 비대칭 촉매 반응으로, 이중 결합의 알켄의 양쪽 탄소에 하이드록시 작용기를 도입하는 반응이다. 하

NOTES

이드록시 작용기는 그 어떤 작용기에 비해 아주 쉽게 다른 작용기로 바꿀 수 있어서, 즉 작용기의 변환이 용이해서 유용한 유기화합물의 합성에 매우 효과적인 반응이 되고 있다.

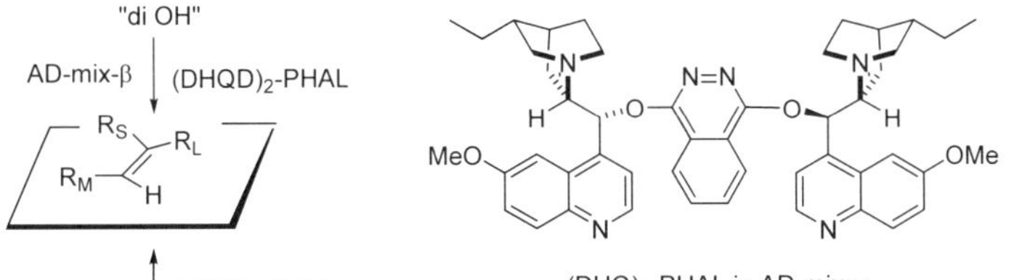

"di OH"
AD-mix-β (DHQD)$_2$-PHAL
AD-mix-α (DHQ)$_2$-PHAL
"di OH"

(DHQ)$_2$-PHAL in AD-mix-α

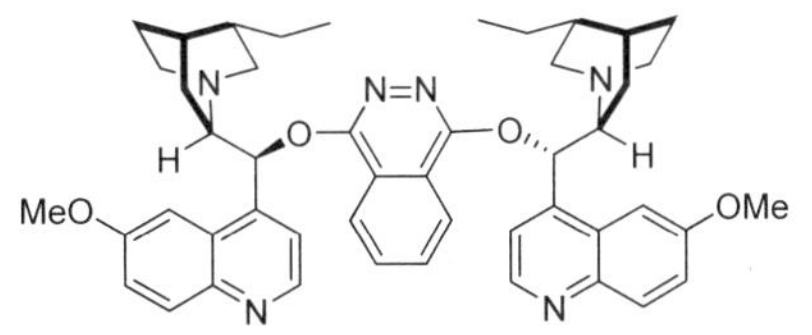

(DHQ)$_2$-PHAL in AD-mix-α

이를 활용한 구체적인 예의 한가지는 항암제 탁솔의 곁가지를 만드는 데 활용되는 것이다.

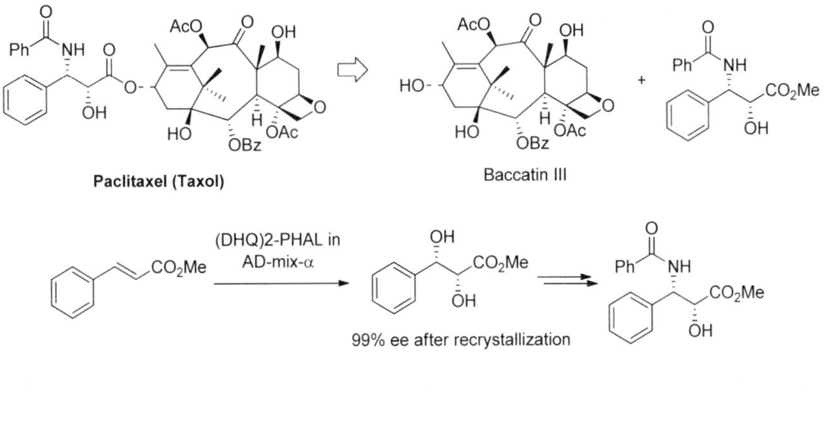

Paclitaxel (Taxol)

Baccatin III

(DHQ)2-PHAL in AD-mix-α

99% ee after recrystallization

연습문제

1

다음 반응으로부터 얻어지는 산물(주산물)을 입체 화학과 함께 쓰시오.

(1) 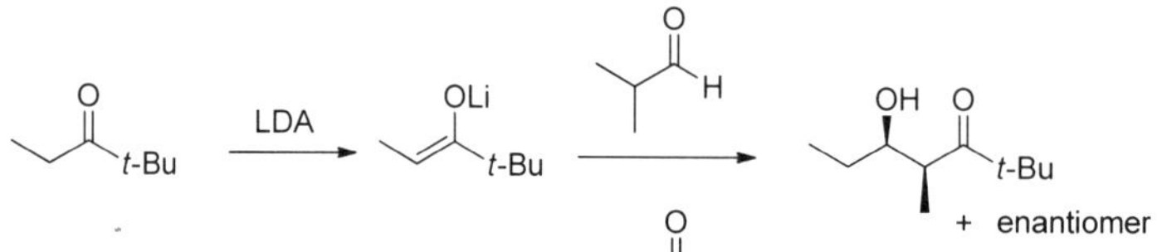 LDA; + enantiomer

(2) 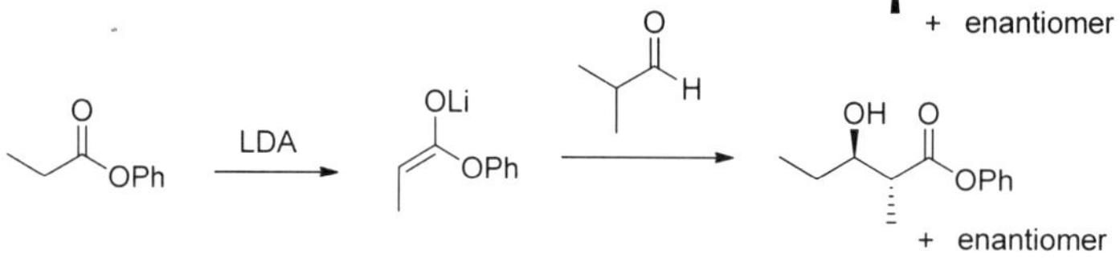 LDA; + enantiomer

(3) 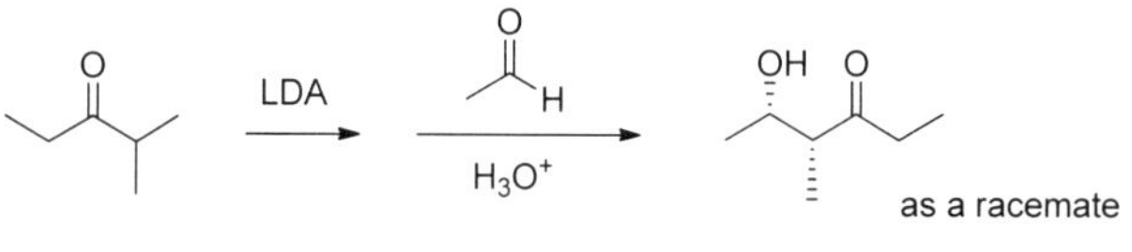 LDA; H_3O^+; as a racemate

(4) Br_2, CCl_4

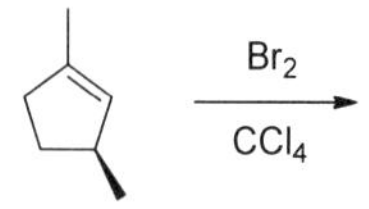

2

아래와 같은 화합물을 단일한 거울상 이성질체(single enantiomer)로 만들 수 있는 방법을 제시하시오.

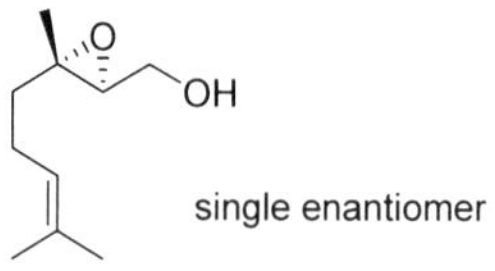

single enantiomer

3

아래 주어진 하이드록시케톤을 환원시켜 syn과 anti의 다이올이 되도록 만드는 방법을 제시하시오.

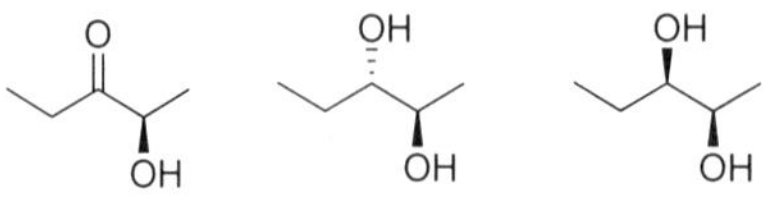

4

생물 활성을 가지는 Balanol이라는 천연물은 그 코어에 4-아미노-5-하이드록시-아자사이클로 헵텐을 가지고 있다. 그리고 이들 두 치환체 아민과 하이드록시는 일정한 입체 화학을 가지고 있다.

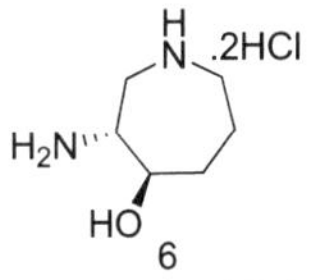

Azepane core of Balanol

이들의 비대칭을 위한 아래의 두 합성법에 대해 물음에 답하시오.

(1) 아래의 방법으로 합성할 때 우선 카이랄한 에폭사이드를 얻는 방법과 A 및 B와 C의 화합물이 무엇인지를 알아내시오.

Azepane core of Balanol

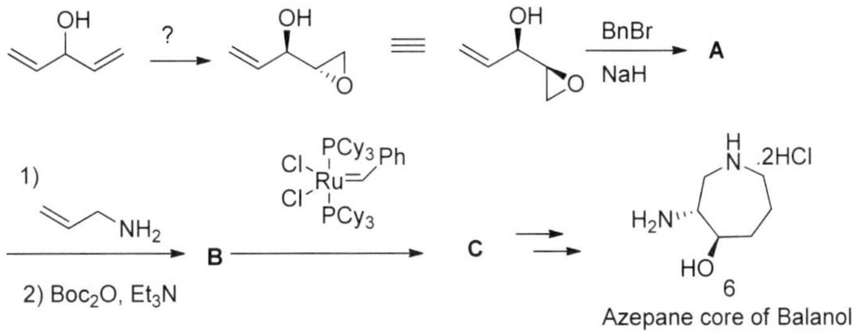

(2) 아래의 카이랄한(즉 비대칭) 탄소를 이미 가지고 있는 아지리딘을 출발 물질로 합성할 때, A' 및 B'의 화합물이 무엇인지를 알아내시오.

Azepane core of Balanol

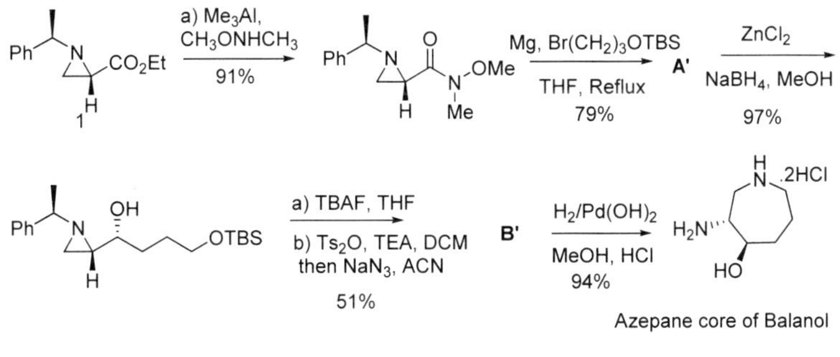

5

다음 반응으로부터 얻어지는 산물을 입체 화학과 함께 밝히시오.

Et, Et, Et–Si, CH_3, H_3C —(R_2B-**H**, H_2O_2)→

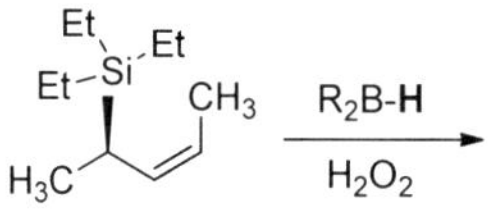

6

다음 반응은 Evans가 개발한 옥사졸리딘온의 카이랄 보조기를 부착하여 진행한 반응의 한 예이다. 이 반응으로부터 얻어지는 산물을 입체 화학과 함께 밝히시오.

Me, O, O, N, O, Ph —($TiCl_4$, Et_3N; + Me, O)→

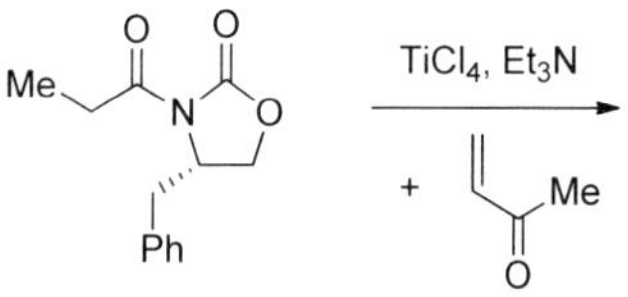

Chapter 07

합성 전략과 역합성

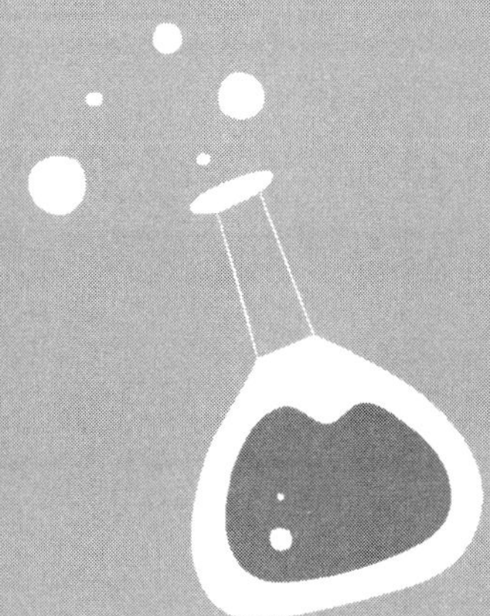

NOTES

지금까지 살펴본 반응들을 기초로, 결합을 만들고 만들어지는 결합과 작용기를 기초로 우리가 만들고자 하는 목적 화합물의 뼈대를 구성하는 것이 유기 합성의 시작이다. 이러한 합성에 있어서 결합을 어떻게 만들 것인가를 계획하는 것을 우리는 역합성(retrosynthetic analysis)이라 한다. 역합성에서 뼈대 결합의 구성을 위한 계획으로 어떤 뼈대를 만들 것인가?"라는 의문에 대한 답은 역으로 그 결합들을 잘라내는(retrosynthesis) 것이다. 대부분의 반응을 양이온 성격 또는 음이온 성격의 조각으로부터 만들어 갈 때, 그 각각의 단위를 우리는 신톤(synthon, 합성 작업과 관련된 분자 내의 파괴적인 단위)이라고 하며 이 신톤이 될 수 있는 실제 가능한 화학종을 합성동위체(synthetic equivalent)라 부른다. 이러한 전략으로 화합물을 어떻게 만들 것인지를 계획하고 실제로 반응을 시켜 우리가 원하는 목적 화합물을 얻고자 한다.

표 7.1 흔히 사용되는 양이온 성격의 신톤(synthon)과 합성동위체(synthetic equivalent)

Synthons (Acceptors)	Synthetic Equivalents
R^{+}	RX, ROTs
Ar^{+}	$Ar^{+}N_2X^{-}$
$RC^{+}=O$	RC(=O)X
$RC^{+}HCH_2C(=O)R'$	RCH=CH(C=O)R'
$RC^{+}HCH_2CN$	RCH=CHCN
$RC^{+}HCH_2NO_2$	$RCH=CHNO_2$
$RC^{+}HOH$	RCHO
$RC^{+}CH_2OH$	
$RC^{+}(=O)HCR'$	XRC(=O)HCR'

표 7.2 흔히 사용되는 음이온 성격의 신톤(synthon)과 합성동위체(synthetic equivalent)

Synthons (Acceptors)	Synthetic Equivalents
R^{-}	RX, ROTs
CN^{-}	NaCN
$RC\equiv C^{-}$	$RC\equiv CH$
$RCH_2C(=O)CH_2^{-}$	$RCH_2C(=O)CH_3$
$RCH_2C^{-}HNO_2$	RCH_2NO_2
$Ph_3P^{+}C-R'R''$	$Ph_3P^{+}CHR'R''X$

NOTES

전형적으로 사용되는 역합성과 이들로부터 얻어지는 신톤, 이들을 만들어 내기 위한 합성동위체, 그리고 내재된 극성에 대해 알아보도록 하자. 내재된 극성(latent polarity)이라 함은 원소가 가진 극성 혹은 그 원소에 부착된 다른 원소나 작용기 때문에 생겨나는 극성을 이야기하는 것으로 그 극성이 어떤 것인가에 따라 반응을 매개할 수 있다.

헤테로 원소를 가진 탄소의 극성 (Electronic character of carbon attached to the heteroatom)
다소 양이온적 성격(+)을 가진, 그리하여 탄소가 친전자적인 특성을 가진 경우 *E-class (C–E): =O, =NR, –OH, –OR, –X*
다소 음이온적 성격(–)을 가진, 그리하여 탄소가 친핵적인 특성을 가진 경우 *E-class (C–E): –Metal (Li, MgX, Cu, Al, Zn etc.) –Si*
탄소가 양이온적 혹은 음이온적 성격[(+) and/or (–)] 모두를 가지고 있어 반응하는 방법이나 반응물에 따라 친핵체나 친전자체가 될 수 있는 양쪽 이온의 성격을 가지는 경우 *E-class (C–E): –SOR, –SO_2R, –SR, –NO_2, ≡N, =CR_2, ≡CR*

탄소가 가지는 이온적인 성격에 부합되는 양이온과 음이온의 성격 패턴

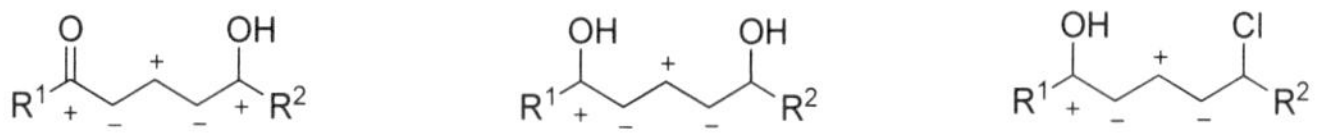

O OH R1 R2 OH OH R1 R2 OH Cl R1 R2

탄소가 가지는 이온적인 성격에 부합되지 않는 양이온과 음이온의 성격 패턴

O R1 R2 OH OH R1 R2 OH OH R1 R2 Cl

O R1 R2 OH OH R1 R2 OH OH R1 R2 Cl

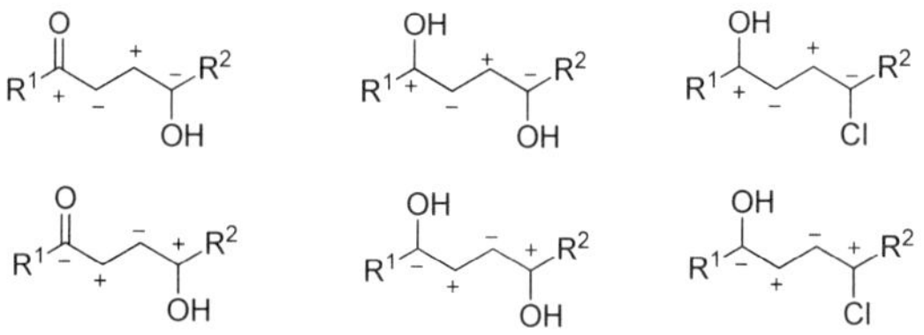

탄소 및 기타 원소가 가지는 이러한 이온적인 성격에 맞추어 결합을 만들어 갈 수 있도록 계획해야 화합물을 용이하게 합성할 수 있다. 나아가 이러한 화합물을 구하기도 쉬운 일이 된다. 이때 이런 계획, 즉 만들고자 하는 분자의 결합 생성의 계획을 세워보는 것이 역합성이며 이러한 역합성을 통해 쪼개진 이온의 성격을 가진 화학종이 신톤이다. 이렇게 주어진 타깃 분

NOTES

자(TM, target molecule)를 역합성을 통해 어떤 결합을 어떤 이온적 환경으로 만들 것이며, 이러한 이온적 분자 조각들을 실제 반응 조건에서 만드는 가능한 방법을 합성(synthesis)이라 한다. 그리고 그 합성의 출발 물질(synthetic equivalent)을 적절한 반응으로 만드는 것을 유기 합성(organic synthesis)이라 명명할 수 있다. 이렇게 만드는 방법은 어떤 결합을 만들 것인가에 따라 각기 다른 역합성이 가능하며 어떤 역합성의 방법이 가장 좋을 것인가는 앞서 배운 여러 가지의 반응에 대한 지식을 기초로 판단할 수 있다.

C–O bond formation

b
a
TM (Target Molecule)
Retrosynthetic analysis
Synthesis

a ⟹ PhO⊖ + ⊕(isobutyl)
PhOH + Br(isobutyl) ⟶ TM

b ⟹ Ph⊕ + ⊖O(isobutyl)
PhBr + HO(isobutyl) ⤫⟶ TM

예를 들어, 동일한 타깃 분자 페닐뷰탄온을 만드는 방법에서는 다른 두 가지의 접근 방법으로 C–C 결합 형성(bond formation)이 가능하다. Method I과 II는 어떤 결합을 만들고 어떤 단계에서 필요한 작용기 변환(이 경우 구체적으로는 산화)을 수행할 것인지가 다르다.

NOTES

Method I (Grignard Reaction, addition, oxidation)

Retrosynthetic analysis

TM — FGI — C-C Disconnection — Synthons

Synthesis — H_2O — [O] — TM

Synthetic equivalents

MgX + Ph

C-C Disconnection

not available synthon

Method II (Grignard Reaction, addition, oxidation)

Synthesis

MgX + Ph — PCC — TM

C-C Disconnection — Synthons — ⊖Ph

Target Molecule

Synthetic equivalents

카보닐 첨가 반응 대신 카보닐 치환 반응으로 산화과정 없이 Grignard 반응을 통하여 합성하는 다른 방법도 있다.

Method II (Grignard Reaction, substitution)

TM — Synthons — Synthetic Equivalents

R^1, R^2, OH — R^1 + R^2 OH — R^1 MgBr, R^2 H O

다음으로는 아주 간단한 사이클로헥실-2-하이드록시헥세인을 만드는 방법을 보자.

OH — OH

MgBr — O

NOTES

이어서 이번에는 사이클로헥실하이드록시헥세인을 만드는 방법을 보자.

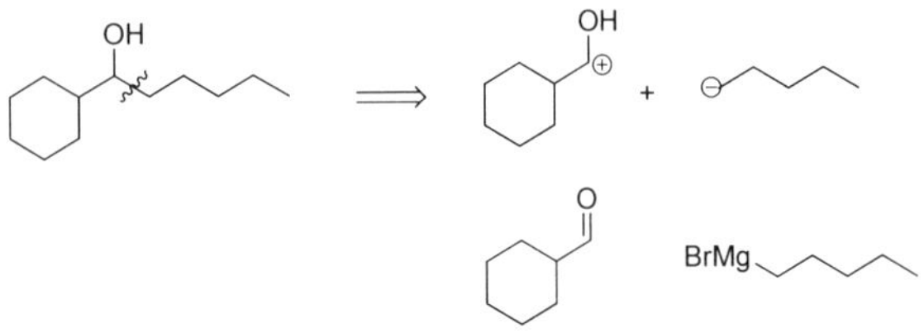

OH ⟹ OH ⊕ + ⊖
O BrMg

위에서 언급한 역합성과 합성동위체의 개념으로 비정상적인 행동의 제어를 위한 의약품 할로페리돌(haloperidol)의 합성에 대해 살펴보자.

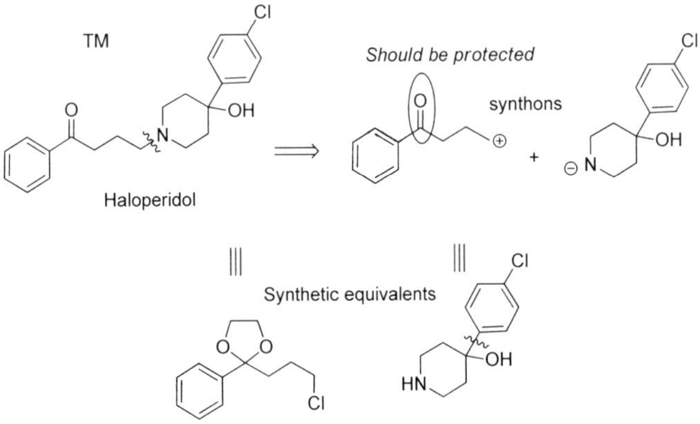

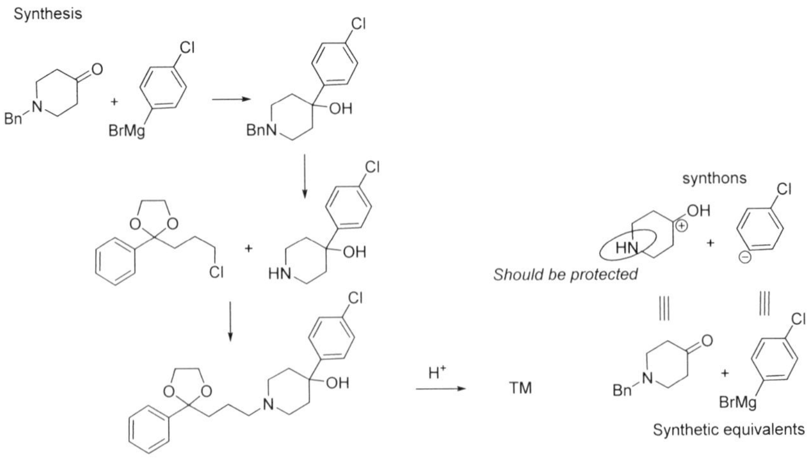

TM Cl O N OH Haloperidol ⟹ Should be protected O ⊕ synthons Cl + ⊖ N OH

Synthetic equivalents
O O Cl | Cl HN OH

Synthesis

Bn N O + Cl BrMg → Cl BnN OH
↓
O O Cl + Cl HN OH
↓
O O N Cl OH —H⁺→ TM

synthons
HN OH ⊕ Should be protected + Cl ⊖
Bn N O + Cl BrMg
Synthetic equivalents

다음은 천식치료제 살부타놀(salbutanol)의 합성 과정이다.

NOTES

Retrosynthetic analysis

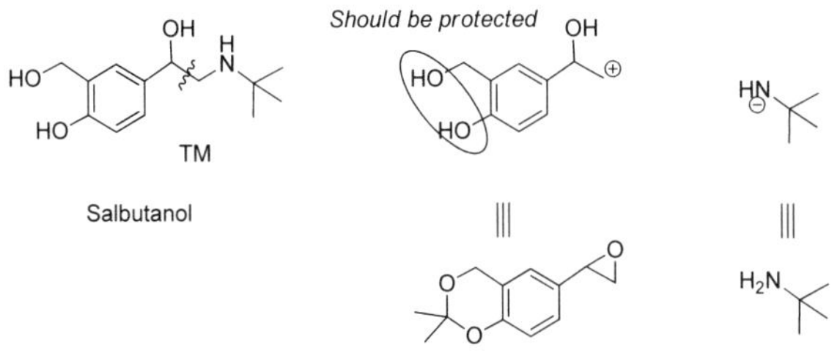

Should be protected

TM

Salbutanol

Synthesis

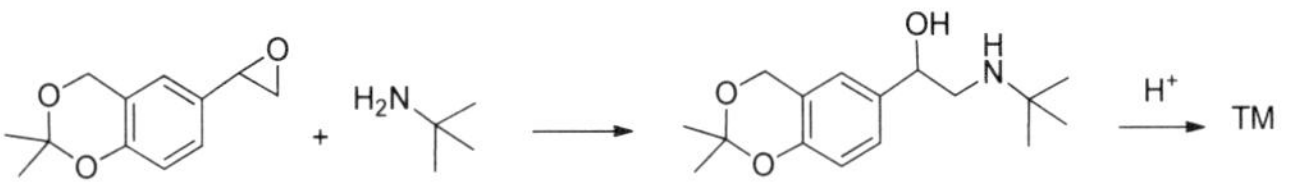

H^+ → TM

다음은 β-하이드록시 에스터를 알돌 반응을 통해 만드는 예이다.

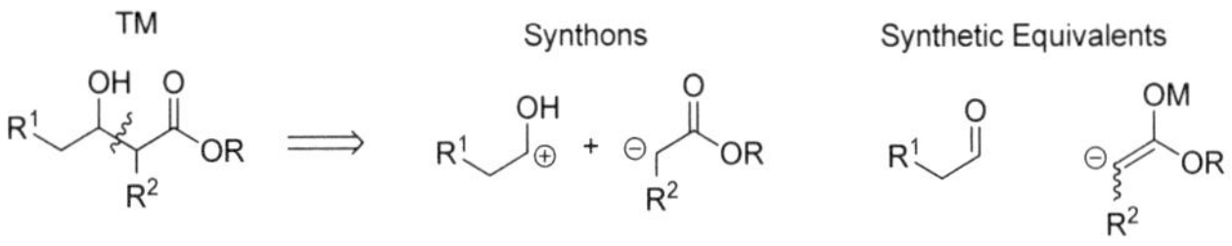

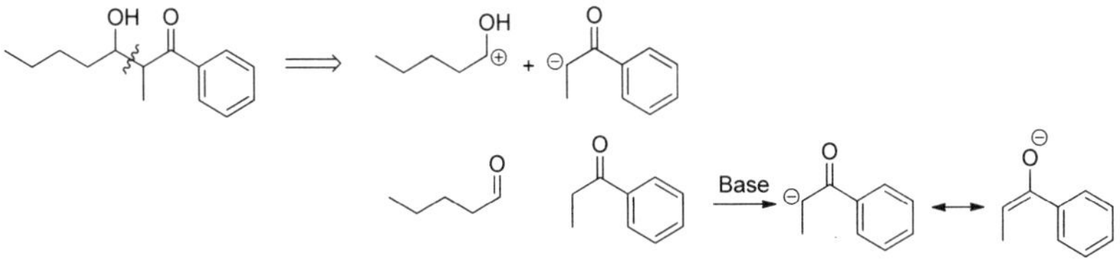

TM | Synthons | Synthetic Equivalents

Base

다음은 TM으로 β-키토 에스터를 만드는 반응에 대한 계획과 실질적인 합성법이다. 이는 클라이젠 축합의 응용을 통해 할 수 있다.

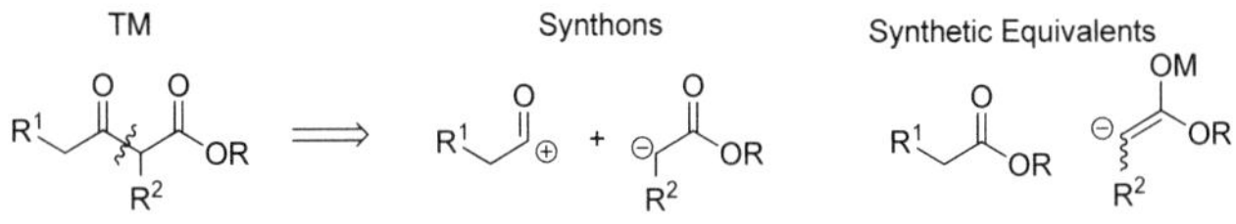

TM | Synthons | Synthetic Equivalents

NOTES

다른 한 가지는 다음과 같은 1,5-다이카보닐 화합물의 합성이다. 이는 마이클 반응을 통해 할 수 있으며 최초로 얻어지는 TM은 염기의 조건에서는 탈카복실 산물도 만들 수 있다.

TM

CO_2Et CO_2Et

1) OH^-, 2) H^+ Heat

CO_2Et CO_2Et Base CO_2Et CO_2Et

Michael addition

TM Synthons Synthetic Equivalents

R^1 R^2 CO_2R R^1 CO_2R R^2 O^- R^1 CO_2R R^2

다음의 예를 보면 1,4-첨가 반응과 관련한 내용을 이해할 수 있다. 출발물질인 카보닐이 일반적으로 가지는 엔온에서 내재적인 극성이 잘 맞아지며 이때 카보닐의 β-위치에는 친핵체가, 그 α-위치에는 친전자체가 각각 들어가야 한다.

Retrosynthetic analysis

O H OH OH Mg−CH_3 CuI

이를 위해 메틸의 친핵체로는 1,4-첨가 가능한 메틸그리냐르와 아이오딘화 구리를 함께 사용하며 하이드록시메틸은 아세트 알데하이드가 그 역할을 하게 하는 합성을 할 수 있다. 이렇게 우리는 목적하는 화합물을 만들 수 있다.

NOTES

Synthesis

CH_3MgBr, CuI (5 mol%), LiCl (10 mol%); HCHO

다음은 항경련제 및 항간질 의약품 에토숙시마이드(ethosuximide) 합성의 예이다.

O, NH, O

Ethosuximide (TM)

Retrosynthetic analysis

FGI; $O^-NH_4^+$; $O^-NH_4^+$; FGI; OH; OH; FGI; OEt; CN

TM

Michael Reaction

Aldol condensation; not good with ester; OEt; OEt; OEt; $^{\ominus}$CN

Synthesis

OEt; 1) Base; 2); OEt; CN^-; OEt; CN; H^+; OH; OH; NH_3; $O^-NH_4^+$; $O^-NH_4^+$; Base; TM

NOTES

앞서 역합성 분석에서 잠깐 언급한 바와 같이, 에스터 화합물과 알돌 축합 반응을 하기에는 굉장한 문제가 있다(실제로 원하는 화합물을 얻어 내기가 불가능하다). 따라서 실제 공업적인 생산에서는 아래와 같이 노에벤나겔 축합 반응을 사용하여 화합물을 만든다. 즉 카복실레이트에 나이트릴을 더 가지고 있는 출발 물질을 사용함으로써 축합 반응을 잘 수행하고 나중에 나이트릴을 가수분해함으로써 카복실산을 만들며 이는 알파 위치의 카복실산이므로 다이카복실화 반응으로 아주 쉽게 제거할 수 있다.

공업적 생산 과정

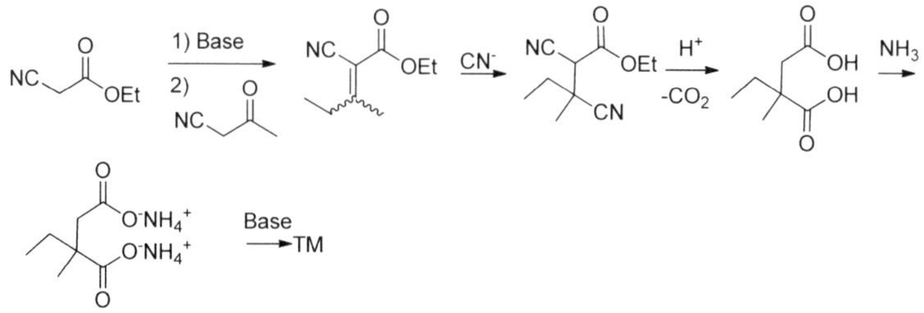

NC OEt O — 1) Base, 2) NC O → NC O OEt — CN⁻ → NC O OEt CN — H^+, $-CO_2$ → O OH OH O — NH_3 →

O $O^-NH_4^+$ $O^-NH_4^+$ O — Base → TM

역합성 관련하여 몇 가지 추가적인 예를 보자. 우선 자스민 향의 한 성분인 자스몬(Jasmone)의 역합성을 보면 방법 I과 II의 두 가지를 생각해 볼 수 있다. 각각의 경우를 보면 화합물의 합성을 위한 분자의 역합성 위치와 방법을 달리하고 있는 것처럼 보인다. 하지만 이를 잘 살펴보면 두 가지 모두 동일한 합성중간체를 만들고 이로부터 γ-하이드록시 케톤을 만들고 이를 탈수하는 방법으로 α,β-불포화케톤의 고리를 만드는 방법을 제시하고 있다.

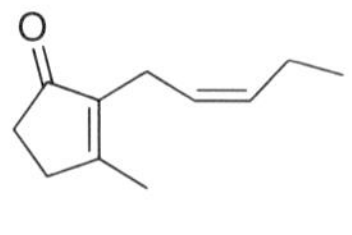

O

***cis*-Jasmone**

a volatile portion of the oil from jasmine flowers

이 화합물의 합성에서 중요한 것은 탄소-탄소 결합을 만들고 이를 토대로 작용기를 변환하는 것으로 우선 한 가지는 Grignard 반응을 이용한다.

NOTES

〈방법 I〉

Retrosynthesis I

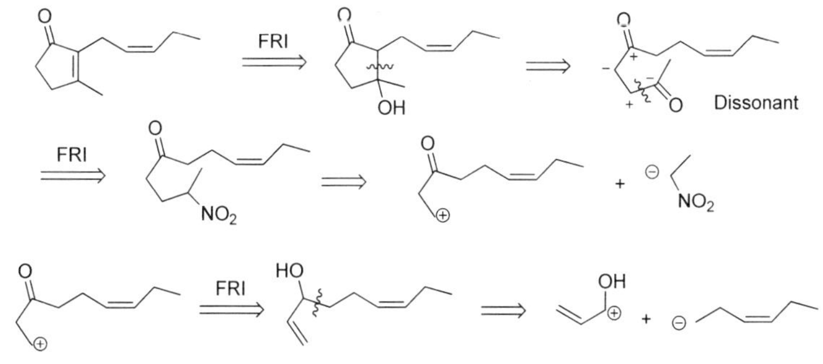

FRI

Dissonant

FRI

NO_2

NO_2

FRI

Synthesis I

BrMg

Johns Oxidation

$CH_3CH_2NO_2$ / NaOMe

NO_2

Nef Reaction

NaOH / H_2O

TM

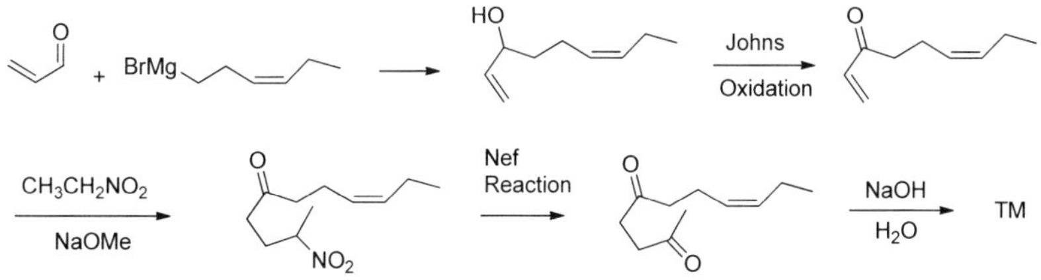

또 다른 접근법은 알카인을 이용하여 탄소-탄소 결합을 만들고 필요한 작용기 변환을 하는 방법이다.

〈방법 II〉

Retrosynthesis II

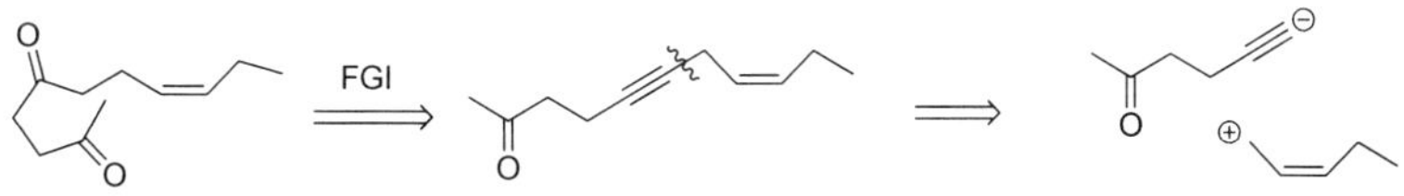

FGI

Synthesis I

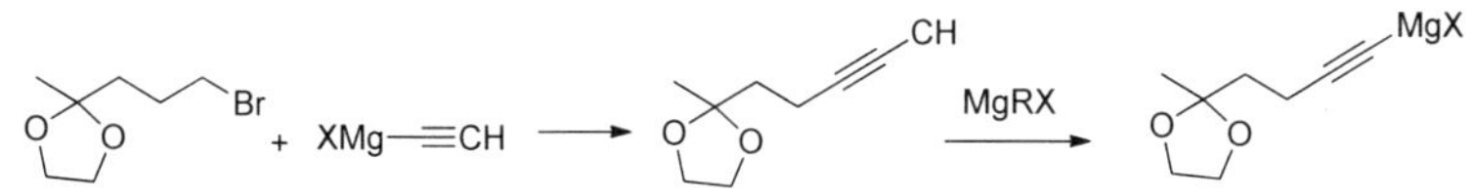

Br

XMg—≡CH

CH

MgRX

MgX

NOTES

MgBr + Cl ⟶ O

$HgSO_4$, H_2SO_4 / MeOH, H_2O ⟶ O O ⟶ NaOH / H_2O ⟶ ***cis*-Jasmone**

다음은 탄소-질소 결합을 만드는 방법으로 항진균제 플루코나졸(Fluconazole)의 합성 계획을 만들어 보도록 하자.

Fluconazole
Anitfungal medicine

역합성의 중요성을 한번 더 생각하게 하는 예로 로사르탄이라는 고혈압 치료제의 합성 문제를 살펴보자. 이 화합물은 카이랄 중심을 가지고 있지는 않지만, 질소를 포함하는 아자헤테로 고리를 두 개 가지며 벤젠 고리를 2개

가지고 있어 만들기에 다소 복잡할 수 있는 분자이다. 하지만 이를 잘 보면 중요한 부분 두 개를 따로 만들어 합치는 일종의 수렴 합성(converegent synthesis)의 방법을 생각해 볼 수 있다. 그 방법 중에서 특히 효율적으로 스즈키 반응을 이용하여 두 부분을 합성해서 붙이는 방법이 활용된다.

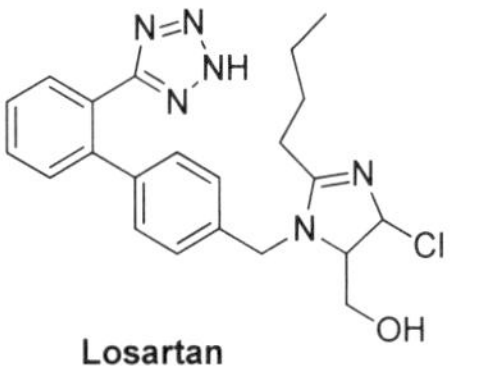

NOTES

Losartan

Antihypertensive Drug as a Agiotensin II receptor Blocker

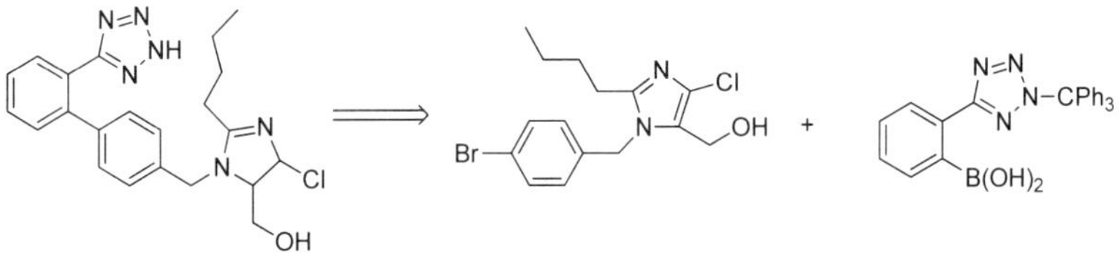

N=N, NH, N, Cl, OH, Br, B(OH)$_2$, N-CPh$_3$, +

이 화합물의 실질적인 공업적 생산 방법은 아래와 같이 진행이 된다. 우선은 이미다졸(imidazole) 고리 쪽 화합물을 아래와 같이 만든다.

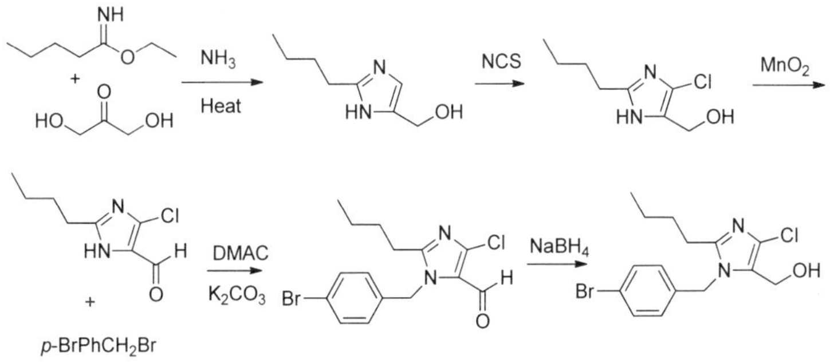

NH, O, HO, OH, NH_3, Heat, NCS, MnO_2, HN, N, Cl, H, DMAC, K_2CO_3, $NaBH_4$, Br, *p*-$BrPhCH_2Br$

그런 후 다른 한쪽, 즉 테트라졸(tetrazole)은 5번 질소에 트라이페닐(triphenyl) 메틸 치환체를 만든 후, phenyl 부분에 추후 스즈키 짝지음 반응을 하도록 보론을 도입한다.

NOTES

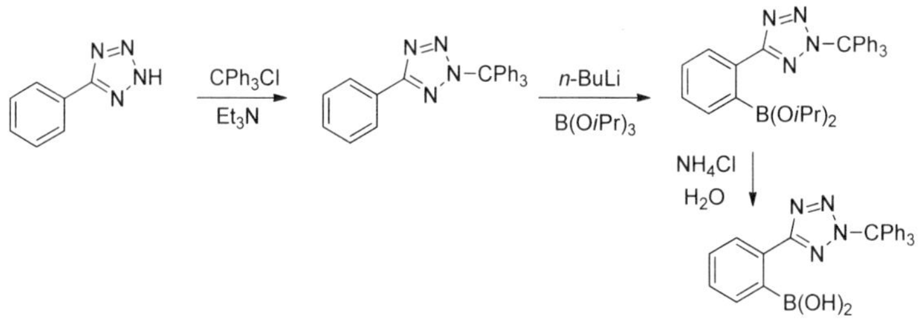

그리하여 다음과 같이 두 부분, 즉 이미다졸(imidazole) 고리 쪽을 화합물과 테트라졸(tetrazole) 부분을 스즈키 짝지음 반응을 하여 최종 산물 로사탄(Losartan)을 만든다.

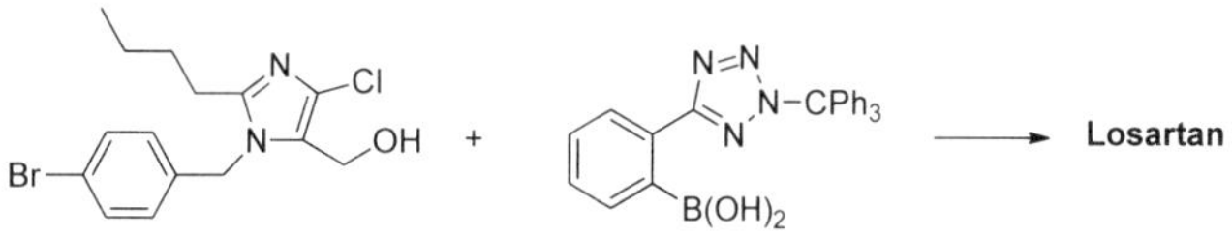

우리가 합성을 염두에 두고 역합성에 대해 생각할 때 고려해야 할 여러 가지 점들이 있지만 그중 가장 핵심적인 것이 어떻게 하면 효과적으로 낮은 가격에 환경친화적으로 목적하는 화합물을 얻을 것인가 하는 점이다. 즉 경우에 따라 여러 가지의 가능한 합성 방법이 있을 때 어떤 방법을 택하기 위해서는 앞선 여러 반응의 성격과 반응에서의 장단점을 알고 있어야 한다. 그래야 좋은 역합성과 이로부터의 합성 방법을 만들어 낼 수 있다. 가능한 몇 가지의 역합성을 보고 어떤 반응이 가장 좋은 방법이 될 것인가를 한번 살펴보기 위해 두 가지 예시를 알아본다.

우선 피발릭산의 벤질아이소프로필아민 아마이드를 어떻게 만들 것인가의 문제이다. 이 문제에서 환원적 아민화 반응을 하는 것보다는 기존의 구입 가능한 아민의 아마이드를 만들고 여기에 벤질기를 도입하는 것이 다른 어떤 방법보다 용이하게 만들 수 있다.

NOTES

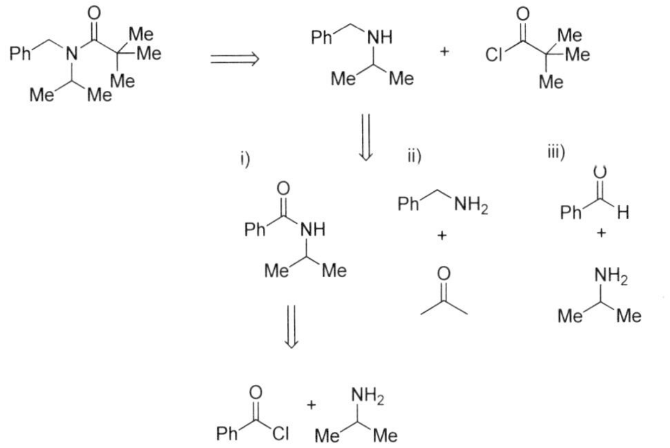

다음은 1,2-다이올 화합물을 만드는 한 예를 보이고 있다. 이는 이중 결합에 다이올을 도입하는 방법으로 만들 수 있으며 이 이중 결합을 만드는 두 가지의 가능한 경로를 역합성으로 만들어 볼 수 있다. 특히 이 화합물을 자세히 보게 되면 이는 동일한 탄소에 벤젠기를 두 개 가진 끝이 있다. 아무튼 가능한 두 가지의 방법 중 하나는 비티히 반응을 이용하는 것이며 다른 하나는 펜탄산의 에스터에 동일한 페닐그리냐르 시약을 사용하여 페닐기가 에스터 부분에 자연스럽게 두 개가 들어가도록 하는 방법이다. 이에 두 개의 페닐기가 들어가고 생기는 알코올을 탈수 반응시키면 이중 결합의 불포화 컨쥬게이션 안정화까지 이루는 이중 결합 화합물이 생성되며 이에 1,2-다이올 화합물을 쉽게 만들 수 있다.

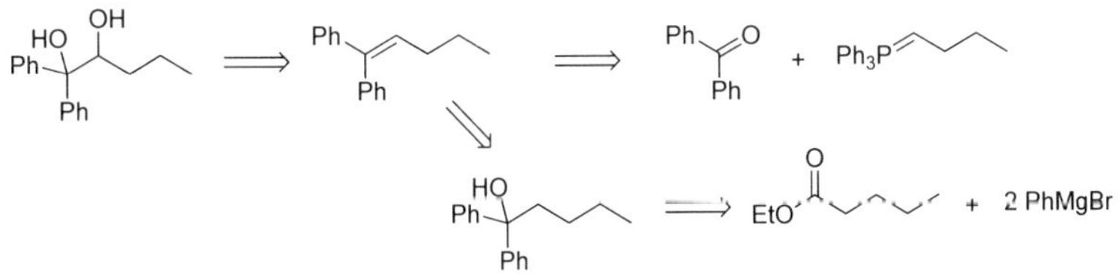

위의 예에서 살펴본 바처럼 작용기 전환(변환)에서는 작용기를 첨가하거나 작용기를 제거하는 것 혹은 다른 작용기로 바꾸는 것까지를 모두 포함하고 있다. 이러한 일련의 변환은 우리가 앞에서도 배운 화학 반응을 그 기초로 하며 여기에는 첨가 반응(addition), 제거 반응(elimination), 치환 반응

NOTES

(substitution), 산화 환원 반응(oxidation–reduction) 그리고 재배열 반응(rearrangement)까지를 모두 포함한다.

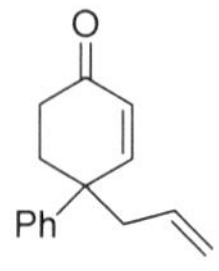

TM

[역합성] (결합을 어떻게 만들 것인가?)

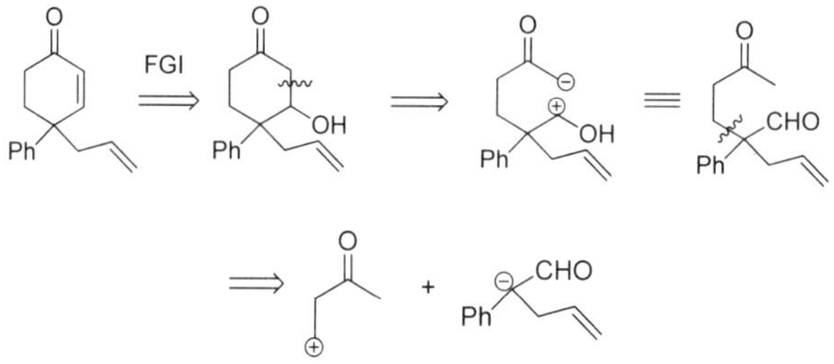

FGI

[합성] (계획된 역합성을 실지로 어떻게 만들 것인가?)

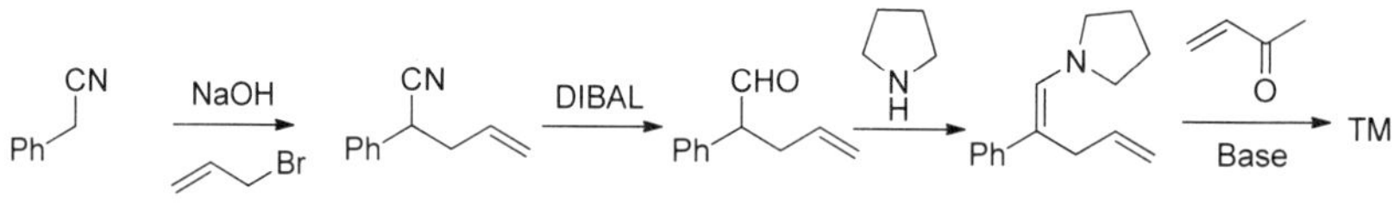

NaOH, DIBAL, Base, TM

Platynecine으로 명명된 알칼로이드를 타깃 분자로 하는 합성을 생각해 보자.

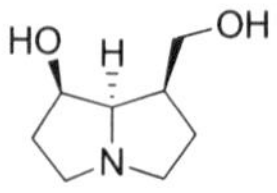

TM

Platynecine

앞의 예시들에서 본 것처럼, 이 화합물의 합성을 위한 역합성을 다음 같이 계획할 수 있다.

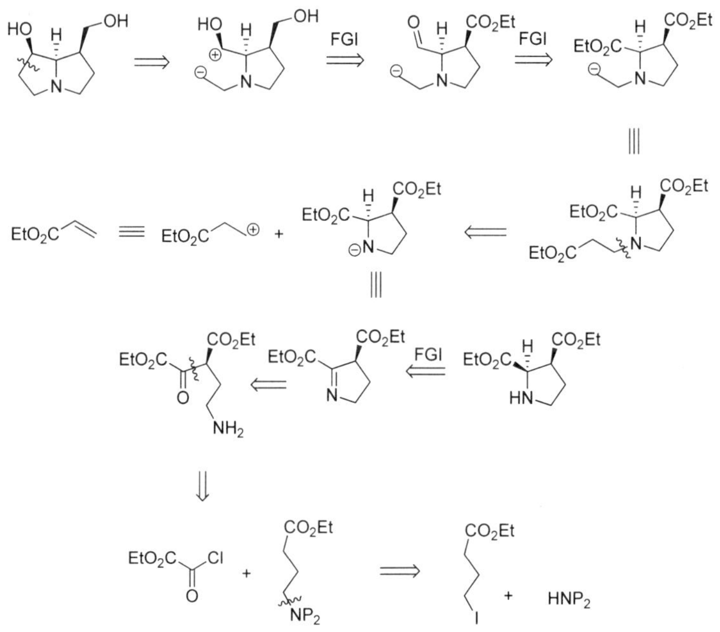

FGI
FGI
FGI
P = Protecting group

[합성] (위의 역합성의 계획에 따라 합성을 하면 다음과 같이 할 수 있다.)

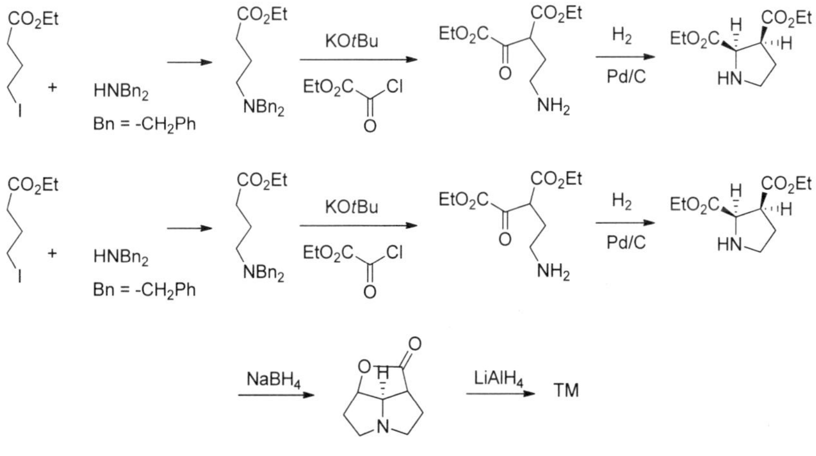

Bn = $-CH_2Ph$
KO*t*Bu
H_2
Pd/C
Bn = $-CH_2Ph$
KO*t*Bu
H_2
Pd/C
$NaBH_4$
$LiAlH_4$
TM

NOTES

이 화합물의 합성은 위의 역합성의 방법뿐만 아니라 다양한 방법으로의 합성도 알려지고 있다. 이 중에서 [2+2] cycloaddition의 방법과 얻어진 사이클로뷰테인을 Baeyer-Villiger 산화 반응으로 락톤을 만들어 이것이 종국에는 곁가지의 알코올과 하이드록시메틸이 되도록 하며, 이 락톤의 γ-위치에 클로로에틸을 붙인 것으로부터 이웃하고 있는 질소와 고리를 만들 수 있도록 하는 반응으로 목적하는 알칼로이드를 짧은 반응 단계로 쉽고 효과적으로 만드는 합성법도 알려지게 되었다. 이 과정의 역합성과 합성은 다음과 같이 이루어진다.

[역합성]

HO H OH N FGI ⟹ ⟹ O O H N ⊖ ⊕ ≡ H O O N H Cbz Cl

[합성]

N Cbz + O Cl → H O N H Cbz Cl —mcpba→ H O O N H Cbz Cl —H_2 / Pd→ —Base→

H O H O N H —$LiAlH_4$→ TM

물론 사슬의 탄소를 가지는 물질뿐만 아니라 아릴 화합물에 대해서도 똑같이 결합을 만들고 작용기를 변환시키는 방법으로 화합물을 만들 수 있다. 그 한 예가 타이레놀(Tyrenol)이라는 상품명으로 판매되고 있는 아미노아세토펜을 만드는 일이다. 이는 페놀에서부터 나이트로 작용기를 파라 위치에

NOTES

도입하는 반응에서 시작한다. 이 나이트로 기를 환원하여 아민으로 바꾼 후 여기에 아세틸 그룹을 도입하게 되면 아마이드가 안정적으로 좋은 수율로 만들어지면서 원하는 아세트아미노펜을 만들 수 있다.

H_2NO_3, H_2SO_4 → FGI → Ac_2O or AcCl

Conditions to reduce nitro group: H_2, Pd/C; Fe, HCl; $NaBH_4$

Acetaminophen (Tyrenol)

이 밖에 타깃 분자만 보고서는 쉽게 출발 물질을 떠올리기 어려운 경우들도 있다. 대표적으로 아래의 예에서 보듯 bicyclo[2.2.1]hept-5-en-2-one로부터 치환체의 입체 화학이 일정하게 배열된 원하는 사이클로프로페인 화합물을 얻어내는 방법을 떠올리기는 쉽지 않다.

mcpba, $NaHCO_3$, CH_2Cl_2 → NaOH, H_2O → TM (From Lactone by hydrolysis)

이는 앞서 잠깐 언급하고 소개한 Baeyer-Villiger 산화 반응을 이용하여 케톤에서 락톤을 얻고 이를 가수분해함으로써 알코올과 카복실산을 동일한 시스 관계의 입체 화학을 가지는 산물을 얻었던 것을 적용해 볼 수 있다.

또 다른 하나의 방법은 퓨란 고리가 가수분해되면 1,4-다이카보닐 화합물이 얻어지는 관계를 이용하는 것이다.

H^+

이를 염두에 두고 타깃 분자를 역합성해 보자. 먼저 다음과 같이 퓨란을

NOTES

가진 화합물을 생각할 수 있다. 이 퓨란 화합물을 얻는 것은 전자를 잘 끄는 산소나 혹은 질소, 황 등을 가진 탄소의 수소를 적절한 염기를 사용하여 양성자를 떼어냄으로써 음이온으로 만들고 이것을 친핵체로 사용한 알킬화를 통해 필요한 알킬기를 퓨란의 알파 위치에 도입하여 얻을 수 있다. 이후 앞서 언급한 것처럼 퓨란을 가수분해한다.

Hydrolysis from furan

Me, O, O, Me, TM ⟹ Me, O, Me ⟹ Me, O, ⊖ + ⊕, Me

n-BuLi ↑ ‖

Me, O, H Br, Me

이런 과정으로 만들어지는 타깃 분자의 합성은 위의 역합성을 기초로 아래와 같이 만들어 낼 수 있다.

Me, O, H —n-BuLi→ Me, O, ⊖ —Br, Me→ Me, O, Me

↓ H^+

TM

이 밖에도 우리가 예상하지 못한 방법으로 복잡한 화합물을 얻어내는 아주 간단한 반응들도 있다. 즉, 유기화학의 반응에 대한 지식과 이들의 활용에 대한 이해는 우리가 원하는 유기화합물을 합성하는 데 매우 유용한 지식이 될 것이다.

1. 아치마토위츠 반응(Achmatowicz reaction)

이와 같이 퓨란 고리가 산에 의해 열릴 수 있는 성질을 Br_2 혹은 NBA에 의한 고리 열림으로 연결하여 두 카보닐 화합물을 얻고 퓨란의 2번 위치에

NOTES

있는 하이드록시 혹은 아미노메틸 치환체에 의해 α와 β가 이중 결합으로 된 6원자 고리의 화합물을 얻는 매우 흥미로운 반응이 개발되었으며 이 반응의 개발자 이름을 따라 아치마토위츠(Achmatowicz) 반응이라 명명되었다.

HX R Br$_2$ or NBA MeOH, H$^+$ O= OH XH R
XH = OH, NHP
R = Alkyl
HX R O OMe OMe → HX R O O

이 반응은 매우 유용하여 여러 경우에도 많이 활용되는데, 특히 치환된 1,4-다이카보닐 계통의 화합물을 얻어내는 데 많이 활용된다. 다음은 이 반응이 천연물 (+)-아스피크린(Aspicilin)의 합성에 활용된 예이다.

OMOM TBSO MOMO NBS, NaHCO$_3$ acetone/H_2O (10:1) at -15 °C R O O OMOM TBSO MOMO → OH OH O O OH

(+)-Aspicilin
isolated from *Lecanoraceae lichen*

천연물 (+)-아스피크린(Aspicilin)의 합성에서 그 합성의 중간체로 만들어지는 입체 화학을 가진 1,4-다이카보닐 화합물을 입체 화학과 뼈대를 맞게 갖춘 퓨란 고리에서 아치마토위츠 반응(Achmatowicz reaction)으로 얻어내는 것을 보여주고 있다.

2. 합성에서 일반적으로 고려해야 할 사항

위의 예에서 살펴본 바와 같이 어떤 화합물의 합성에는 여러 가지의 가능한 방법이 있으며 이들 가운데 어떤 방법으로 어떤 과정을 거쳐 화합물을

NOTES

만들 것인가 하는 문제는 고려해야 할 여러 가지의 점들이 있다. 이런 가운데 우리가 일반적으로 다단계 합성에서 고려되어야 할 점도 있다.

첫째는 우리가 원하는 원소 사이의 뼈대를 구성하고, 둘째는 이들 뼈대에 있는 화합물의 작용기를 원하는 것으로 만들어 내며, 셋째로 전체적으로는 입체 화학이 우리가 원하는 공간적인 배열을 가질 수 있도록 해야 한다는 점이다.

이러한 목적의 달성을 위해 우리는 적절한, 많은 경우 상업적으로 구입 가능하거나 아주 손쉽게 만들 수 있는, 출발 물질을 가지고 시작하여 원하는 목적 분자(타깃 분자)를 만들어 간다. 만드는 과정 중에는 그 화학 반응의 반응성 및 선택성에 대한 이해가 필요하다. 즉 어떤 반응에서 그 반응이 가지는 화학적 선택성, 자리 선택성 그리고 입체 선택성을 잘 고려해서 목적하는 화합물을 만들어야 한다. 이 밖에도 다른 고려해야 할 점으로는 우리가 원하는 만큼의 산물을 얻어내기 위해서 관련되는 반응이 가능한 짧은 반응 단계에서 좋은 수율로 얻어질 수 있는 길을 택해야 한다.

매우 다양한 작용기를 가지는 유기화합물 반응의 어떤 단계에서는, 기존의 어떤 방법으로는 우리가 원하는 하나의 작용기에 대해서만 반응을 하게 하기가 불가능할 수 있다. 이 반응 중 우리가 원하지 않더라도 그 반응의 조건에서 반응을 피할 수 없는 경우 우리는 그 작용기를 보호기로 보호해야 한다. 물론 이 보호기는 반응이 끝난 후의 단계에서 보호기가 없는 원래의 작용기로 탈보호해야 한다. 이런 단계를 거치지 않도록 함이 좋겠지만 거쳐야 하는 경우에는 이러한 반응에서 얼마나 손쉽게 탈부착이 가능한지 그리고 이를 사용할 때 가격은 어떻게 될 것인지를 잘 따져 선택해야만 한다.

다른 한 가지는 반응에 필요한 모든 물질이 손쉽고 싸게 구입이 가능한 것이 좋다. 팔지 않는 반응물이나 출발 물질은 그 가격이 싸고 반응에서 유리한 이점을 가지고 있는 것으로 최대한 대체해야 한다. 같은 맥락에서 이들의 반응이 값싼 시약을 사용할 수 있도록 하며 반응의 수율과 반응 후 화합물을 잘 얻기 위한 점이 충분하게 고려되어 부산물이 적게 혹은 전혀 생기지 않도록 함이 좋을 것이다. 또한 반응을 마치고서 뒤처리하는 과정도

NOTES

쉽고 싸게 할 수 있도록 하며 가능하면 원소 경제성이 높은 방법으로 합성이 이루어지게 할 필요가 있다. 우리가 원하는 화합물을 만드는 데 있어서 특정한 출발 물질에서부터 반응물을 요하는 경우 그 반응이 완전히 새롭고 별로 연구된 바가 없는 반응보다는, 잘 알려지고 많은 연구가 이루어진 반응을 이용하는 것이 유리하다.

반응에서 반응 단계를 줄여줄 수 있고 부반응이 적은 것으로 알려진 반응이 이용될 수 있도록 반응의 각 단계를 잘 짜도록 해야 한다. 특히 여러 개의 카이랄 중심을 가지는 탄소들이 사슬로 된 경우 하나씩 혹은 두 개씩의 탄소를 이어 붙여 나가기(linear synthesis)보다 큰 단위를 잘라 각각을 만든 후 이들을 적절하게 이어 붙이는 방법(convergent synthesis)으로 화합물을 완성하는 편이 훨씬 유리하다. 수렴 반응(convergent reactions)을 통해 만들어진 (−)−Pironetin의 예를 들어 보겠다.

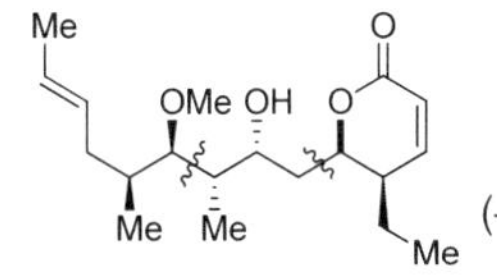

Me, OMe, OH, O, O, Me, Me, Me

(−)−Pironetin (TM)

특히 이 반응은 알칼로이드 촉매의 아실할로젠과 알데하이드의 고리 축합 반응[alkaloid−catalyzed acyl halide−aldehyde cyclocondensation (AAC) reaction]을 화합물 합성의 핵으로 하는 반응이다.

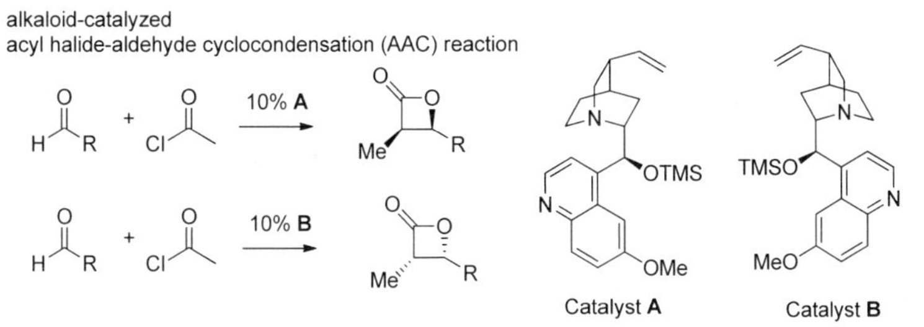

alkaloid-catalyzed
acyl halide-aldehyde cyclocondensation (AAC) reaction

H, R, O + Cl, O → 10% **A** → O, O, Me, R

H, R, O + Cl, O → 10% **B** → O, O, Me, R

N, N, OTMS, OMe

Catalyst **A**

N, N, TMSO, MeO

Catalyst **B**

이 반응의 방법으로 (−)−Pironetin을 둘로 자르고 그 둘 중 하나를 다시

NOTES

금 둘로 나누어 반응을 진행시켜 화합물을 완성하도록 하는 다음과 같은 과정을 거친다.

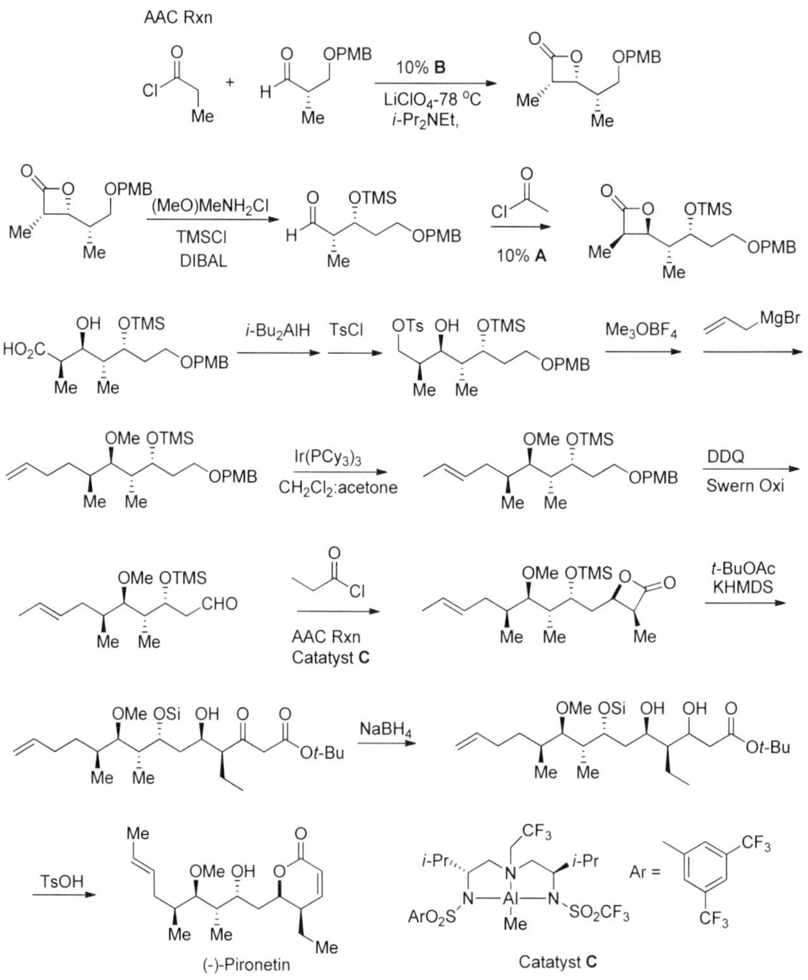

AAC Rxn

10% **B**
$LiClO_4$-78 °C
i-Pr_2NEt,

$(MeO)MeNH_2Cl$
TMSCl
DIBAL

10% **A**

i-Bu_2AlH TsCl

Me_3OBF_4 MgBr

$Ir(PCy_3)_3$
CH_2Cl_2:acetone

DDQ
Swern Oxi

AAC Rxn
Catatyst **C**

t-BuOAc
KHMDS

$NaBH_4$

TsOH

(-)-Pironetin

Catatyst **C**

위에서 보는 것처럼 세 차례에 걸친 아실할로젠과 알데하이드의 고리 축합 반응을 통해 입체 화학을 원하는 방향으로 일정하게 좋은 수율로 얻어 화합물을 완성한다.

이와 같이 카이랄 중심을 이어진 탄소 가지에 만드는 방법에는 여러 가지가 있지만 가장 좋은 방법 중 하나가 바로 이반스의 옥사졸리딘온 카이랄 보조기(Evans' oxazolidinone chiral auxiliary)이다.

NOTES

Evans' oxazolidinone chiral auxiliary R = Alkyl

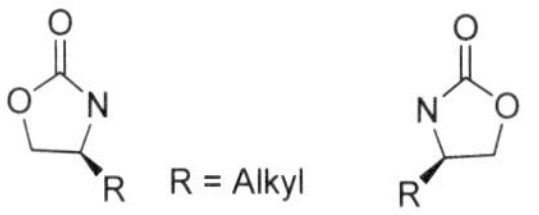

이는 굉장히 싼 가격으로 많은 양을 구입할 수 있으며, 제거가 쉽고 필요에 따라 회수가 가능하여 아주 널리 사용된다. 특히 이 카이랄 양쪽의 이성질체를 모두 얻을 수 있기 때문에 실험실뿐만 아니라 공장에서도 많이 사용되는 카이랄 보조기 물질이다. 이를 이용하여 우리는 비대칭으로 화합물을 합성할 수 있다.

(–)-Pironetin 합성 중간물질

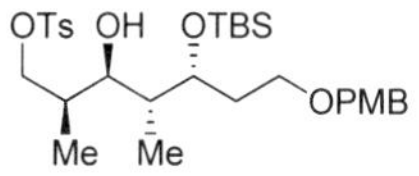

OTs OH OTBS OPMB Me Me

즉 카이랄 옥사졸리딘(chiral oxazolidin-2one)을 보조기로 가진 프로피오네이트(propionate)에서 알파 위치의 수소를 양성자로 떼어 내고, 이 에놀레이트(enolate)를 상응하는 알데하이드와 반응함으로써 새로운 두 개의 입체화학, 즉 알파 위치의 메틸과 베타 위치의 하이드록시가 한 가지 이성질체로 만들어지게 한다. 이로부터 몇 단계의 과정으로 알데하이드를 다시 얻어 동일한 알돌 반응을 한 번 더 수행하여 모두 4개의 새로운 입체 탄소를 비대칭으로 만들어 내고 (–)-Pironetin 합성 중간물을 만들어 내는 방법이다.

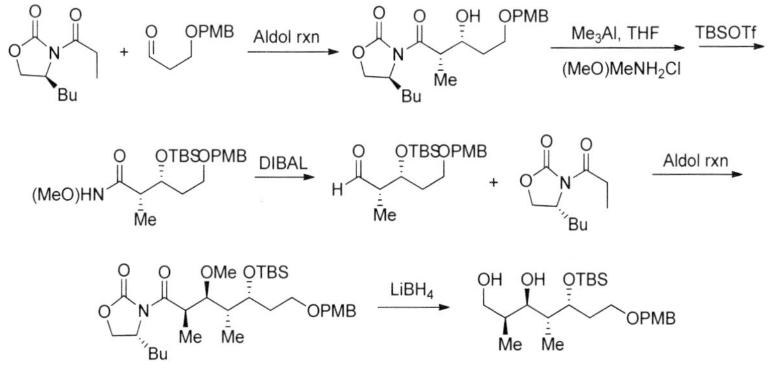

Aldol rxn; Me_3Al, THF, $(MeO)MeNH_2Cl$; TBSOTf; DIBAL; Aldol rxn; $LiBH_4$

NOTES

또 다른 재미있는 합성법 중 Ferrier 재배열을 통한 합성 방법이 알려져 있다. Ferrier 재배열은 탄화수소 화합물의 화학에서 가장 기본이 되는 반응 중 하나이다. 파이란 고리의 알릴릭 아세테이트가 루이스 산에 의해 떨어지면 파이란 고리의 산소와 양이온을 쉽게 만든다. 만들어진 고리는 안정하며, 떨어진 아세테이트의 반대 방향에서 친핵체(이 경우에는 알코올)가 오면서 알릴 그룹이 이동한 화합물을 얻게 된다.

AcO, AcO, OAc — Lewis acid / ROH → [AcO, AcO, HÖR] → AcO, AcO, OR

이 반응을 활용하여 (–)-Pironetin 합성을 진행한 예가 아래와 같이 발표된 바 있다. 우선 (–)-Pironetin의 화살표 결합을 알돌 반응으로 만들어 하이드록시 케톤을 얻는다. 여기서 하이드록시는 극성이 맞는 이성질체로 얻어지고 이 하이드록시 작용기를 메틸화 반응을 하고 케톤을 환원함으로써 목적하는 화합물을 얻게 된다.

i-PrOH / BF_3 → NaOMe → TBDPSCl / imidazole → MsCl → EtMgBr → TBAF → MsCl → 1) NaCN 2) DIBAL → EtMgBr → TPAP → + → Adol Rxn →

TPAP = tetrapropylammonium perruthenate

Me, OH, O, Me, Me, Me — Adol Rxn → → Me, OMe OH, Me Me, Me

(-)-Pironetin

NOTES

위에서부터 우리는 몇 가지의 다른 방법으로 (-)-Pironetin의 비대칭 합성 방법을 살펴보았다. 각 방법이 어떤 장단점을 가졌는지를 살펴보는 것도 아주 좋은 합성 공부가 되리라 생각한다.

이상에서 살펴본 여러 가지의 합성 그리고 그 역합성과 합성 경로의 고려에서 우리는 위에서 보는 바와 같이 어떤 화합물의 합성에서 중요하게 고려되어야 할 점이 있다. 이를 합성의 전략이라고 한다.

예를 들어 반응 단계가 아주 긴, 여러 단계에 걸쳐 만들어져야 하는 물질은 선형 단계 반응(linear sequence of reactions)보다는 수렴 반응(convergent reactions)을 통해 만드는 쪽이 유리하다.

선형 합성의 경우 모든 단계가 80% 수율이더라도, 다섯 단계 합성의 전체 수율은 32.8%에 불과하다. 모든 단계가 50% 수율이라면 전체 수율은 고작 3.1%이다. 수렴 반응의 경우, 모든 단계가 80% 수율이라면 51.2%의 전체 수율이며 모든 단계가 50% 수율이라면 12.5%의 전체 수율이다.

Linear Synthesis

A → B → C → D → E → TM

Convergent Synthesis

A → B → C
X → Y → Z } → TM

선형 합성과 수렴 합성의 예를 식물 곰팡이에서 얻어진 천연물 디플로디아나이드(Diplodialide)의 비대칭 합성을 통해 살펴보도록 하자.

O Me O O

diplodialide A

Natural product isolated from plant pathogenic fungus *Diplodia pinea*

NOTES

Linear synthesis

OH
OTBS
OTBS
O
O
Me

OTBS
OH
OTBS
S S
OTBS
S S

OTBS
S S
O
OH
OTBS
S S
O
OH
O
Me
O
S
S

→ **diplodialide A**

Convergent synthesis

O O
O
$PO(OEt)_2$
+
t-BuOK
THF
O O
O
HO
Me
110 °C
diplodialide A

Me
HO CO_2H
D-Lactic acid
Me
OEE CHO
EE = $CH(CH_3)OEt$

연습문제

1

아래 분자의 역합성(retrosynthesis)을 하고 이를 기반으로 합성(synthesis)을 하시오.

(1)

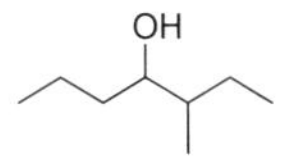

(2)

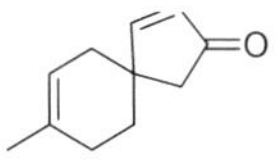

2

아래 화합물 여섯 가지는 괄호 친 화합물을 출발 물질로 해서 만들 수 있다. 만드는 방법을 제시하시오.

(1) Ph Ph O

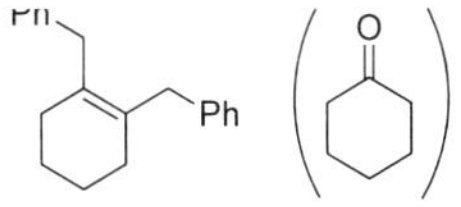

(2)

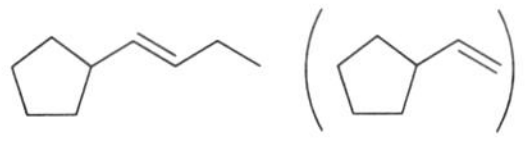

(3) OH OH

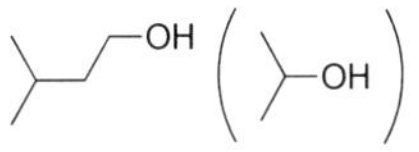

(4) O NH$_2$ OH

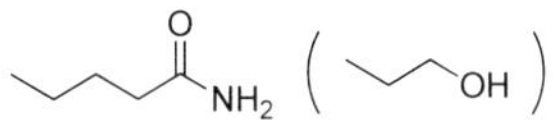

(5) Ph OH O O EtO OEt

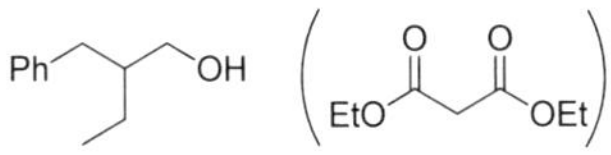

(6) O

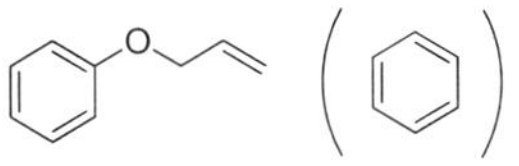

3

괄호에 있는 세 가지 화합물을 출발 물질들로 시작해서 주어진 화합물을 합성하시오(탄소가 표지되어 있음에 유의).

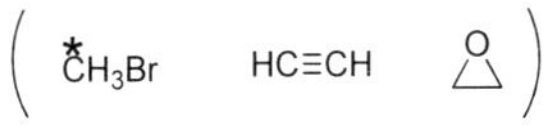

($\overset{*}{C}H_3Br$ HC≡CH O)

(1) $H_3\overset{*}{C}$ O O O

(2) O O *

(3) HO * OTBS

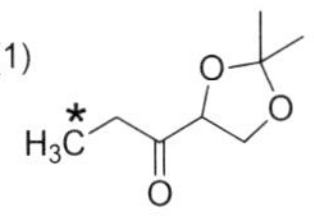

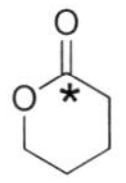

4

다음은 이보가민(Ibogamine)으로 명명된 천연물 알칼로이드(found in Tabernanthe iboga and Crepe Jasmine, *Tabernaemontana divaricata*)로서 아주 우수한 약효(anti- convulsant, anti-addictive, CNS stimulant)를 가진 화합물이다. 이의 합성을 아래의 전략으로 실시했는데 아래의 주어진 역합성 과정을 적절한 출발 물질과 반응물로 합성하는 과정을 알아보시오.

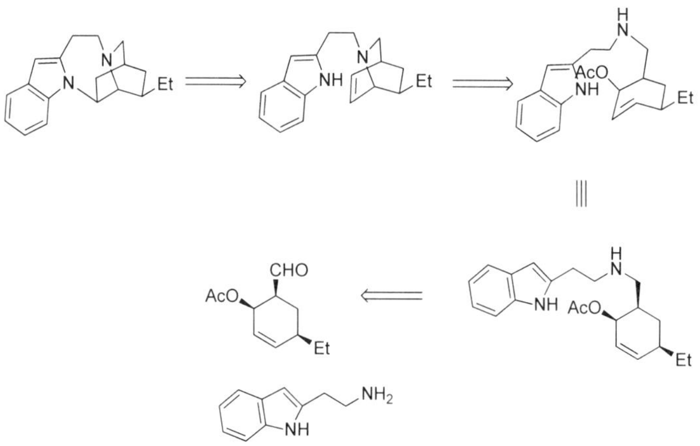

N Et ⟹ NH N Et ⟹ H N AcO NH Et

|||

AcO CHO Et ⟸ H N NH AcO Et

NH NH_2

Chapter 08

환경 친화적인 유기합성

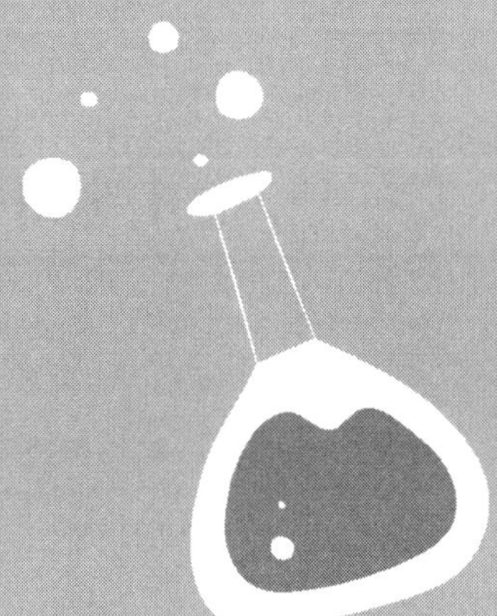

NOTES

우리가 유기화합물을 만들 때, 반응에서 사용하는 모든 출발 물질이 꼭 당량만큼 소요되거나 모든 시료를 100% 사용하거나 수율이 100%가 아니라면 폐기해야 하는 화학 물질이 있을 수밖에 없다. 특히 거의 모든 반응에서 반응을 종식시키고서 후처리를 하게 되면 이 후처리에 소요되는 물이나 추출 용매 등의 폐기물이 생겨나기 마련이다. 이런 화학 반응이 초래하는 환경 문제가 심화됨에 따라 환경 친화적이며 환경피해를 줄이는 방향으로의 합성을 녹색 화학이라는 개념으로 1990년대부터 본격적으로 많은 논의가 이루어지고 있다. 국가 정책적으로 이런 문제를 다루고 있으며, 정밀화학 회사나 제약회사 등에서는 가능한 환경 친화적인 유기 합성을 할 것을 요구받고 있는 실정이다. 녹색 화학은 단순한 폐기물 감소뿐만 아니라 반응에서의 안전문제, 독성을 줄이는 문제, 에너지를 적게 사용해야 하는 문제 등에 이르기까지 확대되고 있다. 공장에서는 이러한 문제의 해결을 위해 끊임없는 관심과 노력이 이루어지고 있으며 이는 각 반응에서 작용기의 변환과 결합 생성 반응 등 모든 합성 관련한 단계에 대해 이루어지고 있다.

제약회사에서는 몇 개의 단계를 거쳐 만들어지는 의약품이, 개발되고 상업화하는 중 그 합성의 경로가 녹색 화학의 범주에 잘 맞도록 부단한 노력을 기울이고 이에 최적화된 제조 공정을 생산에 적용한다.

녹색 화학을 평가하는 여러 가지의 지표들이 개발되고 사용이 되고 있으며 그 각각은 나름의 의미를 가지고 있지만 여기에서는 두 가지만 소개하도록 하겠다.

1. 원자 경제(atom economy, AE)

원자 경제(AE)라는 것은 1991년 Trost 교수에 의해 제안된 요소로서 어떤 분자의 합성에 소요된 분자량에 대해 최종 획득된 분자의 분자량이 얼마나 되는지를 그 비율로 나타낸 것이다. 예를 들어 A가 B와 반응하여 C를 만들고 이 C가 D와 반응하여 E를 만들고 이 E가 F와 반응하여 최종 산물 P를 만

NOTES

든다고 할 때 AE는 다음 식으로 표시할 수 있다.

$$A + B \rightarrow C$$

$$C + D \rightarrow E$$

$$E + F \rightarrow P$$

$$AE = \frac{\text{MW of P}}{\text{MW of A} + \text{MW of B} + \text{MW of D} + \text{MW of F}} \times 100$$

이는 아주 복잡한 분자의 합성에서 얼마나 효율적이며 환경 친화적인가를 직접적으로 가르쳐 줄 수 있는 요소이다. 표 7.1은 산화 반응에서 각 산화제에 따라 얼마의 원자 경제를 가지는가를 비교한 것이다. 이에서 보는 바와 같이 산소 원소에 의한 산화 반응이 기타 다른 원소를 가지는 어떤 산화제보다 유리하며 당량을 사용하는 것보다는 적은 촉매에 의한 반응이 원자 경제 측면에서 유리할 것임은 자명해 보인다.

표 8.1 산화제의 차이에 따른 벤질 알코올 산화에서의 원자 경제(Atom economy, AE)

OH — Oxidant, - 2H → O

oxidant	O_2	NaOCl	CrO_3/H_2SO_4	$(CH_3)_2SO/(COCl)_2$	O, O, I, OAc, AcO, OAc
(AE)% Atom Economy	87	48	44	37	22

2. E 지표(E Factor)

AE는 어떤 화학 변환에서 어떤 물질의 소용량에 대해 얻을 수 있는 산물의 규모를 예측하기는 좋으나 실지로 어떤 화학 반응이 수행될 때 얻어지는

NOTES

산물에 대해 폐기물이 얼마나 나오는 과정을 거치게 되는지를 알 수는 없다. 이에 대한 평가를 위한 지표로 R. Sheldon 교수가 개발한 E 지표(E Factor)가 아주 좋은 가늠자가 될 수 있다. E 지표는 우리가 얻는 화합물에 대비해 이를 얻기 위해 소요된 모든 폐기물을 그 비율로 나타낸 것으로 다음과 같은 식으로 표시할 수 있다.

$$\text{E지표} = \frac{\text{total waste}}{\text{kg of product}}$$

가장 이상적인 E 지표는 0이며 0의 값에 가까울수록 환경에 더 친화적인 공정이라 말할 수 있을 것이다. E 지표를 보면 보통의 화학공장들, 특히 석유화학공장(~0.1) 정밀화학 공장(5 ~ 50) 등과 제약 공장(25 ~ 100)을 비교해 보면 제약 공장이 가지고 있는 E 지표가 상대적으로 아주 큰 편이라 E 지표에 대한 부담이 클 수밖에 없다. 따라서 이를 줄이기 위한 연구가 아주 많이 이루어지고 있는 현실이다.

이러한 E 지표를 좀 더 세분화해서 다음과 같은 지표를 함께 사용하기도 한다.

sEF(simple E factors, excluding solvents and water)

cEF(complete E factors, including solvents and water)

아무튼 최소의 폐기물, 위험 물질이나 독성 물질 피하기, 환경 친화적인 화학 물질, 오염의 최소화, 효율적인 에너지 이용 등 녹색 합성의 관점에서 여러 가지의 노력들을 많이 기울이고 있다. 이를 위해 AE와 E 지표를 잘 활용하여 AE는 100에 가깝게 그리고 E 지표는 0에 수렴하는 아주 작은 숫자가 되도록 해야 한다. 이러한 노력의 일환으로 원료를 재사용하거나 양론적 반응물 대신 가능한 촉매 반응을 이용하고 물에서도 반응이 진행되고 안전하며 선택적인 효소(생물) 과정을 통하게 하거나 반응에서의 단계를 줄일 수 있는 단일 용기(one pot) 반응, 연속 반응(domino-or sequential reactions)을 하

NOTES

게 하는 방법을 개발하고 적용하려는 일련의 연구들이 이루어지고 있다.

다음은 비아그라라는 상품명으로 판매되고 있는 실데나필(Sildenafil)을 화이자(Pfizer) 회사에서 공업적으로 합성을 할 때 환경 문제에 어떻게 접근하였는가를 보았다. Scheme 1 없이 Scheme 2만으로 생산을 한다고 할 때(이때 Scheme 2의 출발 물질로 필요한 피라졸을 구매해서 만든다고 할 때) E, sEF, 그리고 cEF가 각각 6.4, 3.9, 50.3 kg/kg이었다. 여기에 scheme 1을 포함하는 과정 모두를 포함하여 직접 만들었을 때 E, sEF, 그리고 cEF가 각각 13.8, 9.9, 85.5 kg/kg였다(실지로는 피라졸의 구매 비용이 매우 비싸기 때문에 화이자에서 직접 만들었다). 이 예에서 보이는 바와 같이 어떤 공정이 많아지고 그 화학적인 단계가 많아질수록 E 지표는 커지기 마련이다. 웬더 단계 경제(Wender's step economy)에서 단순하게 이야기하는 바와 같이, 환경에 피해를 최소화하고 효과적으로 화합물을 만들어 내려면 반응 단계가 짧을수록 좋은 것은 어쩌면 당연한 일이다.

Scheme 1

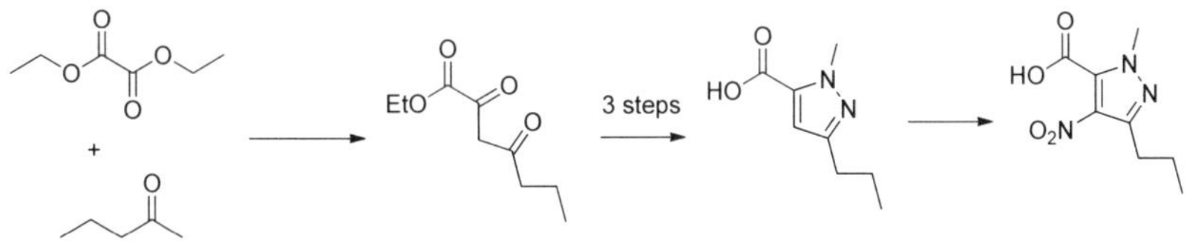

EtO, O, O, 3 steps, HO, N, O_2N

Scheme 2

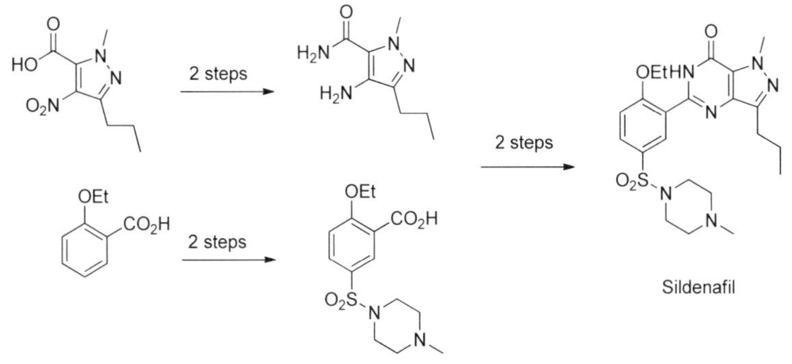

HO, O_2N, N, 2 steps, H_2N, OEt, CO_2H, O_2S, OEtHN, Sildenafil

NOTES

또 다른 한 가지의 예는 주누비아라는 상품명으로 판매되는 당뇨병 치료제 시타글립틴(Sitagliptin)을 개발해서 생산하는 머크 회사의 공정개선 방향에서 찾아볼 수 있다. 처음에는 1세대로 불리는 합성 방법으로 이때의 E 지표는 250이었는데 이것을 2세대 공정에서는 50으로 약 5배가량 줄였으며 3세대에서는 40으로 줄였다.

$H_2PO_4^-$ NH_3^+ O F F F N N N N CF_3

Sitagliptin, Januvia®

anti-diabetic medication used to treat type 2 diabetes

1st Generation by Merck 52% overall yield, E factor, 250)

1) [(*S*)-BinapRuCl$_2$] HBr, H_2 2) NaOH

1) $BnONH_2$ 2) DIAD, PPh_3

Base

EDC

1) H_2, Pd/C 2) H_3PO_4 **Sitagliptin**

2nd Generation by Merck 65% overall yield, E factor, 50)

i-Pr_2NEt, DMAP CH_3CN

$^-Cl^+H_2N$ EDC

NH_4OAc MeOH

[Rh(COD)Cl]$_2$ Josiphos (Chiral Cat.) H_2, MeOH

H_3PO_4 **Sitagliptin**

NOTES

3rd Generation by Merck (73% overall yield, E factor, 40)

이와 같이 실지로 공업적인 생산을 하고 있는 정밀화학 및 제약사들은 비용의 개선과 환경의 피해를 줄이기 위한 노력을 기울이고 있으며 이러한 노력은 앞으로 더 많이 요구되리라 추측한다.

3. 단일 반응기에서의 여러 반응(One-pot multi-component reaction)

One-pot 반응은 다중 반응이라고도 하며, 한 용기에서 여러 가지의 반응물을 주입해서 최종 산물을 얻어내는 반응이다. 다른 말로는 탠덤(Tandem) 반응이라고 하기도 한다. 다음은 그 대표적인 반응의 예로 한 용기에서 다양한 반응 Ugi/Knevengagel/Click Reaction이 함께 일어나 산물을 만든 예를 보여주고 있다.

위의 반응을 이해하기 위한 단일한 반응들은 다음과 같다.

NOTES

Ugi reaction

$$R^1CO_2H + R^2NH_2 + R^3C(=O)R^4 + R^5N\equiv C \longrightarrow R^1C(=O)N(R^2)C(R^3)(R^4)C(=O)NHR^5$$

Knoevengagel Reaction

$$R^1C(=O)R^2 + H_2C(W_1)(W_2) \longrightarrow (W_1)(W_2)C{=}C(R^1)(R^2)$$

W_1 and W_1 = electron withdrawing groups

Click Reaction

$$R^1N_3 + HC\equiv C{-}R^2 \xrightarrow{\text{Cu (I) Cat.}} \text{1-}R^1\text{-4-}R^2\text{-1,2,3-triazole}$$

환경을 생각하는 합성 중에서 보호기 없이 진행하는 합성의 방법은 목적 화합물을 얻는 데 무엇보다 효과적이며 효율적인 합성법이 된다. 앞서 언급한 바와 같이 보호기를 부착하고 이후 탈보호를 진행하는 것은 이미 최소한 두 단계의 화학적인 과정을 동반하게 된다. 더구나 이런 보호기 물질은 그 자체로 폐기해야 하는 바다. 따라서 보호기 없이 진행하는 합성의 방법은 합성에서 아주 중요한 주제 중 하나가 된다. 아래 아트미시닌(artemisinin)은 말라리아 치료 약물로 아주 오랫동안 한방 치료제의 주요 성분으로 분리 합성된 물질이다. 이 물질의 합성은 보호기 없이 복잡한 화합물을 합성하는 좋은 예를 보여준다.

NOTES

보호기 없는 합성
(Protecting-group-free synthesis)

(+)-Artemisinin
antimalarial drug

KOH/H_2O, THF, (5 mol%), (20 mol%), (+)-Artemisinin

4. 생 유기 반응

생 유기 반응(biotransformation)이란 생물체, 살아 있는 생명체 예를 들면 이스트나 다른 미생물들 혹은 식물이나 동물의 세포 전체를 배양해서 얻어낸 세포 또는 효소를 포함하는 다른 생물체 내에서 얻어낸 화학 반응의 매개가 가능한 모든 물질을 포함한다. 이러한 생 유기 반응들은 반응을 일으키는 단위들이 실제로 그 생물체 내(대부분의 경우 상온 상압)에서, 그리고 수용액을 포함하는 친환경적인 용매에서 반응을 잘 매개하는 장점이 있다. 즉, 생 유기 반응은 특별하게 온도를 높이거나 압력을 가할 필요 없이 반응을 잘 매개한다는 것이다. 또한 이들 반응을 매개하는 것들이 아미노산으로 이루어져 있고, 이 아미노산들이 카이랄 중심에서 한 가지의 이성질체만을 가진 것처럼 매개하는 반응도 입체 선택적인 경우가 많다. 아래는 아미노산의 카이랄성을 보여주고 있다. 이들의 펩타이드 결합을 이루고, 화학적인

NOTES

변환을 하게 하는 것이 효소를 포함하는 생체 반응의 주체가 되고 있다. 따라서 이들 생체 분자에 적합한 유기 분자를 접근시키면 생 유기 반응을 일으켜 산물을 얻게 되는데 이 과정이 입체 선택적이고 경우에 따라 거울상 선택적인 산물을 만들기도 한다.

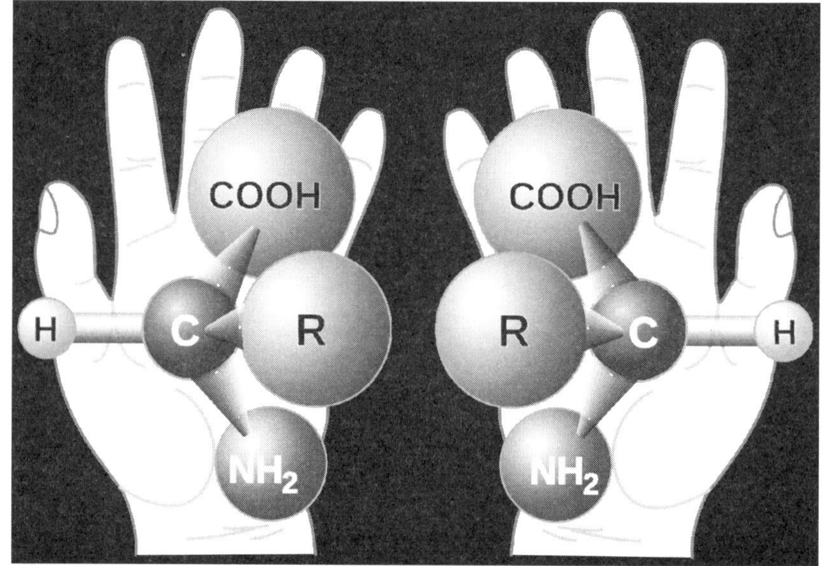

그림 7.1 거울상 이성질체 선택적인 생 유기 반응의 기초가 되는 아미노산의 카이랄성

5. 생물(효소) 산화

유기화합물의 산화에 있어 생물이 가지는 환원의 능력을 이용하는 경우가 있다. 예를 들면 전체 생물체(대부분의 경우 셀을 사용)를 이용하거나, 아니면 생물의 대사에 관련하는 여러 효소 중 환원을 담당하는 효소를 우리 유기화합물의 산화에 차용하는 경우이다. 생물체들은 이들의 삶의 유지를 위하여 일차 혹은 이차 대사와 관련한 많은 종류의 환원 과정을 가지고 있는데 이들 가운데 아주 특별한 경우 이들 대사와는 상관없는 물질이지만 체내로 흡수하거나 효소의 기질로 사용하여 환원 반응을 하기도 한다. 이렇게 생물체 전체를 이용하거나 혹은 효소를 이용하여 특별한 유기화합물의 산

NOTES

화를 유도하는데 많은 경우 이들이 하는 환원 반응은 생물체의 특성상 매우 선택적인 경우가 많다. 가령 어떤 경우 일부의 곁가지만 바뀜으로써 효소 혹은 생물체의 반응이 아주 잘 일어날 수도 있고 잘 일어나지 않을 수도 있으며 잘 일어나는 반응에서의 기질에 해당하는 유기화합물이 화학적 선택성, 자리 선택성 그리고 매우 중요한 입체 선택성까지 보이는 경우가 있다.

예를 들어 meso 알코올 화합물을 특정한 세포에 산화 반응을 하게 하여 이 meso 화합물을 비대칭화하여 한쪽의 알코올을 산화시킴으로써 광학적으로 거의 순수한 카복실산을 얻어내는 것도 가능하다.

Acetobacter pasteurianus DMS 8937

이 밖에 화학적으로 아주 많이 사용하는 Baeyer–Villiger 산화에서도 이 반응을 유도하게 하는 세포를 얻고 반응을 하게 함으로써 비대칭 반응을 할 수 있으며, 기질에 따라 이 반응을 매개하는 모노옥시제이즈(monooxygease)를 잘 활용함으로써 다양한 유기화합물에 대해 입체 선택적으로 케톤(ketone)으로부터 에스터(ester)나 락톤(lactone)을 얻을 수 있다.

Baeyer-Villiger Monooxygease
from engineered E. coli strain
[BL21(DE3)(pMM4)]

다른 매우 유용한 산화 반응 중에는 톨루엔다이옥시제네이즈(toluene dioxygenase, 혹은 단순하게 디옥시제네이즈, dioxygenase)로 알려진 벤젠 고리를 산화하는, 그래서 다이올(diol)을 만드는 반응을 입체 선택적으로 하게 하여 광학적으로 순수한 화합물을 얻을 수 있으며 이 화합물이 가지는 주위의 작용기를 잘 활용함으로써 여러 가지 유용한 물질을 비대칭으로 만드는 출발물질로 사용하기도 한다.

NOTES

Br
toluene dioxygenase
(from *Pseudomonas putida* 39/D)
Br OH OH

6. 생물(효소) 환원

앞서 생물(효소) 산화에서도 본 것처럼 유기화합물에 대한 환원에 있어 생물이 가지는 환원의 능력을 이용하는 경우가 있다. 이 또한 산화와 마찬가지로 기질이 어떤 화합물인지에 따라 매우 민감하며 반응이 일어나는 경우 그 반응은 대체적으로 화학적 선택성, 자리 선택성 입체 선택성을 가지고 있다.

예를 들어 가장 쉽고 싸게 많이 구입할 수 있는 빵 효모(baker's yeast)를 이용하면 케톤을 알코올로 환원할 수 있다. 이때 얻어지는 알코올이 광학적으로 거의 순수하게 얻어지도록 할 수 있다.

O
baker's yeast
OH

뿐만 아니라 이중 결합을 환원하면서 면 선택적인 수소의 첨가를 통해 얻어지는 치환체를 가지는 화합물의 반응도 비대칭으로 거의 순수한 정도(>96%)까지 만들어 낼 수 있다.

OH
baker's yeast
OH

아래의 또 다른 한 예를 보자. BASF에서 개발된 항우울제 듀록시틴(Duloxetine)의 합성에서 카이랄 중심을 *S*로 하나 가진 화합물을 만드는 데 있어 환경 친화적이고 아주 입체 선택적인 뼈대를 만들기 위해 가장 중요한 알코올을 케톤을 환원해서 얻었다. Aromatoleum aromticum이라는 생물체

NOTES

의 EbN1으로부터 얻어낸 케톤환원효소(Ketoreductase)로부터 NADPH를 조효소로 하는 반응을 바탕으로 거의 완벽한 수율과 입체 선택성으로 원하는 화합물을 얻고 이를 실지로 듀록시틴(Duloxetine)을 생산하는 데 활용하였다.

Ketoreductase
EbN1
NADPH
NADP+
2-Butanone
2-Butanol
Duloxetine
Antidepressant

참고로 이때 사용하는 조효소 NADPH는 환원을 매개한 후 NADP+로 바뀐다. 그런데 이때 NADPH 자체를 사용하기에는 양도 매우 제한적이고 또한 고가라 이를 2-뷰틸알코올에서부터 산화하면서 사용된 후 나오는 NADP+를 NADPH로 바꾸는 방법과 짝지어 사용한다.

또 다른 하나의 환원의 예는 효모 균주를 이용하는 반응이다. 효모는 여러 가지의 대사 관련한 화학적 변환을 매개하는데, 이 중에서도 특히 특별한 화합물의 입체 선택적 산화와 환원을 잘 매개하기도 한다. 이러한 효모균의 유기 반응을 잘 이용하여 특정한 화합물의 합성을 효과적으로 할 수 있다. 이 하나의 예가 천연물로 항비만 치료제로 사용되는 립스타틴(lipstatin)의 합성에의 활용이다. 이 화합물이 가지는 한쪽 알코올의 입체 화학을 효모균에 의해 케톤을 비대칭 환원을 하여 얻는다. 그리고 다른 한 부분의 입체 화학은 말산 에스터로부터 얻어 목적하고 있는 립스타틴(lipstatin)의 합성을 완성한다.

Lipstatin
Natural product
Antiobesity

NOTES

Baker's Yeast

OMe OMe OTBSO OMe

TBSO O

Lipstatin

MeO OH O OMe

(*S*)-Malate

7. 생물(효소) 유기 반응

앞서 설명한 바와 같이 생 유기 반응을 일으켜 산물을 주게 되는데 이 과정이 입체 선택적이고 경우에 따라 거울상 선택적인 산물을 만들게 하기도 한다. 이때 여러 가지의 효소 반응을 차용해서 사용할 수 있지만 가장 많이 사용하는 효소가 에스터의 생성이나 이의 가수분해를 매개하는 라이페이스이다. 예를 들면 아래는 현재 진통제로 시판되고 있는 이부프로펜(ibuprofen)의 제조에서 라이페이스에 의해 일어나는 가수분해 반응을 이용한 거울상 이성질체 획득을 보여주고 있다.

CO_2H

Ibuprofen
nonsteroidal anti-inflammatory drug
non-selective COX-2 inhibitor

Candida rugosa
Lipase
Buffer

OH

라셈 혼합체의 메톡시에틸 에스터를 상업적으로 많은 양을 값싸게 얻을 수 있는 Candida rugosa에서 얻어낸 라이페이스를 사용하면 이 효소의 거

NOTES

울상 선택성이 벤질 위치에 *S*의 입체 화학을 가지는 에스터만 반응을 하여 카복실산이 된다. 그 반대의 *R*은 반응을 하지 않게 함으로써 에스터를 그대로 유지하여 한 가지 이성질체만 얻는다. 즉, 라이페이스 효소를 이용하여 라셈 혼합체에서부터 카복실산과 에스터로 각각의 거울상 이성질체를 얻을 수 있으며 이렇게 얻어진 카복실산으로터 이부프로펜을 제조할 수 있다.

CN — Acinetobacter cells in cellulose beads → OH, O

다른 한 가지의 예는 성인의 부분발작 보호제 및 섬유근육통 치료제로 현재 시판되는 프레가바린(pregabalin)의 제조와 관련한 것이다.

CO_2H, NH_2

Pregabalin
Management of neuropathic pain and epilepsy

우선 이 화합물이 최초 개발되고서 화학적인 방법으로 이 의약품 제조 공정이 개발되었다. 그중 한 가지가 산물을 라셈 혼합체로 얻고서 (S)-만델산(mandelic acid)으로 광학 분리를 하는 방법이었다. 이렇게 라셈 혼합체를 광학 분리하여 한 가지의 거울상 이성질체를 얻는 것은 그 수율이 50%를 넘을 수 없고 대부분의 경우 나머지 50%는 폐기해야 하는 문제를 가지고 있다.

Chemical method I (Resolution)

CO_2Et, CO_2Et, CN — 1) KOH Δ, 2) H_2/Ni → CO_2H, NH_2 — (*S*)-Mandelic acid → CO_2H, NH_2

99% ee
25-29% yield

이러한 문제를 해결했던 방법이 이반스(Evans)의 카이랄한 옥사졸리딘온을 부착한 출발 물질을 입체 선택적으로 알킬화하고 그다음 옥사졸리딘

NOTES

온을 떼어 내고 환원하며 종국에는 그 탄소가 하이드록시 작용기에서부터 아민을 만들어 프레가바린(pregabalin)을 제조하는 것이었다. 이 방법은 반응의 입체 선택성이 우수하고 각 반응의 수율이 좋음에도 불구하고 옥사졸리딘온을 버리지 않으려면 이를 회수해야 한다는 단점과 환원과 얻어지는 알코올을 아민으로 바꾸어야 한다는 제한을 가지고 있다.

Chemical method II (Chiral Auxiliary)

1) $SOCl_2$ 2) LiN, O, O LDA Br, OBn, O BnO_2C N O O O

1) LiOH, H_2O_2 2) Na_2SO_3, $NaHSO_3$ 3) BH_3SMe_2 CO_2Bn OH 1) TsCl pyridine 2) NaN_3, DMSO CO_2Bn N_3 H_2, Pd/C Pregabalin

이러한 화학적 방법과는 달리 효소를 이용하는 방법은 앞선 예에서도 본 것처럼 아주 훌륭한 장점을 가지고 있다. 우선 그 방법 중 하나는 아래에서 보는 바와 같이 2-사이아노메틸말로네이트[diethyl 2-(1-cyano-3-methyl butyl) malonate]를 가지고 있는 기질을 만들고 이를 라이페이스를 사용하여 한쪽의 에스터를 카복실산으로 만들어 이를 탈카복실화한다. 또 원래의 사이아노 그룹은 아미노 메틸로 만들어 산물을 제조한다. 이 방법은 다른 라이페이스를 사용할 때와 마찬가지로 입체 중심의 탄소는 50%만 가수분해 반응이 일어나고 나머지 50%는 출발 물질 그대로 남아 있다. 그러나 사이아노 그룹의 알파 탄소의 수소가 산도가 큰 관계로 염기에 의해 그 입체 화학이 다시금 라셈 혼합물로 바뀔 수 있다. 이 바꾸어진 기질을 출발 물질에 다시 합쳐서 사용할 수 있게 됨으로써 비롯한 라이페이스 반응의 수율이 최고로 50%를 상회할 수 없는 문제점을 극복할 수 있는 공정으로 개발되었다.

NOTES

Enzymatic method I

CO_2Et / CO_2Et / CN — Lipase → CO_2Et / CO_2H / CN → CO_2H / NH_2 99% ee 45% yield

NaOEt, Toluene 80 °C, 16h ← CO_2Et / CO_2Et / CN

또 다른 한 가지의 방법은 라이페이스를 사용하여 출발 물질을 비대칭화(desymmerization)시킴으로써, 즉 동일한 에스터를 같은 위치에 존재하는 대칭의 분자를 출발 물질로 라이페이스와 반응을 하게 되면 라이페이스는 이 두 에스터를 구분하여 한쪽의 에스터만을 가수분해하여 카복실산과 에스터 작용기를 각각 가지는 산물을 얻게 된다. 이 산물의 한쪽 이 경우에는 에스터를 호프만 전이(Hofmann rearrangement)를 시켜 아민을 도입하게 되면 원하는 프레가바린을 좋은 수율로 얻을 수 있게 된다. 이 반응의 큰 장점은 라이페이스를 사용하여 출발 물질을 비대칭화(desymmerization) 시킴으로써 그 출발 물질을 모두 활용할 수 있는 광학적으로 순수한 화합물을 수율 100%까지 얻을 수 있다는 점이다.

Enzymatic method II

CO_2Allyl / CO_2Allyl — CAL-B, Buffer, pH = 7 → CO_2Allyl / CO_2H — Mg_3N_2 → $CONH_2$ / CO_2H

Hofmann Rearrangement → Pregabalin

8. 유기촉매 반응

화학의 교재에 많이 등장하는 '촉매'는 어려운, 혹은 매우 격한 조건의 반응을 손쉽고 좀 더 부드러운 조건에서 진행이 되도록 하는 역할을 하는 물

NOTES

질이다. 이러한 촉매로는 지금까지 주로 직접적으로 사용하는 금속이나 금속을 포함하는 물질이 사용되었지만 이러한 촉매 역할을 하는 유기 분자를 발견하고 특히 이들 유기촉매에 일정한 카이랄성을 줌으로써 비대칭 반응을 유도하게 하는 방향으로 유기촉매의 개발이 이루어졌다. 특히 초창기 이들 촉매의 개발과 이용에 큰 공헌을 한 독일의 베냐민 리스트(Benjamin List) 교수, 그리고 미국의 데이비드 맥밀런(David W.C. MacMillan) 교수가 그 공로로 2021년 노벨 화학상의 주인공이 되었다.

2021년 노벨상, 유기촉매 반응 공로, David W.C. MacMillan과 Benjamin List
(출처: North Lanarkshire Concil, OGL 3, Wikimedia Commons/Raimond Spekking, Wikimedia Commons)

유기촉매를 이용한 몇 가지 중요한 반응은 대표적으로 알돌 반응을 들 수 있다. 이 반응과 유사하게 로빈슨 고리화 반응 그리고 한쪽 끝에 알데하이드를 가지는 고리 첨가 반응 등에서도 유기촉매 반응이 개발되고 많이 활용되고 있다.

아래는 아세톤(aceone)과 벤즈알데하이드(p-nitrobenzaldehyde)와의 알돌 반응(aldol reaction)에서 프롤린(proline)이 그 촉매 역할을 하며 프롤린의 입체 화학이 이 반응의 산물의 거울상 선택성을 결정하는 예를 보여주고 있다.

NOTES

Aldol reaction

(Proline, 30 mol%)
DMSO
78% ee

그리고 이 알돌 반응이 거울상 선택적으로 일어나는 이유는 바로 프롤린의 질소와 함께 케톤과의 이미늄 형태를 거처 엔아민 형태로 일정한 입체구조를 만들고 이로부터 카복실산이 리드하는 알데하이드가 일정 방향으로 첨가됨으로써 일어난다.

다음은 로빈슨 고리화 반응에서 마찬가지로 프롤린이 그 촉매 역할을 하고서 얻어지는 고리 화합물을 거울상 선택적인 반응으로 유도하는 예를 보여주고 있다.

Robinson annulation

(Proline, 3 mol%))
DME
TsOH
- H_2O
93% ee

다른 한 가지 예는 맥밀란 교수가 개발한 유기촉매를 사용하여 딜스-알더 반응을 거울상 선택적으로 유도한 반응이다.

Cycloaddition

MeOH

이러한 반응들은 유기촉매가 아민의 유도체로서(예를 들면 프롤린 유도체나 Macmillan Imidazolidinone 유기촉매) 반응하는 물질의 카보닐 작용기와 이미늄(iminium) 이온의 중간체 성격을 가지게 하여 반응의 에너지를 낮추고 또한 이 이미늄의 환경을 비대칭으로 만들어 반응 산물도 비대칭이 되도록 하

NOTES

는 근본적인 성격을 가지고 있다. 따라서 맥밀란 교수가 만든 유기촉매를, 아주 다양한 반응에 활용하는 예를 어렵지 않게 찾아볼 수 있다.

아래는 프롤린을 그 유기촉매로 사용하는 비대칭 알돌 반응을 거쳐 최종적으로 트리코스타틴(trichostatin)이라는 항암제의 의약품 개발과 관련한 물질을 만드는 예를 보여주고 있다. 여기에서 가장 중요한 부분은 메틸과 하이드록시가 가지는 두 개의 카이랄 중심을 어떻게 거울상 선택적으로 만들 것인가 하는 것이다. 이를 프롤린 유기촉매를 이용한 알돌 반응을 통해 아주 선택적으로 합성을 수행하였다.

Trichostatin A
inhibitor of histone deacetylase

(Proline, 20 mol%)
DMF
$Ph_3P=CH(Me)CO_2Me$
DIBAL-H
MnO_2
$(EtO)_2POCH_2CO_2Et$
NaH
H_2
Lindar Cat.
HCHO
$NaBH(OAc)_2$
NH_2OH
KOH
MeOH
DDQ
Trichostatin A

또 다른 한 가지의 예는 앞서 유기촉매를 사용하여 만들어진 5,6-바이사이클 화합물을 그 좋은 출발점으로 푼탁틴(punctatin) A라는 세스퀴터펜 천연물을 합성한 예이다. 이는 바이사이클릭 고리에서 유기촉매 반응을 통해 단일 이성질체를 얻고 이를 이용하여 탄소 15개의 터펜 화합물을 합성한 최초의 예이다.

NOTES

Punctatin A
sesquiterpene
bioactive natural product

1) $LiAlH(Ot\text{-}Bu)_3$
2) $TMSCH_2CH_2OCH_2Cl$

CH_3SOCH_2Na
$(CH_3)_2CHCH_2I$, DMSO

1) $LiAlH_4$
2) $ICH_2Sn(n\text{-}Bu)_3$

n-BuLi

1) CH_3OCH_2Cl
2) BH_3 THF

PCC

NaOMe
MeOH

$h\nu$, 253.7 nm

1) $(n\text{-}Bu)_4NF$
2) PCC

1) $TMSCH_2CO_2Me$, $(n\text{-}Bu)_4NF$
2) $Pd(OAc)_2$

1) $NaBH_4$, $CeCl_3$
2) $(NCO_2C_2H_5)_2$, PPh_3

H^+ → **Punctatin A**

다음의 예는 히수틴(Hirsutene)이라는 15개의 탄소로 이루어진 세스퀴터펜 천연물을 합성한 예이다. 이 화합물의 합성은 프롤린 유도체로서 4번 탄소에 플루오린을 (4*R*) 입체 화학을 가지는 카이랄 촉매를 사용한다. 8원자 고리의 1,4-다이카보닐의 화합물의 고리 수축 반응을 매개하여 5,5-바이사이클릭 화합물을 만들고 이것이 타깃 분자의 뼈대가 된다. 유기촉매를 활용하는 멋진 반응이다.

(+)-Hirsutene
Natural sesquiterpene

NOTES

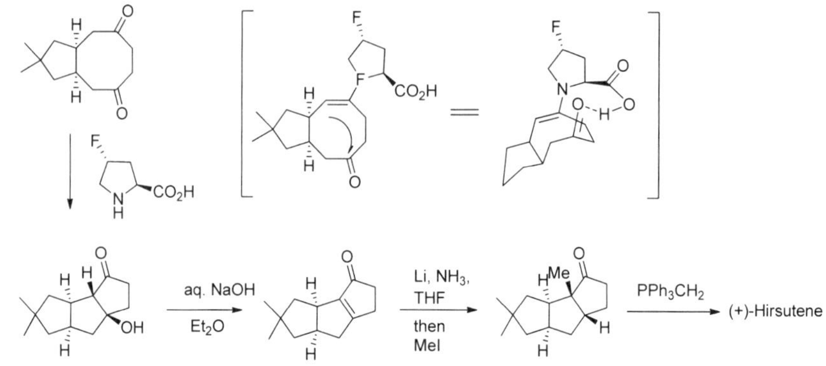

aq. NaOH, Et_2O / Li, NH_3, THF then MeI / PPh_3CH_2 → (+)-Hirsutene

다음은 유기촉매를 사용하여 아주 훌륭하게 합성을 한 조류독감 치료제 및 일반적인 독감약으로 개발 및 판매되고 있는 오셀타미비르(Oseltamivir)라 명명된 화합물의 합성에 대한 예이다. 페닐을 두 개 가지고 하이드록시는 TMS가 부착된 프롤린 유도체를 유기촉매로 사용하여 마이클 첨가 반응을 유도한다. 얻어지는 알테하이드를 비티히(Wittig) 반응을 시키고 이어 싸이올을 첨가하고 고리화하여 육원자 고리 화합물을 전체적으로 아주 좋은 수율로 만들고 작용기 변환을 통해 최종적으로 목적하는 화합물을 합성한다.

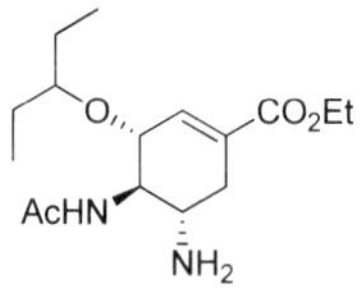

Oseltamivir (Tamiflu®)

Oseltamivir is an antiviral medication used to treat and prevent influenza A and influenza B

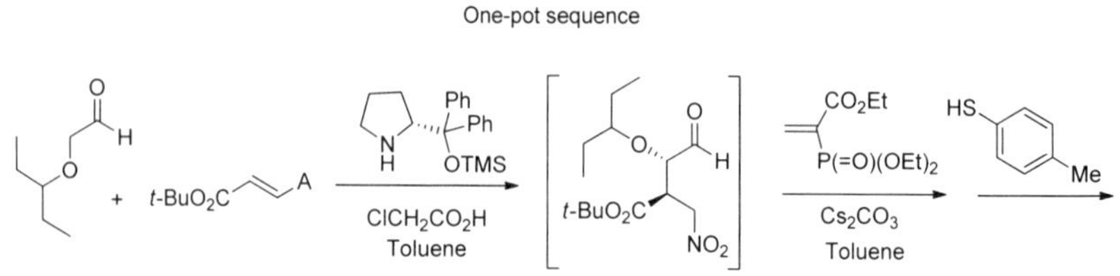

One-pot sequence

$ClCH_2CO_2H$, Toluene / Cs_2CO_3, Toluene

NOTES

TFA → $COCl_2$ → NaN_3 →

5−reaction one pot sequence, 70%

3−reaction one pot sequence

AcOH / Ac_2O → Zn, TMSCl → K_2CO_3 →

3−reaction one pot sequence

오셀타미비르라 명명된 이 화합물은 한때 조류독감이 심할 때 많은 나라의 많은 제약사들과 훌륭한 많은 유기 화학자가 합성을 시도한 덕에 다양한 합성 경로가 개발되었다. 이 화합물을 여러 다양한 출발 물질로부터 합성하는 경로와 그 방법을 공부하는 것도 합성에서의 좋은 자료가 되리라 생각한다.

연습문제

1

다음과 같이 프롤린을 촉매로 하여 반응을 시키면 96% ee의 높은 입체 선택성을 가지고 있는 마이클 반응물을 높은 수율(86%)로 얻었다. 이를 얻게 되는 과정의 전이 상태를 생각하고 비대칭 반응물을 설명하시오.

(S)-Proline (5 mol%), $CHCl_3$

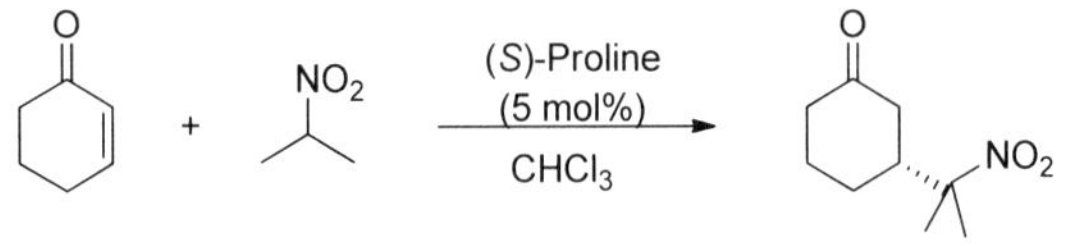

2

다음과 같이 맥밀란 촉매를 촉매로 하여 반응을 시켜서 높은 수율과 입체 선택성을 가지고 있는 딜스-알더 반응물을 얻었다. 이를 얻게 되는 과정의 전이 상태를 생각하고 비대칭 반응물을 설명하시오.

MacMillan Catalyst

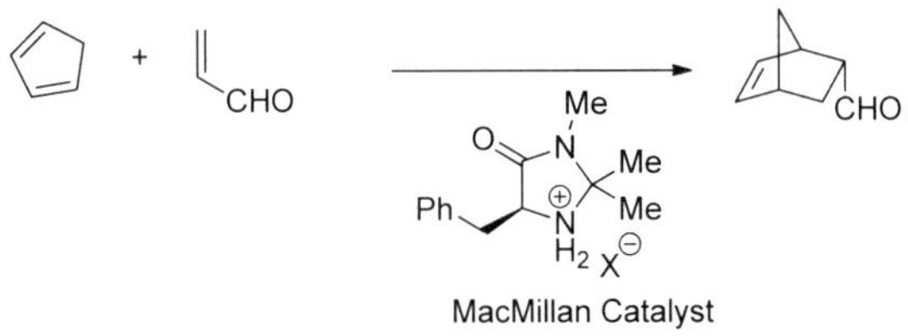

3

아래의 아트로바스타틴(atorvastatin)은 리피토(Lipitor®)라는 상품명으로 판매되는 고혈압 치료제이다. 이들은 바로 그 옆에 그려져 있는 아미노다이하이드록시산의 가지로부터 피롤리딘을 합성하여 만들어진다. 이 곁가지는 효소(enzyme)를 이용한 입체 선택적인 반응으로부터 만들 수 있다. 이러한 반응을 매개하는 효소(enzyme)는 어떤 종류의 효소인가를 두 경우에 대해 살펴보시오.

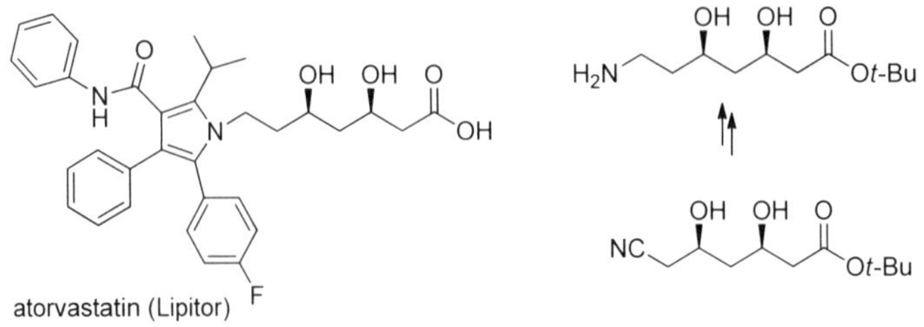

atorvastatin (Lipitor)

(1)

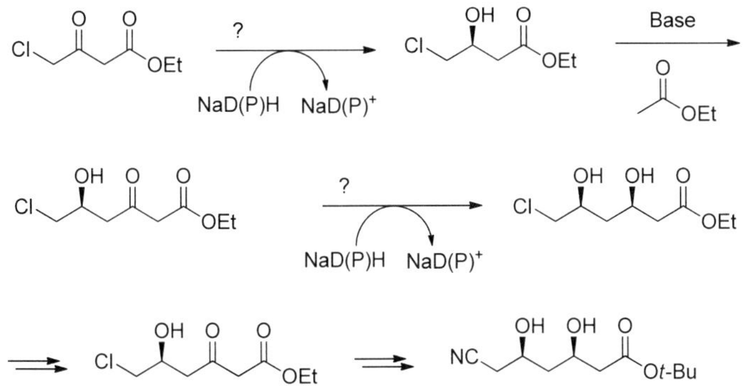

(2)

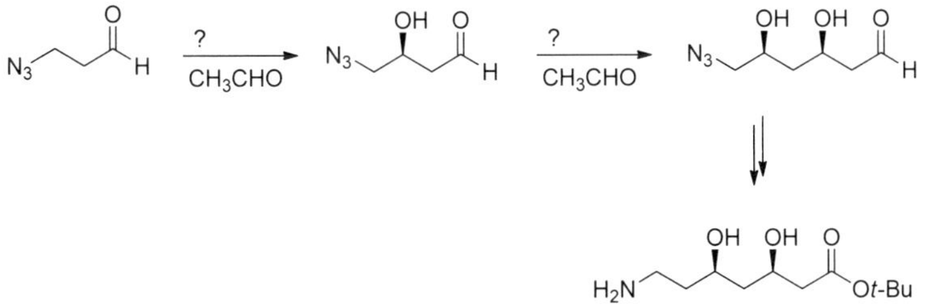

(3) 다른 가능한 효소를 사용하여 화합물을 만드는 방법을 생각해 보시오.

Chapter 09

흐름 기술 유기 합성

(Flow Technology for the synthesis)

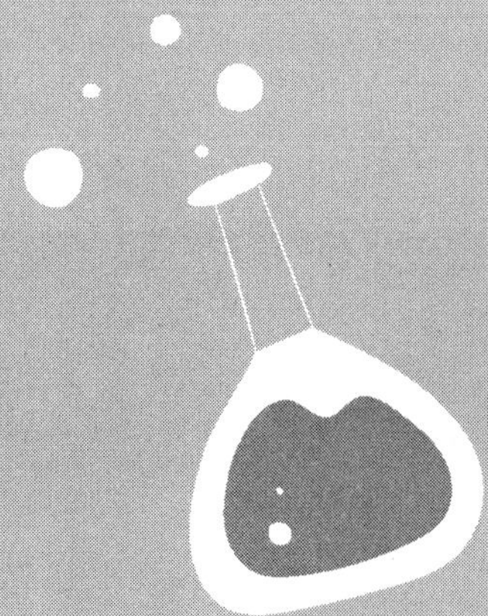

NOTES

수십 년을 걸쳐 지금까지 유기화합물의 합성은 실험실에서는 작은 혹은 적당한 크기의 플라스크 등 유리기구를 통해 실시하였다. 또한 공장에서는 스테인레스로 된 것이나 유리로 이루어진 큰 반응 용기에서 일정한 때 일정한 양의 출발 물질과 반응물 등을 반응 용기에 주입함으로써 반응을 실시하였으며, 반응이 끝나고서는 고체 상태로 혹은 용액 추출 방법으로 반응 산물을 얻고 필요한 경우 다양한 방법으로 정제를 하였다.

이런 고전적인 방법이 최근 들어서는 흐름 기술 유기 합성(flow technology for the synthesis)의 등장으로 바뀌고 이의 장점이 십분 발휘되는 경향을 보이고 있다. 우선 지금까지 해온 일괄 반응기(batch reactor)를 사용하는 문제점들, 예를 들면 고정화 혹은 고정비율로 된 출발 물질, 반응물, 반응 용매 등의 한계를 극복하고 필요한 경우에 따라 순차적으로 이들 반응에 관계하는 물질을 내보낼 수 있는 장점을 가지게 되었다. 튜브 등을 통해 출발 물질이 필요한 자리에서 반응물과 반응하게 하고 이들을 이동시켜 또 다시 필요한 지점으로 가게 하는 등의 흐름 기술 유기 합성은 일괄 반응기에서 나타나는 여러 물질의 농도 변화, 특히 산물과 남은 여러 물질들과 공존함으로써 생기는 문제를 줄여줄 수 있는 장점을 가지고 있다. 특히 어떤 고체 반응물이나 촉매 등의 활용을 이들을 채운 일종의 팩을 통하게 함으로써 전체적으로 조절된 반응이 가능하게 한다. 또한 이러한 장점은 일괄 반응기 사용 후 세척해야 하는 번거로움도 피할 수 있다. 이 밖에도 다루기 어려운 물질을 반응에 이용하기에 그 위험성을 줄이거나 아예 원천적으로 막아낼 수 있으며 온도의 조절이 용이해서 재현성을 유지할 수 있기도 하다.

따라서 최근에는 간단한 반응에서부터 다소 복잡한 반응에 이르기까지 여러 반응에 이런 흐름 기술 유기 합성의 방법이 많이 활용되고 있다. 이 밖에도 일괄 반응기 합성에 비해 생산 원가를 줄이고 환경의 문제도 줄일 수 있는 관계로 정밀화학회사나 제약회사에서 필요한 물질을 공업적으로 만들어 내는 방법으로도 아주 잘 활용되고 있다.

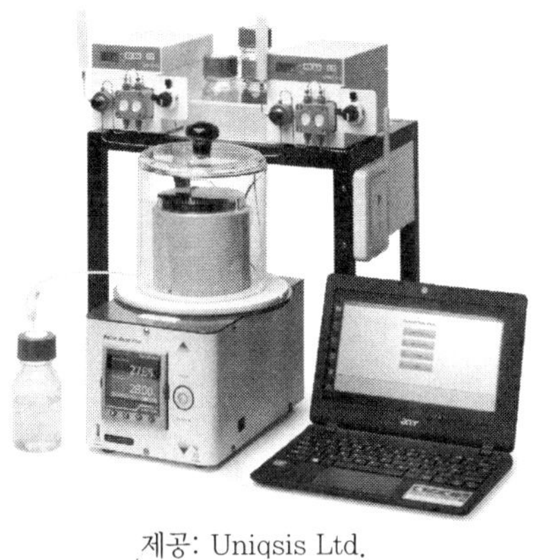

제공: Uniqsis Ltd.

위의 사진은 공업적으로 잘 만들어서 상업적으로 판매되고 있는 흐름 기술 유기 합성 장치와 이들이 연결된 모습이다. 이들을 실험실에서 혹은 화합물의 파일럿 장치로 활용될 수 있다. 그리고 그림 8.1은 이러한 합성 장치를 사용하여 합성을 할 때의 관계되는 여러 가지 장치의 표식을 나타내고 있다.

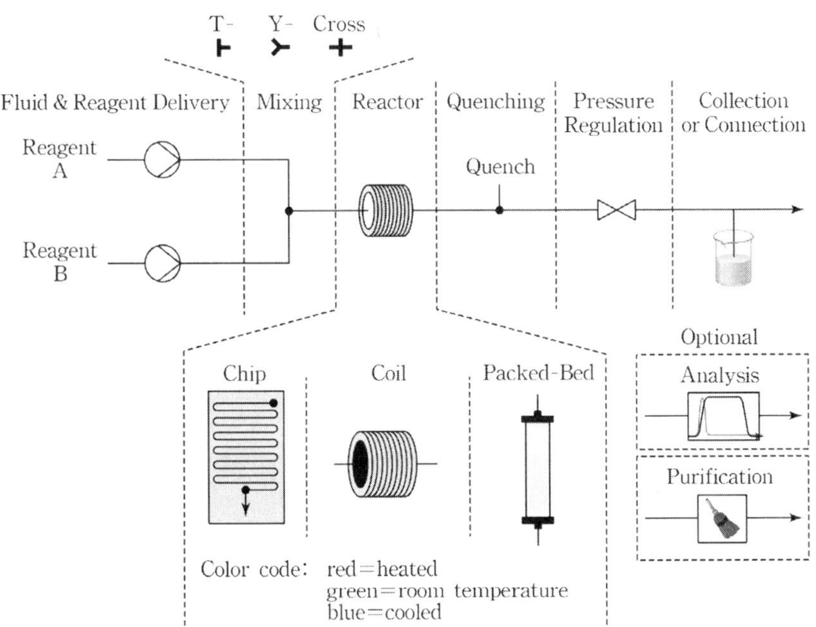

그림 8.1 흐름 기술 유기 합성에 사용하는 여러 가지 장치와 그 표식

NOTES

이러한 연속 흐름 유기 합성은 반응 용기를 이용하는 batch 반응과 비교해서 여러 훌륭한 장점들을 가지고 있으며 이는 실험실에서의 합성뿐만 아니라 실질적으로 의약품 중간체 등의 생산에도 활용하고 있다. 약품 생산과 관련한 한 가지의 예는 당뇨병 약[antidiabetic or antihyperglycemic (anti-diabetic drug) agent]의 일종인 갈버스(Galvus)라는 상품명으로 판매되고 있는 빌다그립틴(Vildagliptin) 합성에도 활용되고 있다.

Vildagliptin

이 화합물의 뼈대 2-사이아노-1-1-클로로아세틸피롤리딘 합성의 예를 다음에서 보여주고 있다(*Org. Process Res. Dev.* 2015, *19*, 551-554).

Vilsmeier reagent

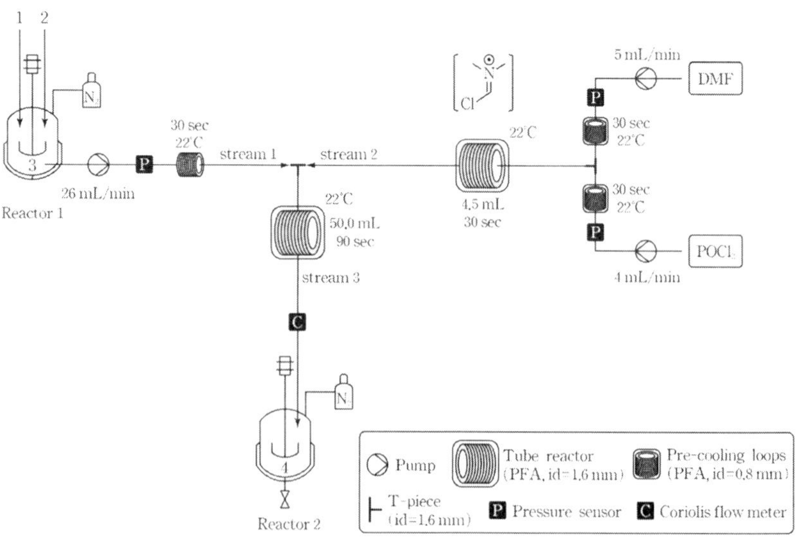

NOTES

이 밖에도 여러 예들이 발표되고 있으며 이러한 연속 흐름 유기 합성은 큰 폭으로 연구되고 활용되고 있기도 하다.

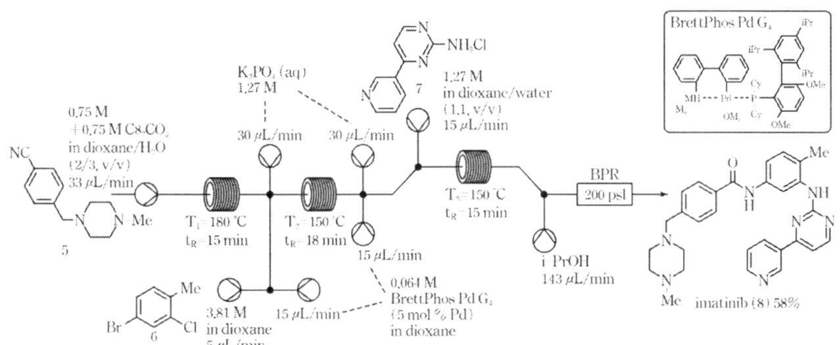

연구자들이 고안하고 사용한 만성 골수성 백혈병 치료제인 이마티니브(Imatinib 상품명, Gleevec, 글리백)를 *N*–사이아노메틸 *N*–메틸 몰포린에서부터 흐름 기술 유기 합성를 통해 만드는 장치 구성과 각 단계 반응에서 얻는 물질을 위의 과정에서 보여주고 있다(*Org. Lett.*, 2019, *21*, 6112–6116).

Chapter 10

전합성의 예제

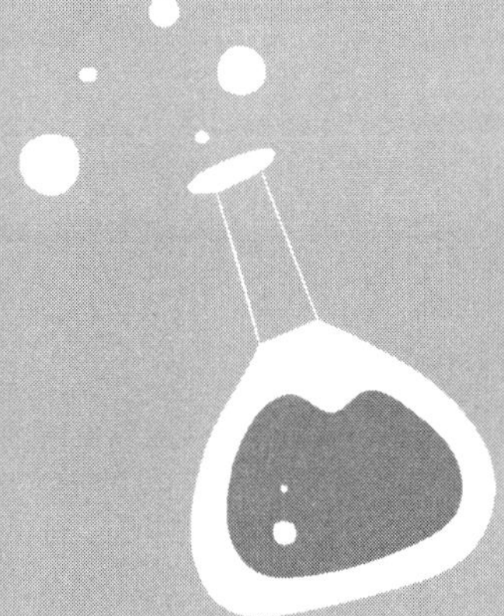

NOTES

이 장은 논문으로 발표된 몇몇 화합물의 전합성에 대해 기술하고 있다. 앞서 배운 역합성을 기초로 어떻게 화합물을 가능한 출발 물질로부터 만들 것인가를 찾아 나가고, 그런 후 작용기 변환 및 결합 생성 화학적인 변환을 어떻게 할 것인가를 찾아 나서는 방향으로 기술했다. 앞서 공부하지 않았거나 다소의 불분명한 부분에 대해서는 따로 참고할 만한 반응으로 별도의 설명을 곁들였다.

많은 경우 합성하고자 하는 화합물의 완성을 위해 좋은 반응을 개발하거나 기존 개발된 반응을 잘 활용하여 전합성을 이루어 냈다. 따라서 이들 화합물을 어떻게 만들었는가를 차근차근 살펴보면 어느새 화합물의 변환에 대한 단계별 반응 과정을 알게 되며 전합성에 대한 이해의 폭이 넓어질 것이다. 그리고 각 화합물의 합성에 대한 논문도 제시하고 있으므로, 미진한 부분이나 궁금한 사항은 제시된 논문을 찾아 살펴보면 훨씬 더 자세한 내용을 알 수 있을 것이다.

NOTES

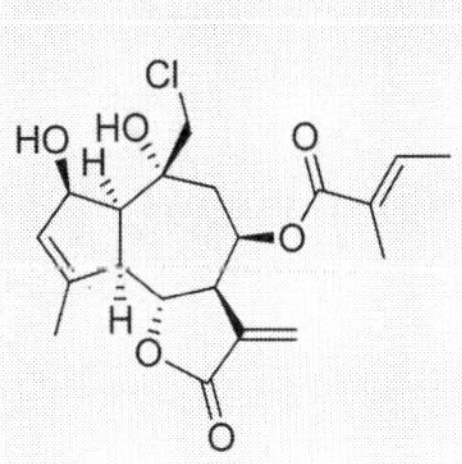

Eupalinilide E

Org. Lett. 2022, *24*, 4745−4749

[역합성]

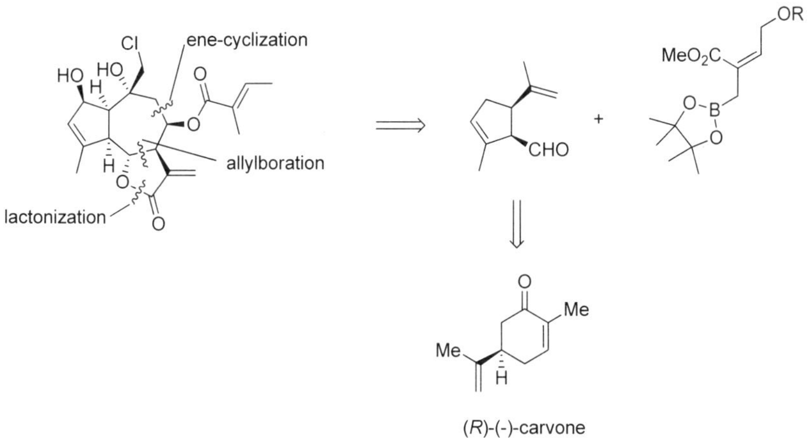

ene-cyclization

allylboration

lactonization

(*R*)-(-)-carvone

▸ 참고할 반응: Favorskii rearrangement reaction

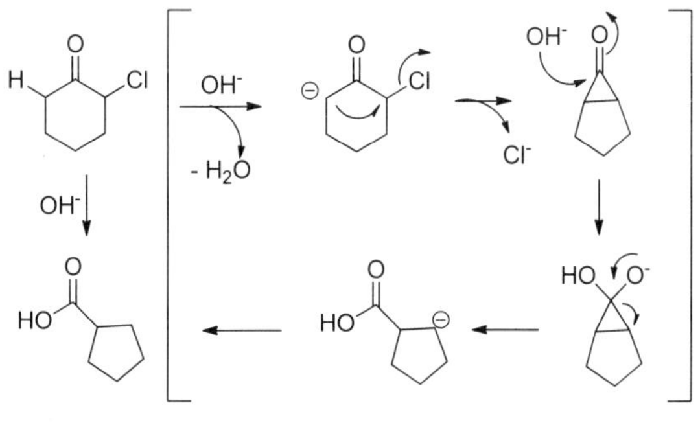

NOTES

▸ 참고할 반응: Ene reaction

ene

enophile

X, Y = C, O, N, etc.

[합성]

$30\%\ H_2O_2$

LiCl, TFA

TsCl

(R)-(-)-carvone

NaOMe

MeOH

1) $LiAlH_4$

2) DMP

DMP = Dess Martin periodinane

n-BuLi

$ClCO_2Me$

DIBAL-H

CF_3CH_2OH

DMP

CrO_3

3,5-DMP

$NaBH_4$

1) Al(Os-Bu$_3$)

TBHP

2) LiCl, HCl

TBHP = t-Butyl hydroperoxide

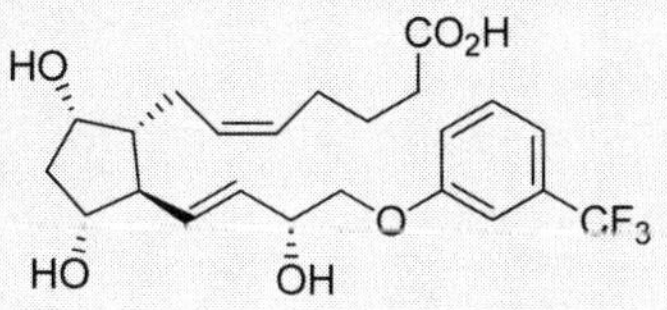

NOTES

Fluprostenol

Nature Chem. 2021, *13*, 692

[역합성]

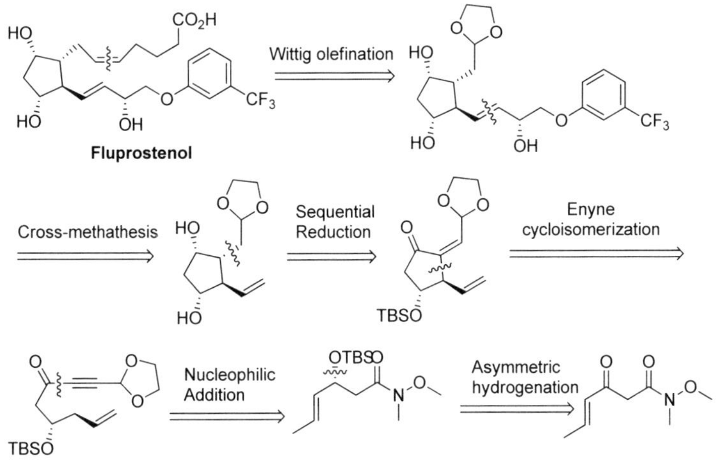

Fluprostenol

Wittig olefination

Cross-methathesis

Sequential Reduction

Enyne cycloisomerization

Nucleophilic Addition

Asymmetric hydrogenation

▶ 참고할 반응: Enyne cycloisomerization

Rh(I)

Reductive Elimination

Oxidative coupling

Beta-hydride elimination

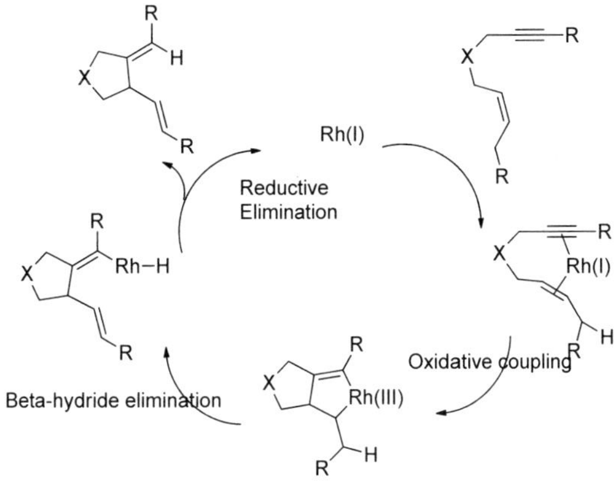

NOTES

[합성]

(i) $[Ir(COD)Cl]_2$/**L1**, H_2
then TBSCl
70%, 94% e.e.

OTBS O

(ii) *n*-BuLi **19**
96%

OTBS O

(iii) $[Rh(COD)Cl]_2$
(*S*)-BINAP, $AgSbF_6$
85%, 98% e.e.
d.r. > 20:1

TBSO

(iv) $Pd(PPh_3)_4$, Ph_2SiH_2
then $LiBHEt_3$
then 1.0 N HCl
or
(v) $Pd(PPh_3)_4$, Ph_2SiH_2
then $LiBHEt_3$
then TBAF

OH
TBSO
or
HO
HO

HO X

K_2CO_3, 2-butanone

$Me_3S^+I^-$,*n*-BuLi

OH

HO
HO

OH **38** CF_3

Hoveyda-Grubbs
2nd catalyst

HO
HO
OH CF_3

1.0 N HCl
KO^tBu
$BrPh_3P$ CO_2H

CO_2R
HO
HO
OH CF_3
R =H

2-iodopropane
Cs_2CO_3
H^+O
TM

L1 (*Sc*, *Sc*, *RFc*)f-amphox

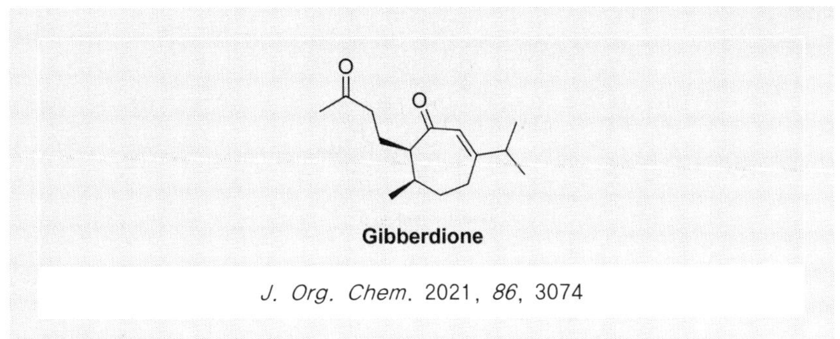
Gibberdione

J. Org. Chem. 2021, *86*, 3074

[역합성]

Deallyloxycarbonylation

Addition of MVK

Ketone a- Alkylation

Silylation

Intramolecular HWE reaction

HWE reaction

R-(+)-pulegone

[합성]

R-(+)-pulegone

1. $(CH_3O)_2P(O)CH_2Li$, THF, -78°C
2. 10 mol% $Ce(OTf)_3$, *i*-PrOH, 80°C

1. LiOH, H_2O, dioxane
2. $Cl_2(CO)_2$, DMF
3. CF_3CH_2OH, Et_3N

1. O_3, DMS
2. K_2CO_3, THF/H_2O

1. $H_2C{=}PPh_3$, THF
2. H_2, $ClRh(PPh_3)_3$

LDA, THF, -78°C; allyl cyanoformate, -78°C - rt

MVK, K_2CO_3, acetone

cat. $Pd(OAc)_2$, PPh_3, Et_3N

NOTES

lamellodysidine A

Org. Lett. 2022, *24*, 921

[역합성]

lamellodysidine A

oxidation

intramolecular Diels-Alder reaction

elimination isomerization

Wittig reaction

[합성]

LDA, HMPA, THF
-78 to -40 °C, 40 min
then Br⌒CO_2t-Bu
-40 °C to -30 °C

MeLi
THF, -78 °C
1h, 90%

LAH
THF, 0 °C to rt
4.5 h

IBX, DMSO
rt, 50min
THF, reflux, 1.5h
90% (3 steps)
E/*Z*=24:1

$RhCl(PPh_3)_3$ cat.
Et_3SiH
Toluene, 70 °C
2h

Ac_2O
TsOH H_2O
toluene, reflux
16h
70% (2 steps)

KOH aq, *t*-BuOH/H2O
85 °C, 75 min;
concentration;
IBX, DMSO
rt, 5.5 h, 77%
>33/1 dr

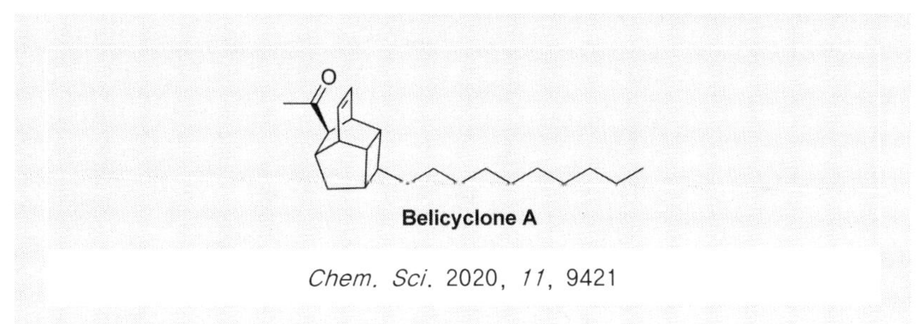
Belicyclone A

Chem. Sci. 2020, *11*, 9421

[역합성]

H_3C … Intramolecular Diels-Alder ⟹ H_3C … 6π-electrocyclization ⟹ … Gilman reaction ⟹ … Epoxidation

▶ 참고할 반응: 6π –Electrocyclization

CH_3 / CH_3 — thermal conditons Δ ⇌ CH_3 / CH_3 ⇌ photochemical conditons hν — CH_3 / CH_3

[합성]

m-CPBA, DCM, rt, 71%

[Cu] … MgBr, CuCN, THF, -18 °C, 96% → HO, H

$AuClPPh_3$ 15 mol%, AgOAc 15 mol%, AcOH 4 mol%, OBu rt → [O, H] → PhMe 60 °C → [O, H, H] → *6π-electrocyclization*

NOTES

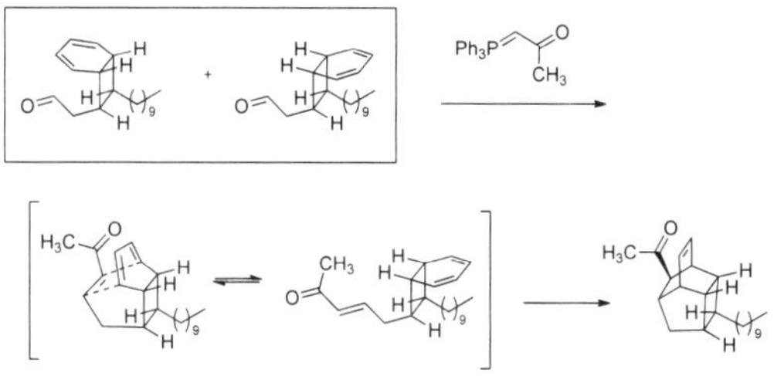

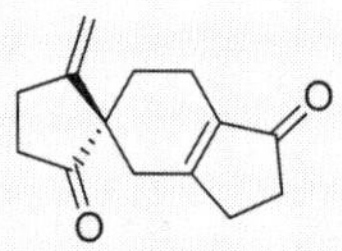

$Ph_3P{=}CH{-}C(O)CH_3$

Ulodione A

Org. Lett. 24. 3353

[역합성]

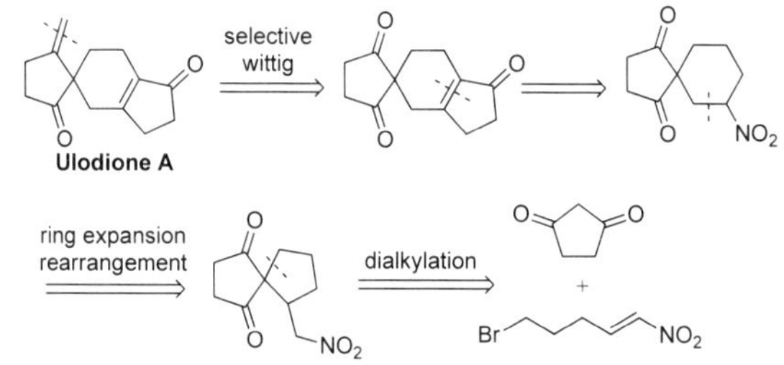

Ulodione A

selective wittig

ring expansion rearrangement

dialkylation

NO_2

[합성]

DIPEA (1 equiv)
CH_2Cl_2, rt

DABCO
DMF, 80°C

Triton B (0.03 equiv)
$CO_2{}^tBu$
CH_3CN, rt

cat. H_2SO_4, H_2O
50°C, 20h

84% PPA
40°C, 13h

$CH_2{=}PPh_3$ (6 equiv.)
THF, 0 °C to rt, 6h

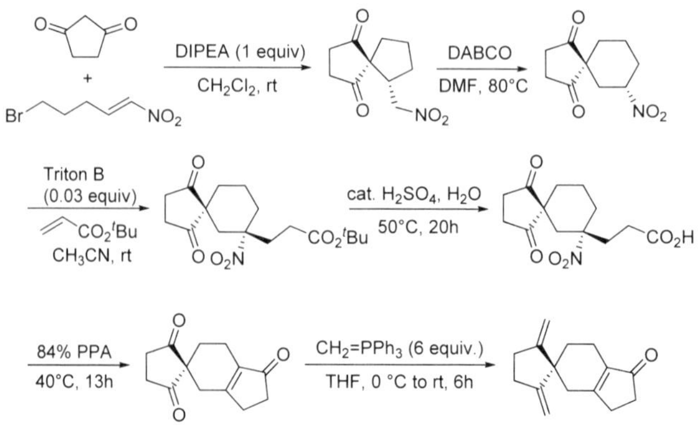

NOTES

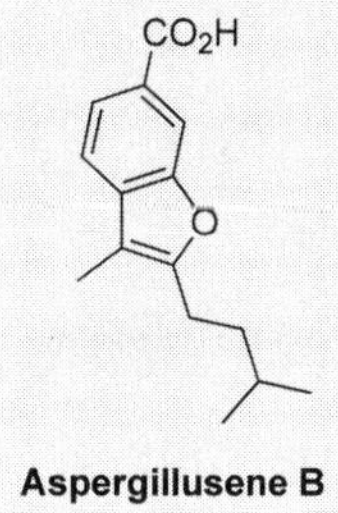

CO_2H

Aspergillusene B

Org. Lett. 2020, *22*, 4196

[역합성]

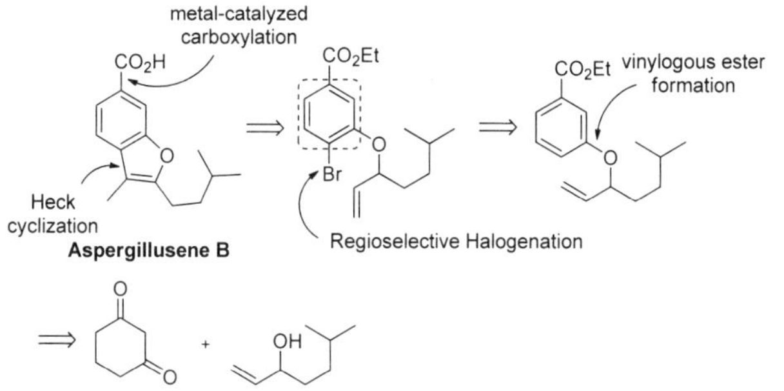

metal-catalyzed carboxylation

CO_2H

Heck cyclization

Aspergillusene B

CO_2Et

Br

Regioselective Halogenation

CO_2Et vinylogous ester formation

O

OH

[합성]

CO_2H OH → Br_2, AcOH, EtOH → CO_2H OH Br → EtOH, H_2SO_4 → CO_2Et OH Br → (OH), DIAD, Ph_3P, THF →

CO_2Et O Br → $Pd(OAc)_2$, $(n\text{-}Bu)_4NCl$, HCO_2Na, Na_2CO_3, DMF, 80°C → CO_2Et O → $LiOH{\bullet}H_2O$, THF, H_2O → CO_2H O

Aspergillusene B

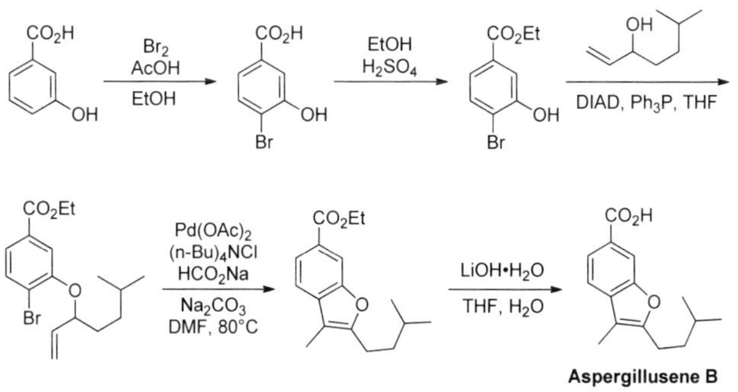

NOTES

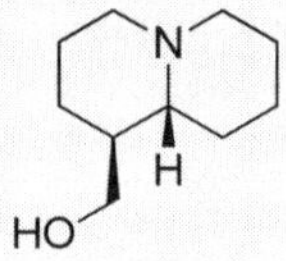

(+)-Epilupinine

Org. Lett. 2019, *21*, 2620

[역합성]

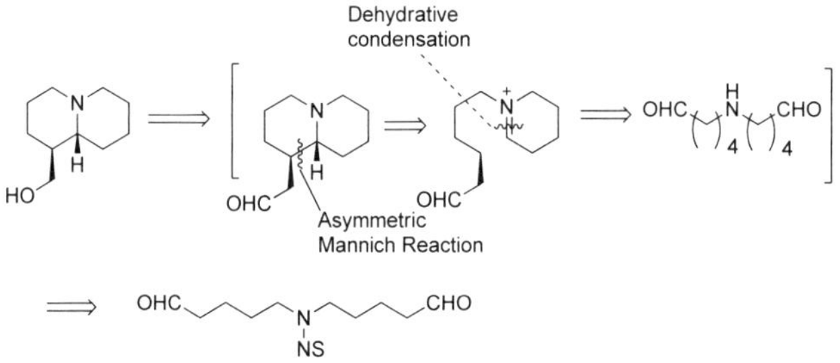

Dehydrative condensation

Asymmetric Mannich Reaction

[합성]

$NsNH_2$ + Br (2.0 eq)

K_2CO_3

DMF, 100 °C

O_3

DCM, -78 °C

CO_2H (100 mol %)

PhSH (2.0 eq)

$CsCO_3$ (3.0 eq)

$CHCl_3$, 0 °C, 15 h

$NaBH_4$

MeOH

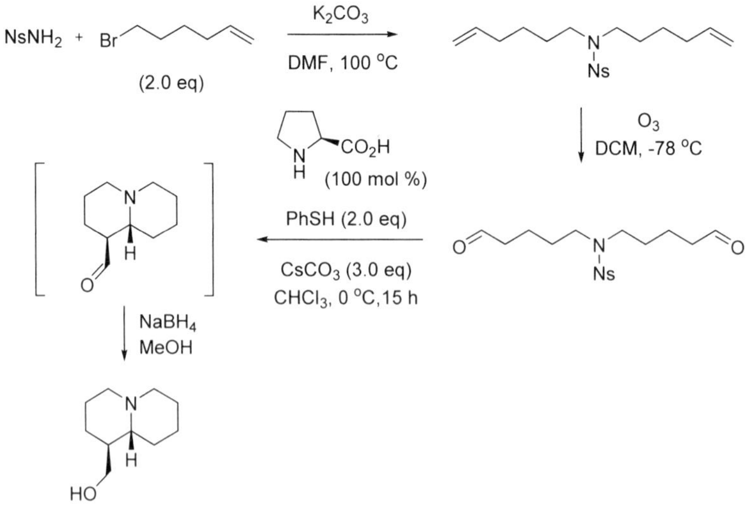

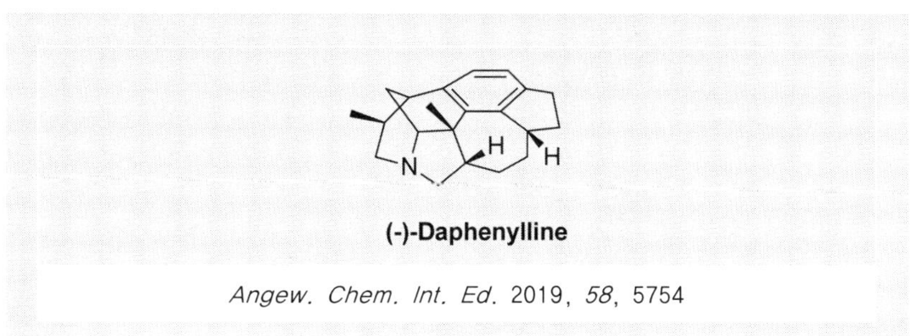

(-)-Daphenylline

Angew. Chem. Int. Ed. 2019, *58*, 5754

NOTES

[역합성]

Suzuki coupling

Robinson annulation
Aromatization

Friedel-Crafts

FGI

Ozonization

S_N1' Diels-Alder

(*S*)-carvone

[합성]

(*S*)-carvone

SO_2Cl_2, DCM
Then NaN_3, DMF

MgBr
then PPh_3, THF

NEt_3, DCM

$Mg(ClO_4)$,
MeCN

BHT
xylene
200 °C

NOTES

H_2/Ar (1:2), DCM
[Ir(cod)PCy_3Py][PF_6]
(crabtree's cat.)

O_3, DCM/MeOH
then Pyridine, Me_2S

$(TMSOCH_2)_2$,
TMSOTf, DCM

TMS COMe
(Stork-Ganem reagent)
LDA, THF
then KOH, MeOH

NaOMe
MeOH, reflux

NaH, MeI
DMF
then p-TsOH
Acetone/H_2O

$NaClO_2$
NaH_2PO_4
THE/t-BuOH/H_2O
2-Me-2-Butene

$(COCl)_2$, DCM
then $AlCl_3$

Tf_2O, DCM
then, BF_4K
Pd(dppf)Cl_2, MeOH

$NaBH_4$, MeOH
then p-TsOH, toluene
55 °C

H_2/Pd/C, MeOH
Lawesson's reagent
Raney Li, THF

Daphenylline

Jambolanin I

J. Org. Chem. 2021, *86*, 3074

[역합성]

Deallyloxycarbonylation ⟹ Addition of MVK ⟹ Ketone a- Alkylation

NOTES

Intramolecular HWE reaction

HWE reaction

Silylation

R-(+)-pulegone

[합성]

1. $(CH_3O)_2P(O)CH_2Li$ THF, -78°C
2. 10 mol% $Ce(OTf)_3$, *i*-PrOH, 80°C

R-(+)-pulegone

1. O_3, DMS
2. K_2CO_3, THF/H_2O

1. CH_3MgBr, ether
2. TES-Cl, imid., DMF

LDA, THF, -78°C; allyl cyanoformate, -78°C - rt

MVK, K_2CO_3 acetone

1. cat. $Pd(OAc)_2$, PPh_3, Et_3N
2. TBAF, THF

(-)-Juvabione

Org. Lett. 2018, *20*, 5676

[역합성]

methoxycarbonylation and acid hydrolysis

Birch reduction and monohydrogenation

NOTES

TIPSO, i-Bu, acetal protection, TIPSO, i-Bu, Alkylation, Weinreb amide

Weinreb amide synthesis, OMe, N, TIPSO, asymmetric hydrogenation, OEt, TIPSO

[합성]

OEt, TIPSO
Ir cat. (0.2 mol %)
CH_2Cl_2
H_2 (20 bar), rt
95% yield, 99% ee
OEt, TIPSO
NH(OMe)Me•HCl (4 equiv)
*i-Pr*MgCl (2 equiv)
THF, 0 °C
96% yield, 99% ee

OMe, N, TIPSO
i-BuLi (1.2 equiv)
THF, -78 °C
76% yield, 99% ee
i-Bu, TIPSO

HO, OH (8 equiv)
p-TSA (5 mol %)
toluene. 130 °C
96% yield
i-Bu, TIPSO
Li (50 equiv), NH_3
t-BuOH
THF, -78 °C
77% yield

i-Bu, TIPSO
Ir cat. (0.5 mol %)
K_3PO_4 (20 mol %)
$PhCF_3$, H_2 (20 bar), rt
90% yield
H, *i*-Bu, TIPSO

$PhNTf_2$ (3 equiv)
CsF (4 equiv)
DME, rt
67% yield, dr 94:6
H, *i*-Bu, TfO
$Pd(OAc)_2$ (5 mol %)
PPh_3 (10 mol %)
DIPEA (5 equiv)
CO balloon
MeOH, rt
60% yield

H, *i*-Bu, MeO_2C
aq CF_3COOH (2 N)
CH_2Cl_2, rt
90% yield
H, *i*-Bu, MeO_2C
(-)-juvabione

NOTES

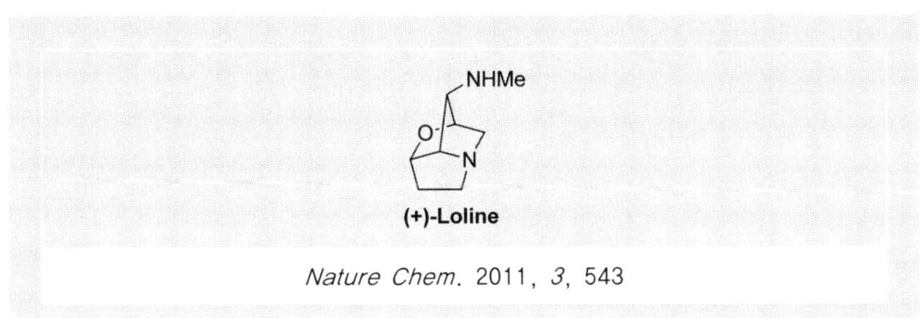

Nature Chem. 2011, *3*, 543

[역합성]

NHMe ⟹ N_3 ⟹ *Williamson ether synthesis* ⟹ Cl, H, N_3, OH, N^+, H ⟹ *Finkelstein reaction* ⟹ Br, H, N_3, OH, N^+, H

⟹ *ring-closing metathesis* — OH, OH, N, Cbz ⟹ OH, N, Cbz, OH ⟹ *epoxide ring opening and Cbz protection* ⟹ OH, O ⟹ *epoxidation* ⟹ OH

▶ 참고할 반응: Finkelstein reaction

R–X ⇌ (MX' / MX) R–X'

[$X'^{\ominus}$ H H R X]

[합성]

OH → Sharpless AE → OH, O (99% e.e.) → NH_2 • HCl, *i*-Pr_2NEt; CbzCl, Na_2CO_3 (75%) → OH, N, Cbz, OH

→ Grubbs II (86%) → OH, OH, N, Cbz → $SOCl_2$, Et_3N (99%) → H, O, SO, O, H, N, Cbz → LiN_3 (83%) → N_3, OH, N, Cbz

NOTES

Br2, MeOH (97%) → LiCl Then OH- (86%) → K2CO3 μ-wave (91%) → H2, Pd-C Boc2O (93%) → LAH (96%) → **Loline**

Plecarpenene

Org. Lett. 2022, *24*, 4034

[역합성]

1, 3-Brook rearrangement; retro aldol

▸ 참고할 반응:

1,3-Brook rearrangement

RLi

retro-aldol reaction

2 x

base

2

NOTES

[합성]

TESO, OMe, TMS, OAllyl, NaH (1.5 eq.), THF, rt -60 °C, 24 h, HO, H, OAllyl, H, TESO, H, OMe

$Pd(OAc)_2$, PPh_3, Et_3N, HCO_2H — 1. $NaBH_4$ 2. MeLi — $Mn(dpm)_3$, TBHP, $PhSiH_3$, *i*-PrOH

1. $TMSCH_2Li$ 2. TsOH, MeOH, 69% (2 steps) — TPAP, NMO, quant.

plecarpenene

첫 반응(Brook rearrangement)의 단계적인 진행은 아래와 같이 설명할 수 있다.

TESO, OMe, TMS, OAllyl, NaH (1.5 eq.), THF, rt -60 °C, 24 h, CO_2Allyl, TMS, OMe

TMS, OAllyl, OMe, TMSO, Or

Work up

NOTES

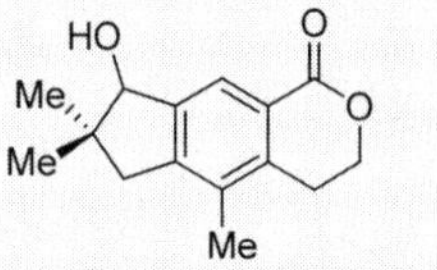

Radulactone

J. Am. Chem. Soc. 2022, *144*, 10017

[역합성]

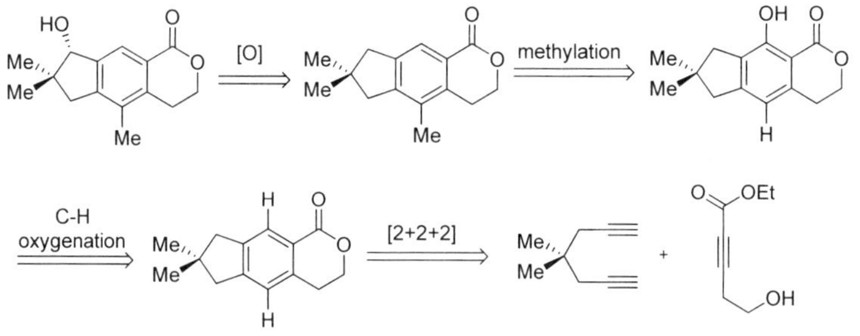

[O]

methylation

C-H oxygenation

[2+2+2]

▶ 참고할 반응:

Metal–catalyzed [2+2+2] cycloaddition

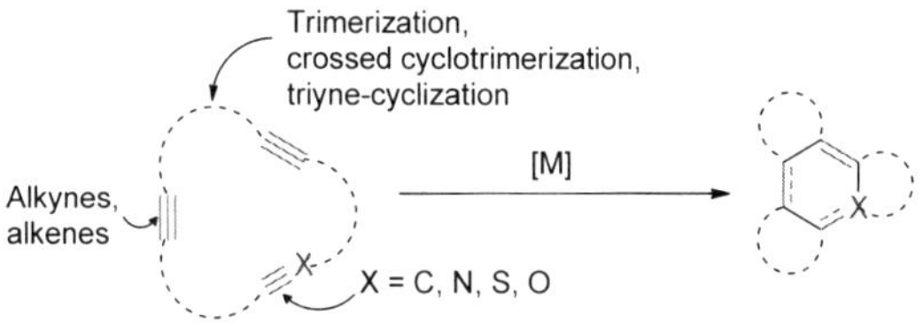

Trimerization, crossed cyclotrimerization, triyne-cyclization

Alkynes, alkenes

[M]

X = C, N, S, O

[합성]

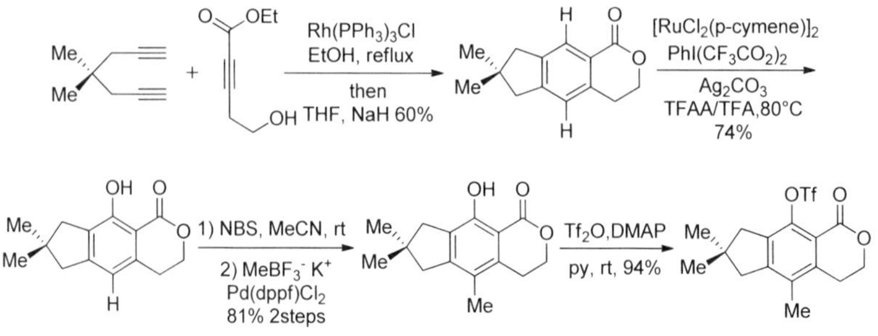

$Rh(PPh_3)_3Cl$ EtOH, reflux then THF, NaH 60%

$[RuCl_2(p\text{-cymene})]_2$ $PhI(CF_3CO_2)_2$ Ag_2CO_3 TFAA/TFA, 80°C 74%

1) NBS, MeCN, rt 2) $MeBF_3^- K^+$ $Pd(dppf)Cl_2$ 81% 2steps

Tf_2O, DMAP py, rt, 94%

NOTES

Pd(OAc)$_2$, dppf, Et_3SiH, DMF, 60°C, 93%

CrO_3, AcOH, H_2O, 60°C

$NaBH_4$, MeOH, 99%

(±)-radulactone

Aphanamal

Angew. Chem. Int. Ed. 2017, *56*, 11485

[역합성]

Aphanamal ⟹ allylic oxidation ⟹ ring-closing olefin metathesis ⟹ alkylation

⟹ Oxidation of amine, Cope elimination ⟹ Evans-Zweifel olefination ⟹ deborylative [2+2] cycloaddition

NMe$_2$, B(pin)

▶ 참고할 반응: Cope elimination

*m*CPBA, heat

H_2O_2, MeOH, 160°C

NOTES

Allylic oxidation with SeO_2

H_2O
-Se(II) compounds
OH
allylic alcohol

-Se
$-H_2O$
allylic carbonyl compound

▶ Evans-Zweifel olefination. 전이 금속 촉매를 필요로 하지 않는 것이 특징

I_2
NaOMe
R_3–Bpin

[합성]

KOtBu
THF, rt, 3h
then
THF, rt, 17h

a) Li OEt
b) I_2
c) NaOMe
d) HCl

H_2O_2
MeOH
rt, 18h

Me_3NO
DMF
130°C, 1h

LDA, THF
0°C, 1h
then

Hoveyda Grubbs catalyst (2nd generation)
toluene
80°C, 8h

SeO_2
dioxane
80°C, 3h

Aphanamal

연습문제 답

Chapter 2

1. 다음 반응을 시키기 위한 조건 혹은 방법을 쓰시오.

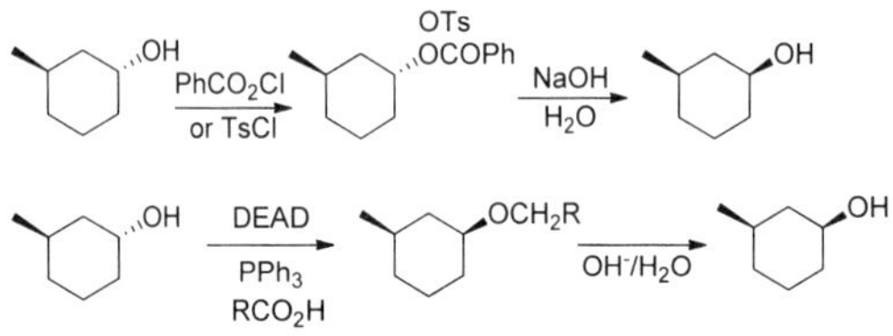

$PhCO_2Cl$ or TsCl; OTs, OCOPh; NaOH, H_2O; OH

DEAD, PPh_3, RCO_2H; OCH_2R; OH^-/H_2O; OH

2. 다음 반응으로부터 얻어지는 산물(주산물)을 필요한 경우 입체 화학과 함께 쓰시오.

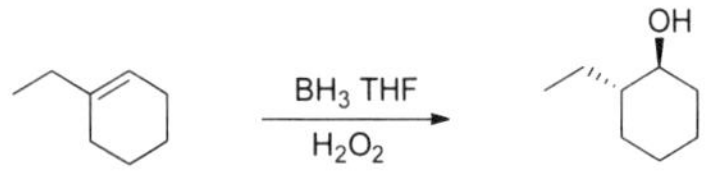

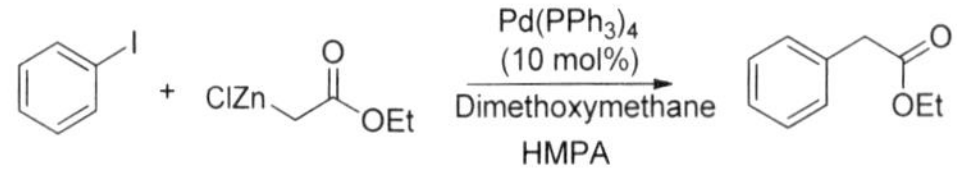

BH_3 THF, H_2O_2; OH

CH_3, Br; *t*-BuOK; CH_3

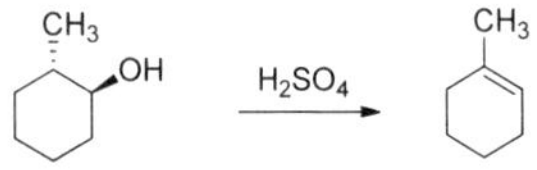

CH_3, OH; H_2SO_4; CH_3

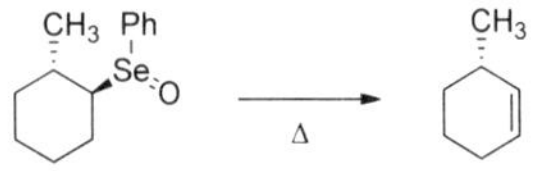

CH_3, Ph, Se, O; Δ; CH_3

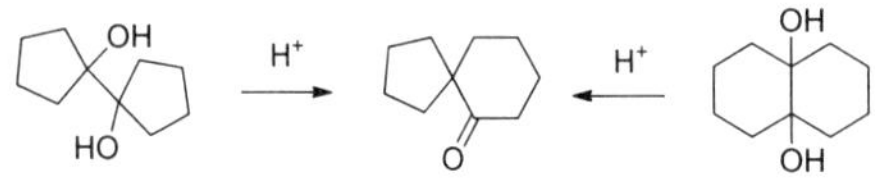

OH, HO; H^+; O; H^+; OH, OH

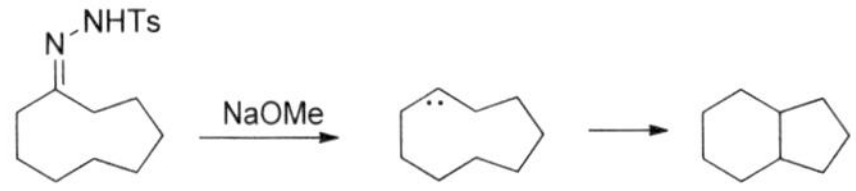

N, NHTs; NaOMe

I + ClZn, O, OEt; $Pd(PPh_3)_4$ (10 mol%), Dimethoxymethane, HMPA; O, OEt

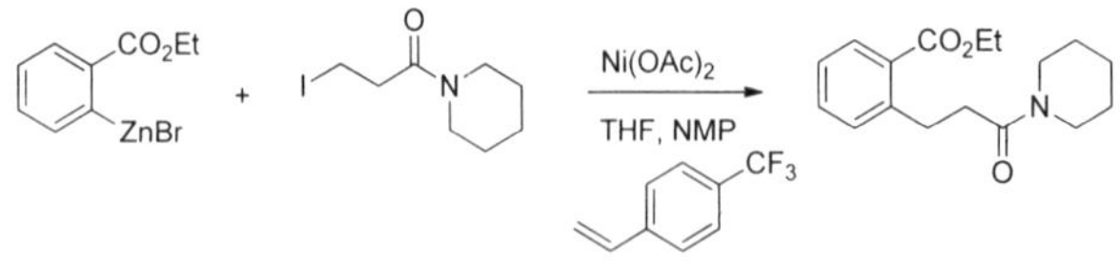

CO_2Et, ZnBr + I, O, N; $Ni(OAc)_2$, THF, NMP, CF_3; CO_2Et, N, O

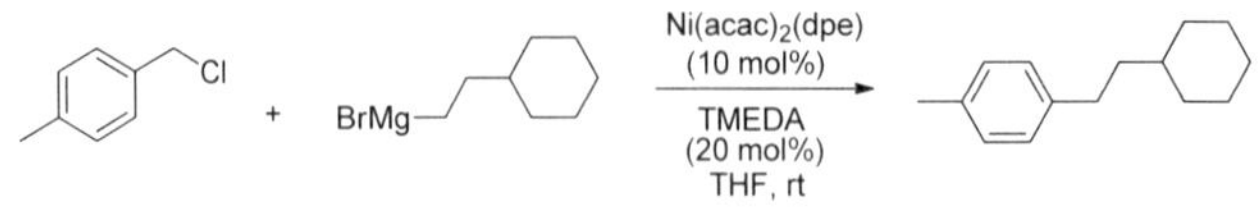

Cl + BrMg; $Ni(acac)_2(dpe)$ (10 mol%), TMEDA (20 mol%), THF, rt

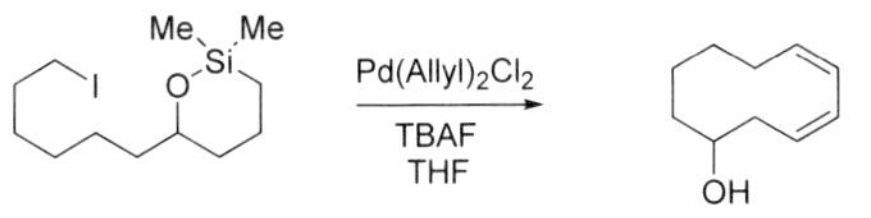

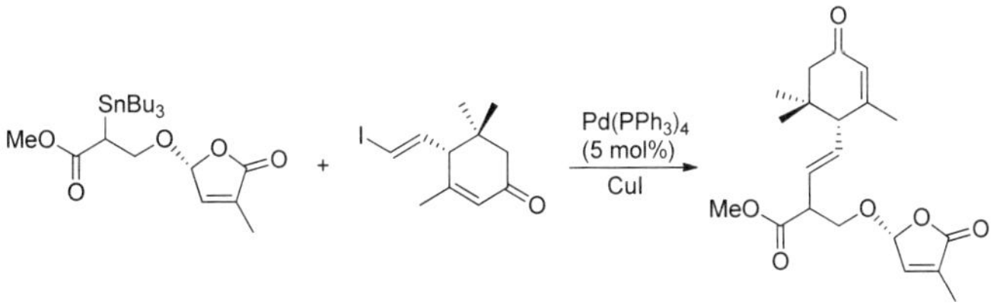

Pd(Allyl)$_2$Cl$_2$
TBAF
THF

Pd(PPh$_3$)$_4$
(5 mol%)
CuI

3. 다음과 같은 반응에서 최초 페닐아세틸렌 화합물 한 분자를 Pd(PPh$_3$)$_4$ 촉매와 함께 반응해서 생기는 산물을 밝히고 이후 **product 1**과 **product 2**가 무엇인지를 밝히시오.

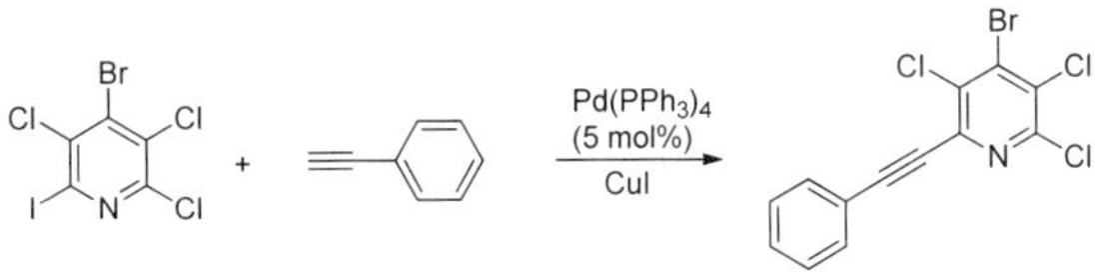

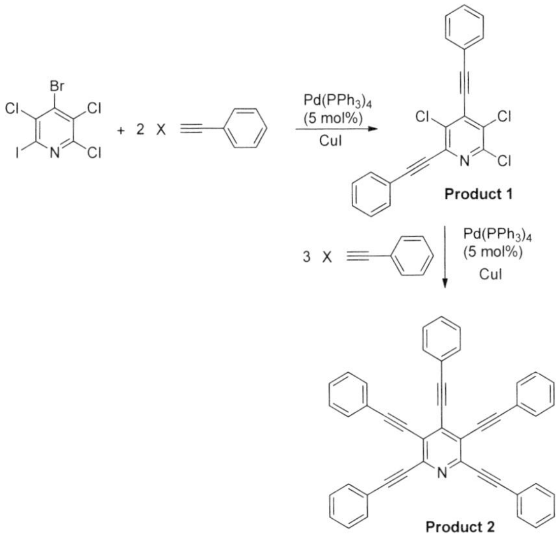

Pd(PPh$_3$)$_4$
(5 mol%)
CuI

+ 2 X

Product 1

3 X

Product 2

4. 다음의 반응은 Br이 떨어지면서 만들어지는 산물을 주산물로 얻게 되는 반응이다. 이 반응이 어떻게 일어나 어떤 산물을 만드는지를 밝히시오.

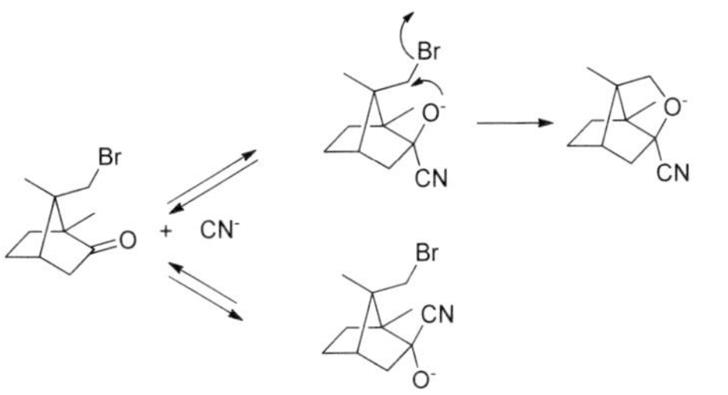

+ CN$^-$

5. 다음과 같은 Stock enamine 이용하는 반응에서 **product**가 무엇인지를 밝히시오.

CHO
N H
N
1)
O
2) NaOAc
3) NaOH
O

6. 다음은 루이스 산을 이용하는 에폭사이드(epoxide)의 전이에 대한 반응이다. 위쪽의 반응 메커니즘은 그 반응의 예다. 이를 기초로 아래쪽 반응의 산물을 예상해 보시오.

H_3C CH_3 H_3C CH_3 mcpba H_3C O CH_3 H_3C CH_3 BF_3OEt_2 [BF_3 H_3C O CH_3 + H_3C CH_3] → H_3C O H_3C H_3C CH_3

CH_3 CH_3 mcpba BF_3OEt_2 O CH_3 CH_3 [CH_3 O BF_3 + CH_3]

Chapter 3

1. 다음 반응을 진행하기 위한 조건 혹은 방법을 쓰시오.

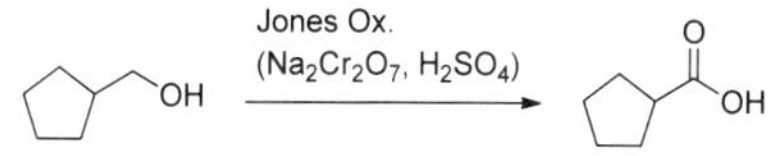
OH
Jones Ox.
($Na_2Cr_2O_7$, H_2SO_4)
O
OH

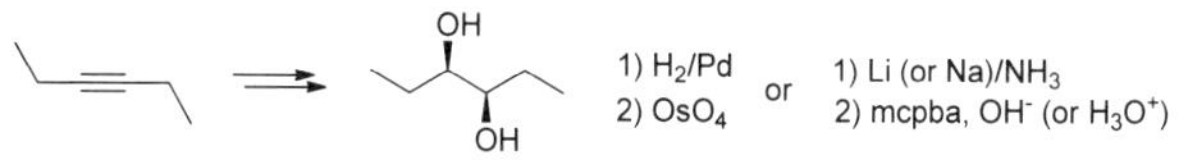
OH
OH
1) H_2/Pd
2) OsO_4
or
1) Li (or Na)/NH_3
2) mcpba, OH^- (or H_3O^+)

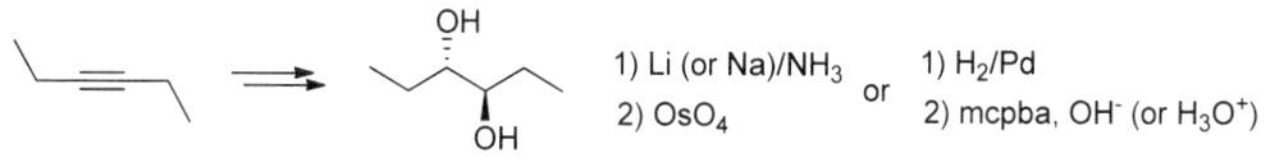
OH
OH
1) Li (or Na)/NH_3
2) OsO_4
or
1) H_2/Pd
2) mcpba, OH^- (or H_3O^+)

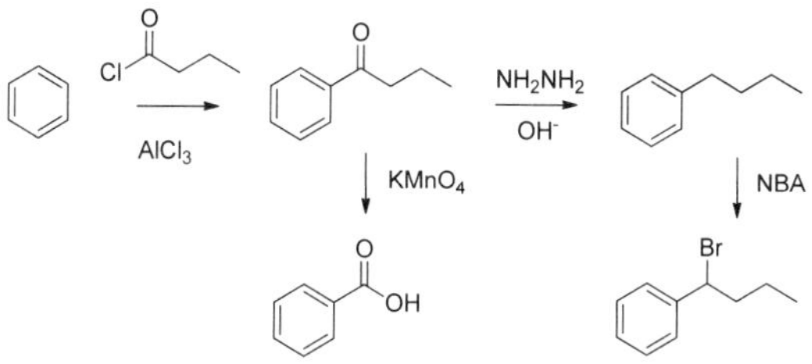
O
Cl
$AlCl_3$
O
NH_2NH_2
OH^-
$KMnO_4$
NBA
O
OH
Br

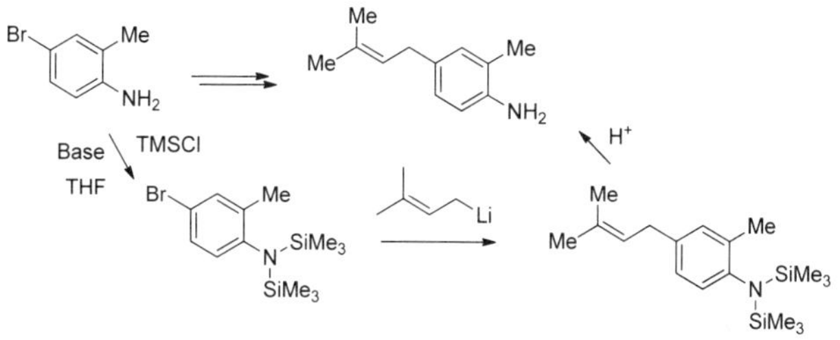
Br
Me
NH_2
Me
Me
Me
NH_2
Base
THF
TMSCl
Br
Me
N
$SiMe_3$
$SiMe_3$
Li
H^+
Me
Me
Me
N
$SiMe_3$
$SiMe_3$

2. 다음 반응으로부터 얻어지는 산물(주산물)을 쓰시오.

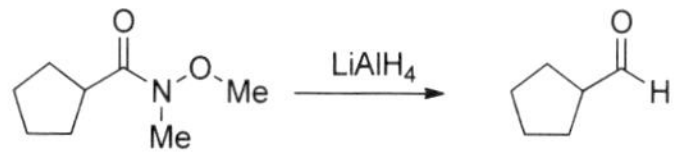
O
N
O
Me
Me
$LiAlH_4$
O
H

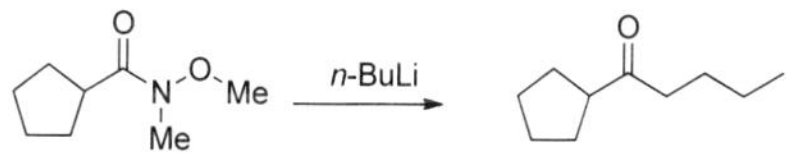
O
N
O
Me
Me
n-BuLi
O

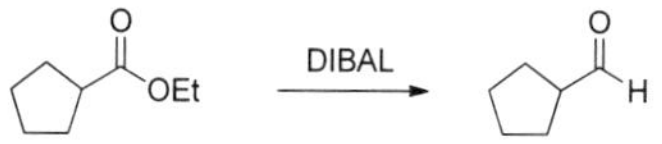
O
OEt
DIBAL
O
H

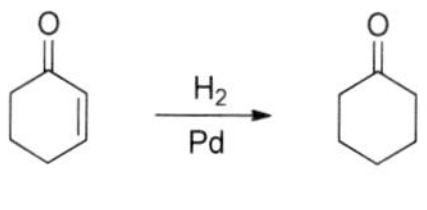
O
H_2
Pd
O

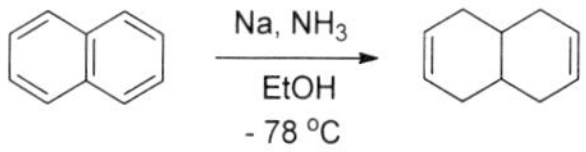
Na, NH_3
EtOH
- 78 °C

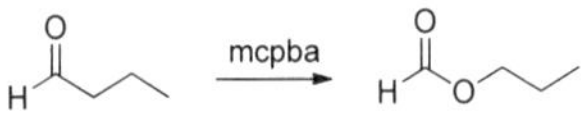
mcpba

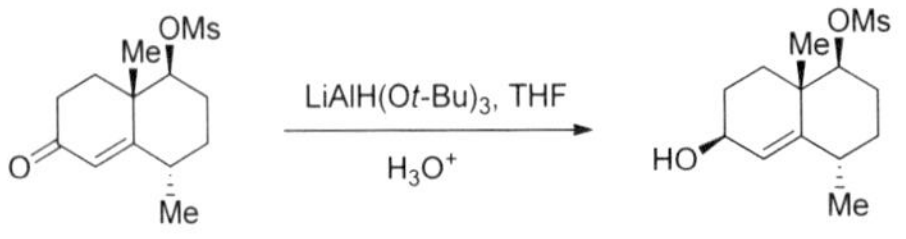
OMs
Me
LiAlH(Ot-Bu)3, THF
H3O+
HO
Me

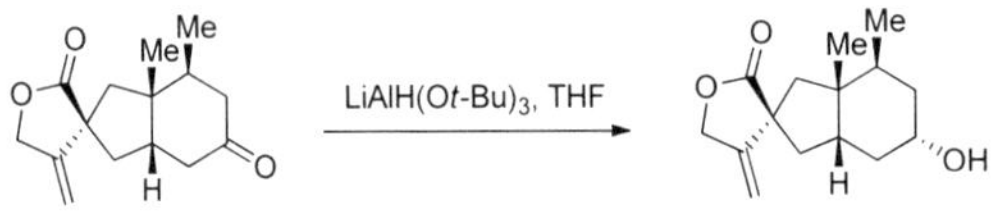
Me
LiAlH(Ot-Bu)3, THF
H
OH

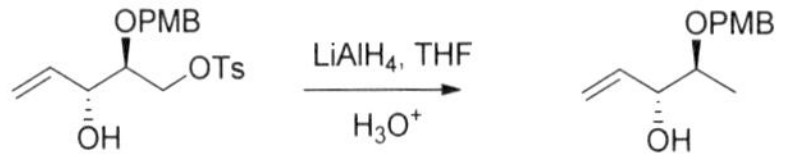
OPMB
OTs
LiAlH4, THF
H3O+
OH

3. 각각의 출발 물질로부터 오른쪽의 산물을 얻는 방법을 제시하시오.

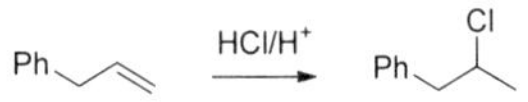
Ph
HCl/H+
Cl

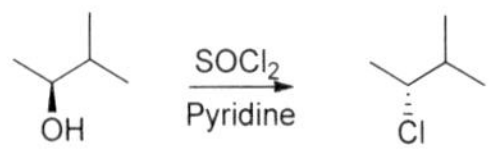
SOCl2
Pyridine
OH
Cl

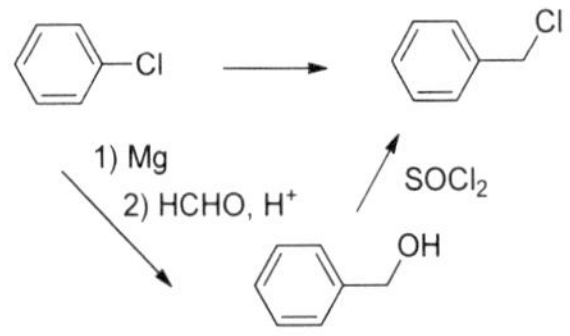
Cl
1) Mg
2) HCHO, H+
SOCl2
OH

4. 상업적으로 쉽게 구할 수 있는 출발 물질로부터 다음 화합물을 만드는 효과적인 방법을 제시하시오.

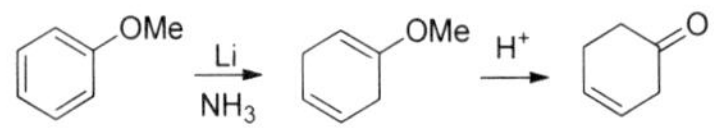
OMe
Li
NH3
H+

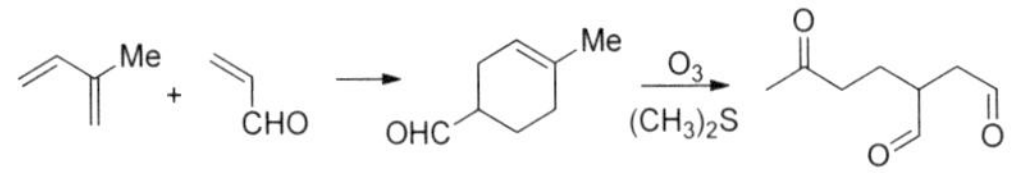
Me
CHO
OHC
O3
(CH3)2S

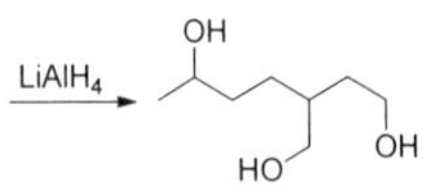
LiAlH4
OH
HO

5. 다음 TM으로 주어진 화합물을, 역합성해서 얻은 각각의 단위 화합물로부터 만드는 방법들을 제시하시오.

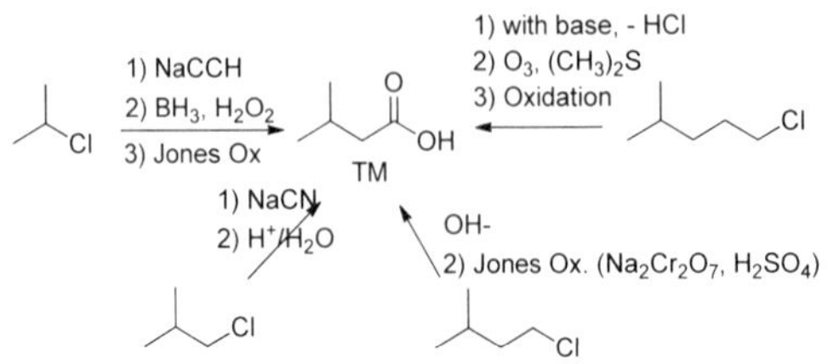
1) NaCCH
2) BH3, H2O2
3) Jones Ox
TM
1) with base, - HCl
2) O3, (CH3)2S
3) Oxidation
1) NaCN
2) H+/H2O
OH-
2) Jones Ox. (Na2Cr2O7, H2SO4)
Cl

6. 다음의 A와 B의 화합물이 무엇인가를 밝히고 이를 바탕으로 C를 만드는 방법을 제시하시오.

2 x OEt — Base → OEt — EtO^-, Ph Br → A — 1) NaOH 2) H_3O^+ Heat → B

A — EtO^-, CH_3Br → 1) NaOH 2) H_3O^+ → Ph C

OEt Ph Ph

7. 사이클로헥산온(cyclohexanone)을 출발 물질로 하여 다음 화합물을 각각 합성하시오.

CHO — SH SH → S S — n-BuLi → S S + — H_2O, Hg^{2+} → OH

1) LDA 2) PhSSPh 3) $NaIO_4$ 4) Heat or Br_2/H^+ Base → 1) $^-CH(CO_2Et)_2$ 2) NaOH / H_3O^+ Heat or 2) LiBr, n-Bu_4Br H_2O Heat → OH

+ CHO → CHO — O_3, $(CH_3)_2S$ → Jones Ox. ($Na_2Cr_2O_7$, H_2SO_4) → HO

1. 다음 반응으로부터 얻어지는 산물(주산물)을 필요한 경우 입체 화학과 함께 쓰시오.

CO_2Me CO_2Me Δ CO_2Me CO_2Me

CO_2Me CO_2Me Δ CO_2Me CO_2Me

MeO + CN NC Δ MeO CN CN

O Δ OH

OH Δ O

Me O SiO_2 Me OH

O Br LDA O

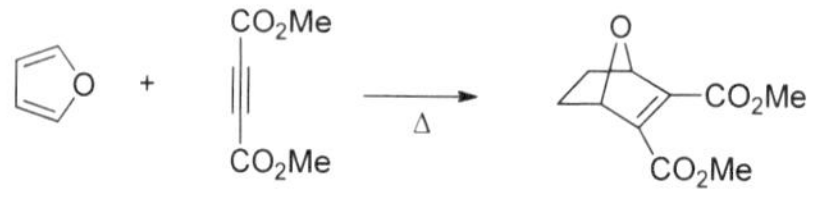

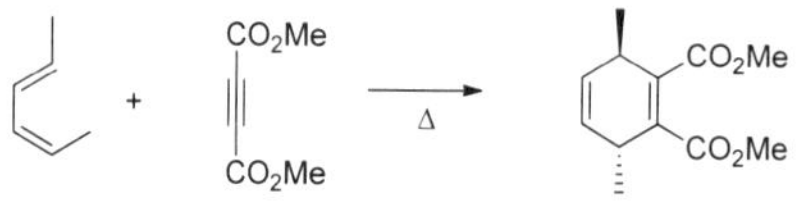

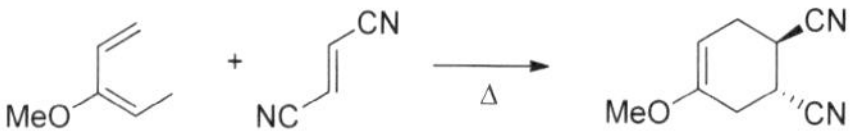

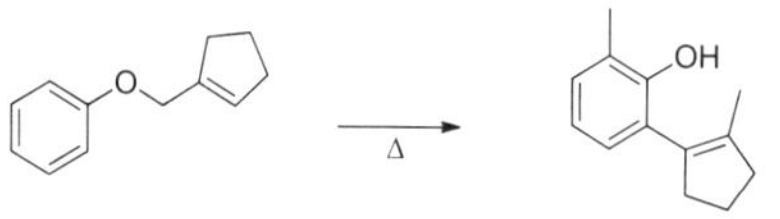

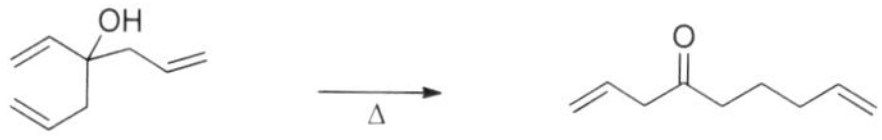

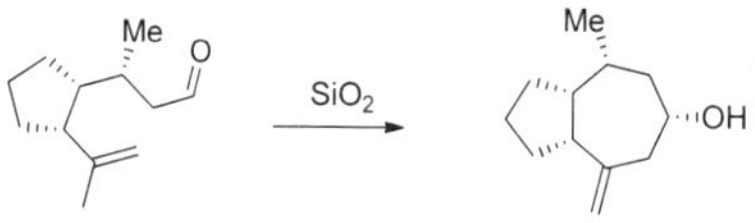

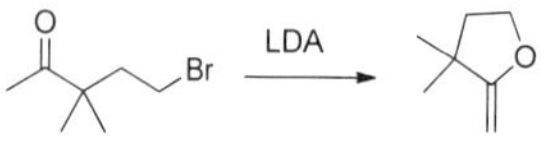

2. 다음 반응으로부터 얻어지는 산물(주산물)을 필요한 경우 입체 화학과 함께 쓰시오.

$=N_2$ $h\nu$

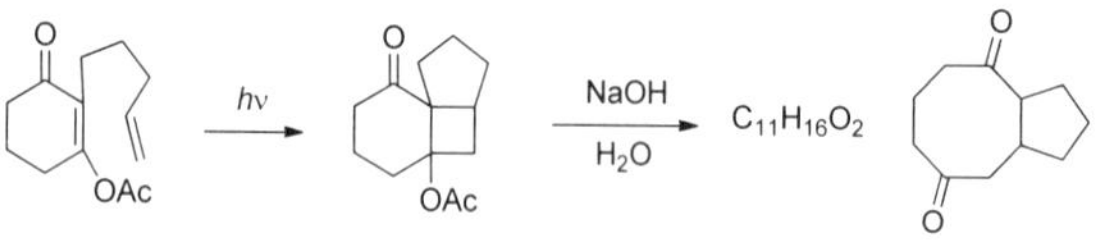

O OAc $h\nu$ O OAc NaOH H_2O $C_{11}H_{16}O_2$ O O

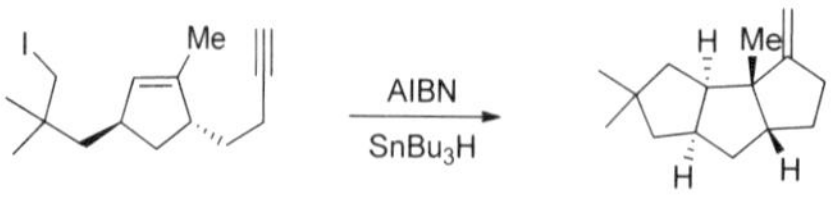

I Me AIBN $SnBu_3H$ H Me H H

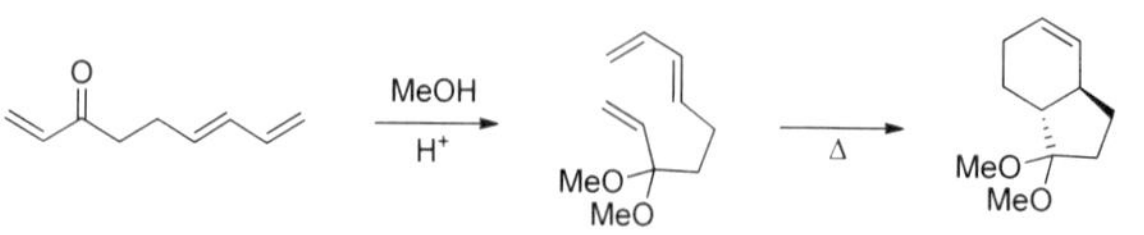

O MeOH H^+ MeO MeO Δ MeO MeO

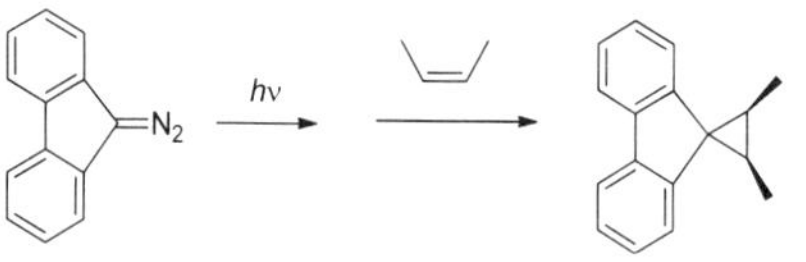

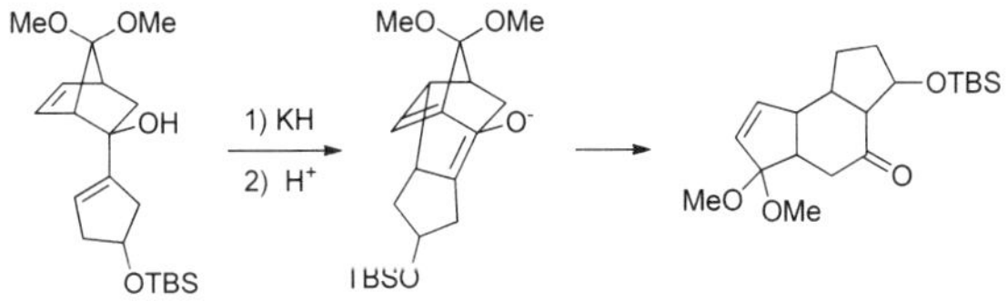

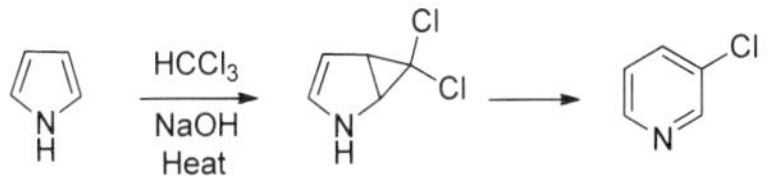

3. 아래는 존슨–클라이젠 반응의 한 예이다. 이 반응에서 얻어지는 산물을 그 입체 화학과 함께 밝히시오.

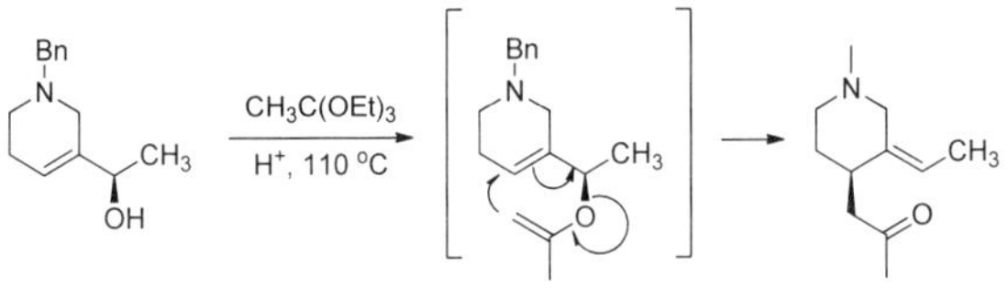

4. 아래는 에셴모저–클라이젠 반응의 한 예이다. 이 반응에서 얻어지는 산물을 그 입체 화학과 함께 밝히시오.

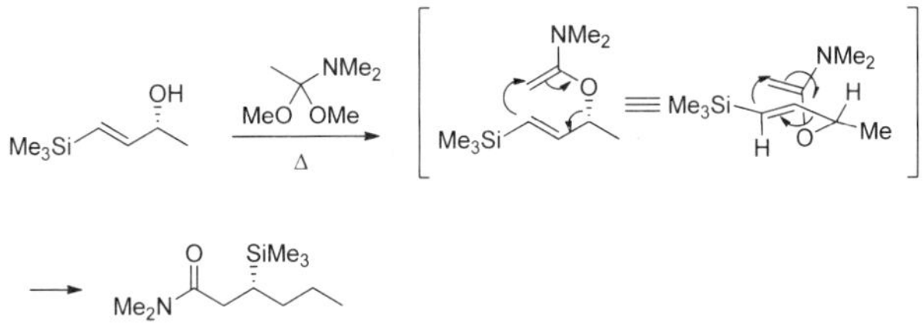

5. 다음과 같은 반응에서는 이성질체 관계의 여러 고리 화합물을 얻게 된다. 이 반응으로부터 먼저 주어진 산물의 생성과정을 살피고 이를 기초로 가장 많은 고리의 다른 산물의 생성을 밝히시오.

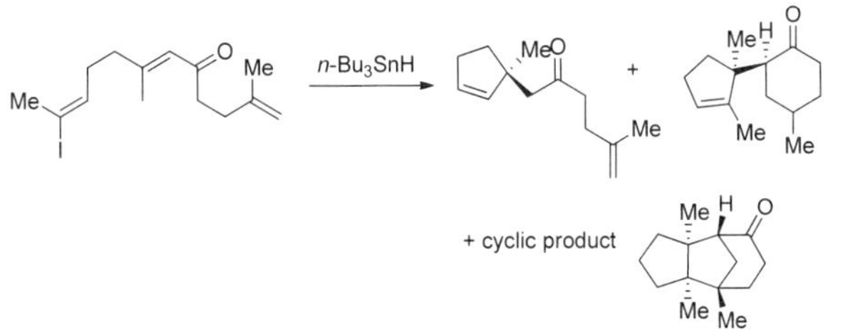

6. 다음 반응으로 얻어지는 (1)과 (2)의 산물이 무엇인지 쓰시오.

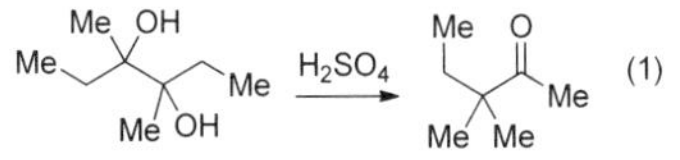

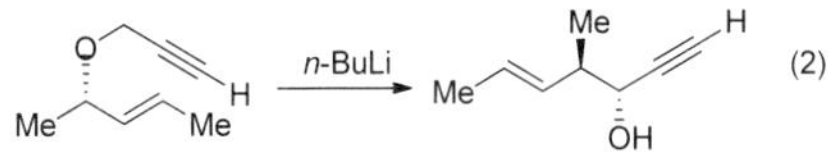

Chapter 5

1. 다음과 같이 propionic acid를 출발 물질로 해서 3-hydroxy-2-aminopropane을 만드는 방법을 제시하시오.

Br_2, H^+

CN^-

$LiAlH_4$

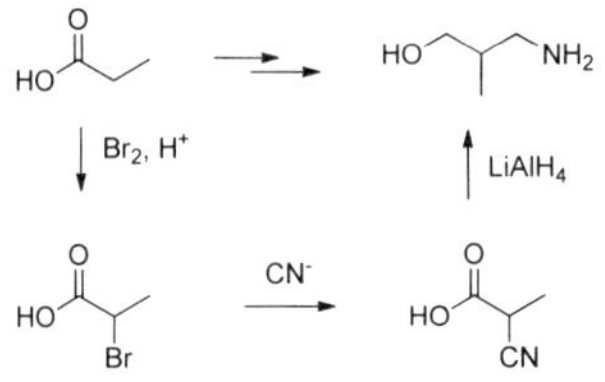

2. 아래의 반응물을 기초로 화합물을 합성할 때 보호기(protecting group)가 필요하다. 적절한 보호기를 붙여 반응을 시키고 이를 제거하여 주어진 산물을 만드시오.

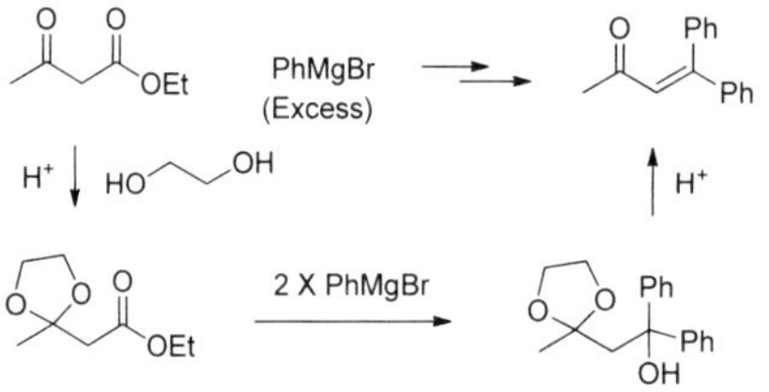

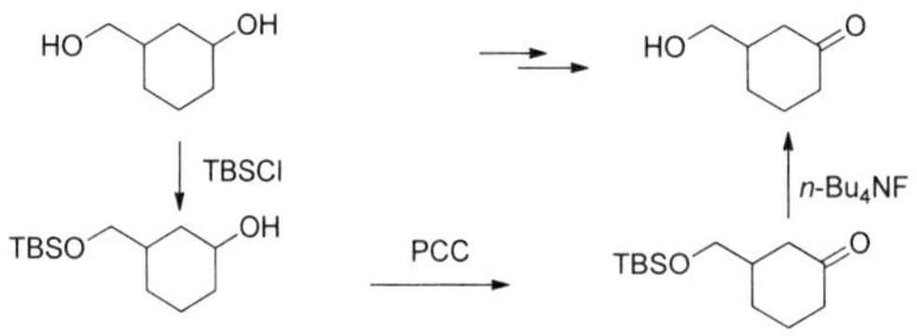

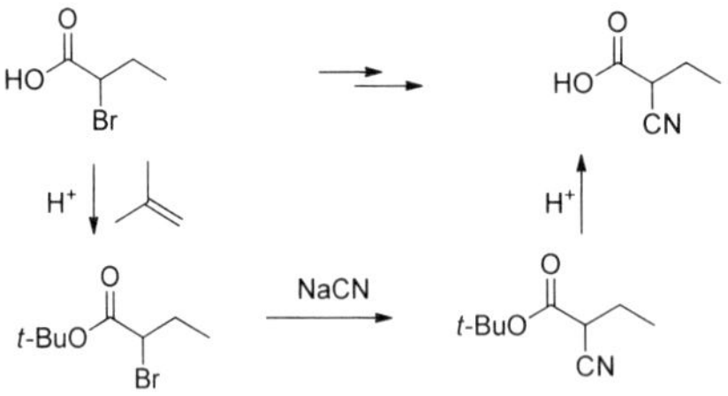

PhMgBr (Excess)

H^+ HO⁀OH

2 X PhMgBr

H^+

TBSCl

PCC

n-Bu_4NF

H^+

NaCN

H^+

3. 출발 물질 S에서 Pc를 만드는 방법을 제시하시오.

S

P_c

H^+ HO⁀OH

$NaBH_4$

CH_2PPh_3

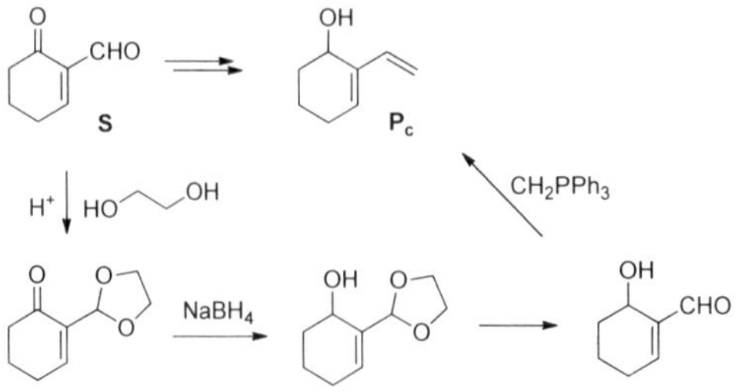

Chapter 6

1. 다음 반응으로부터 얻어지는 산물(주산물)을 입체 화학과 함께 쓰시오.

LDA

t-Bu OLi t-Bu OH O t-Bu + enantiomer

LDA

OPh OLi OPh OH O OPh + enantiomer

LDA H H_3O^+ OH O as a racemate

Me Br_2 CCl_4 Me Br Br Me

2. 아래와 같은 화합물을 단일한 거울상 이성질체(single enantiomer)로 만들 수 있는 방법을 제시하시오.

OH (+)-Diethyl tartrate Ti(O-*i*Pr)$_4$ *t*-BuOOH O OH single enantiomer

(+)-Diethyl tartrate R OH

3. 아래 주어진 하이드록시케톤을 환원시켜 *syn*과 *anti*의 다이올이 되도록 만드는 방법을 제시하시오.

OH OH O OH $Zn(BH_4)_2$ or $LiAlH_4$ OH OH

$LiAlH_4$ or $NaBH_4$ O OTBS

4. 생물 활성을 가지는 Balanol이라는 천연물은 그 코어에 4-아미노-5-하이드록시-아자사이클로 헵텐을 가지고 있다. 그리고 이들 두 치환체 아민과 하이드록시는 일정한 입체 화학을 가지고 있다.

H N .2HCl H_2N HO 6

Azepane core of Balanol

이들의 비대칭을 위한 아래의 두 합성법에 대해 물음에 답하시오.

(1) 아래의 방법으로 합성할 때 우선 카이랄한 에폭사이드를 얻는 방법과 A 및 B와 C의 화합물이 무엇인지를 알아내시오.

OH (-)-DET Ti(Oi-Pr)$_4$ OH ≡ OH BnBr NaH OBn O A

1) NH$_2$ 2) Boc$_2$O, Et$_3$N OBz OH N Boc B PCy$_3$ Ph Cl Ru Cl PCy$_3$ OBz OH N Boc C H$_2$N H N .2HCl HO

(2) 아래의 카이랄한(즉 비대칭) 탄소를 이미 가지고 있는 아지리딘을 출발 물질로 합성할 때, A' 및 B' 의 화합물이 무엇인지를 알아내시오.

Ph N CO$_2$Et H Me$_3$Al CH$_3$ONHCH$_3$ 91% Ph N O N OMe Me H Mg, Br(CH$_2$)$_3$OTBS THF, Reflux 79%

Ph N O OTBS H A' ZnCl$_2$ NaBH$_4$, MeOH 97% Ph N OH OTBS H

a) TBAF, THF b) Ts$_2$O, TEA, DCM then NaN$_3$, ACN 51% Ph N N$_3$ HO B' H$_2$/Pd(OH)$_2$ MeOH, HCl 94% H$_2$N H N .2HCl HO

5. 다음 반응으로부터 얻어지는 산물을 입체 화학과 함께 밝히시오.

Et Et Si Et CH$_3$ H$_3$C R$_2$B-**H** H$_2$O$_2$ Et Et Si Et CH$_3$ H$_3$C OH **H**

6. 다음 반응은 Evans 가 개발한 옥사졸리딘온의 카이랄 보조기를 부착하여 진행한 반응의 한 예이다. 이 반응으로부터 얻어지는 산물을 입체 화학과 함께 밝히시오.

Me O N O O Ph TiCl$_4$, Et$_3$N + Me O Me O N O O Ph O Me [Ti O O Me N O H Me O Ph] To *Si* face

Chapter 7

1. 아래 분자의 역합성(retrosynthesis)을 하고 이를 기반으로 합성(synthesis)을 하시오.

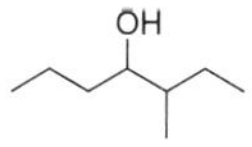

OH

역합성

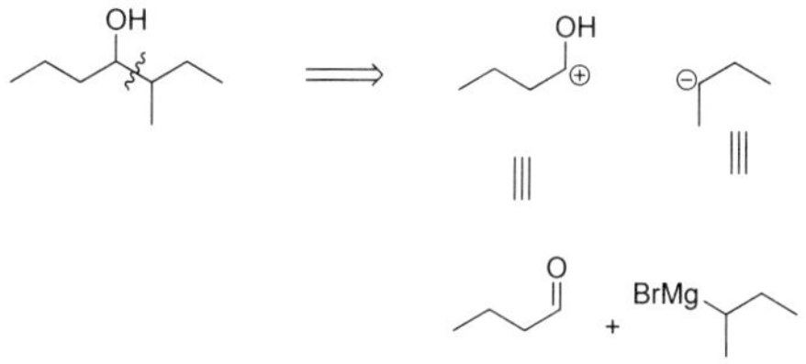

OH ⟹ OH ⊕ ⊖

BrMg +

합성

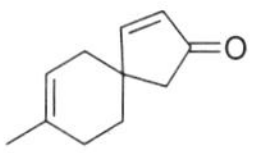

BrMg + ⟶ OH TM

역합성

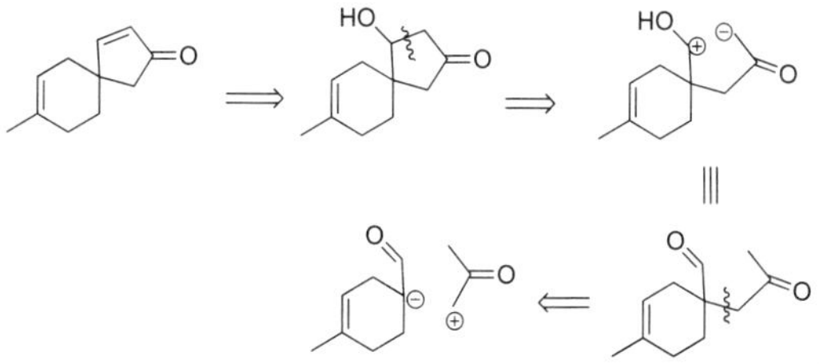

HO ⟹ HO ⊕ ⊖

합성

CHO + ⟶ CHO Base

Base

HO

TM H^+(or OH^-), H_2O - H_2O

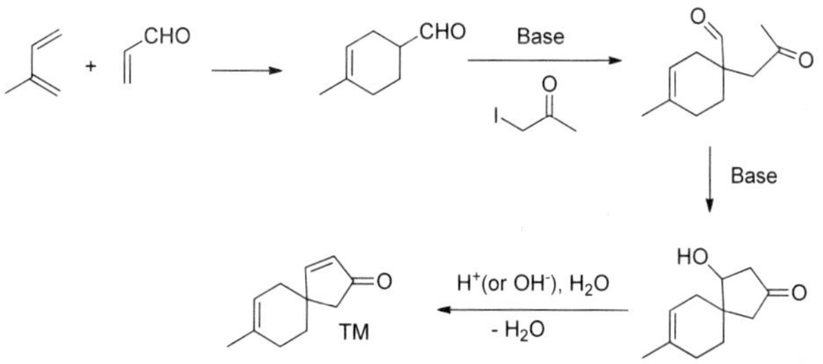

2. 아래 화합물 여섯 가지는 괄호 친 화합물을 출발 물질로 해서 만들 수 있다. 만드는 방법을 제시하시오.

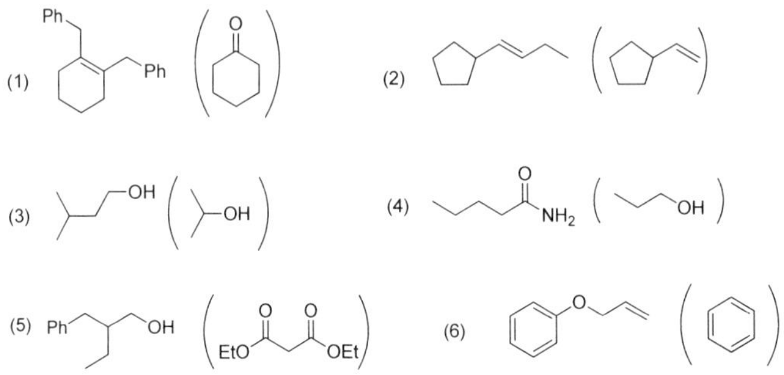

(1) (2) (3) (4) (5) (6)

3. 괄호에 있는 세 가지 화합물을 출발 물질들로 시작해서 주어진 화합물을 합성하시오(**탄소가 표지되어 있음에 유의**).

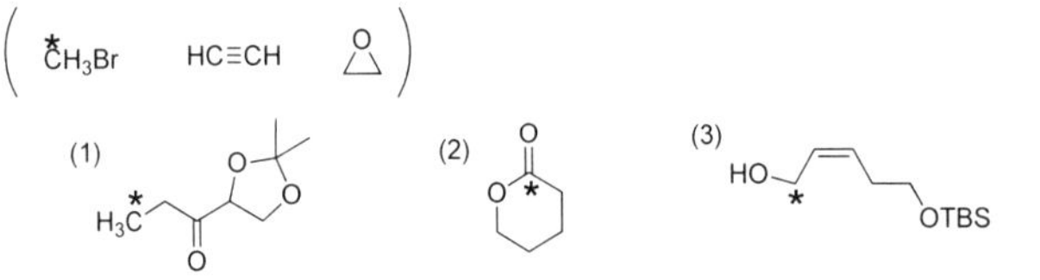

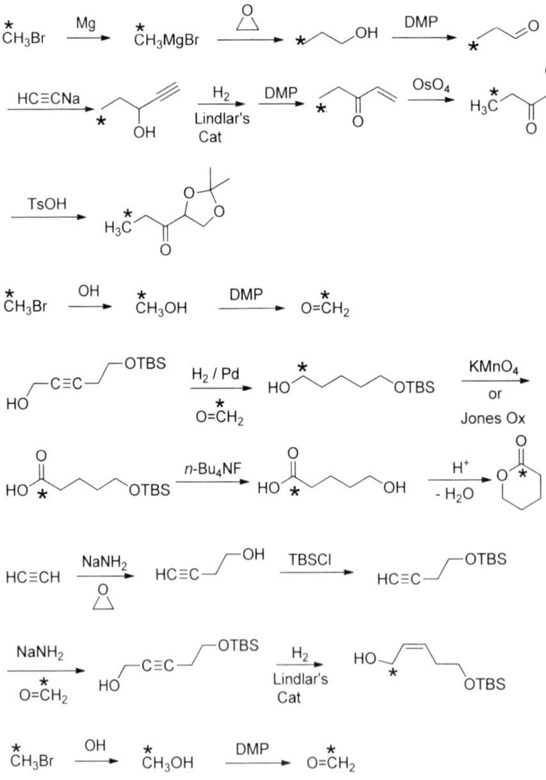

($\overset{*}{C}H_3Br$ HC≡CH)

(1) (2) (3)

$\overset{*}{C}H_3Br$ —Mg→ $\overset{*}{C}H_3MgBr$ → —DMP→

—HC≡CNa→ —H_2, Lindlar's Cat→ —DMP→ —OsO_4→

—TsOH→

$\overset{*}{C}H_3Br$ —OH→ $\overset{*}{C}H_3OH$ —DMP→ $O{=}\overset{*}{C}H_2$

—H_2 / Pd, $O{=}\overset{*}{C}H_2$→ —$KMnO_4$ or Jones Ox→

—n-Bu_4NF→ —H^+, $-H_2O$→

HC≡CH —$NaNH_2$→ HC≡C— —TBSCl→ HC≡C—

—$NaNH_2$, $O{=}\overset{*}{C}H_2$→ —H_2, Lindlar's Cat→

$\overset{*}{C}H_3Br$ —OH→ $\overset{*}{C}H_3OH$ —DMP→ $O{=}\overset{*}{C}H_2$

4. 다음은 이보가민(Ibogamine)으로 명명된 천연물 알칼로이드(found in Tabernanthe iboga and Crepe Jasmine, *Tabernaemontana divaricata*)로서 아주 우수한 약효(anti-convulsant, anti-addictive, CNS stimulant)를 가진 화합물이다. 이의 합성을 아래의 전략으로 실시했는데 아래의 주어진 역합성 과정을 적절한 출발 물질과 반응물로 합성하는 과정을 알아보시오.

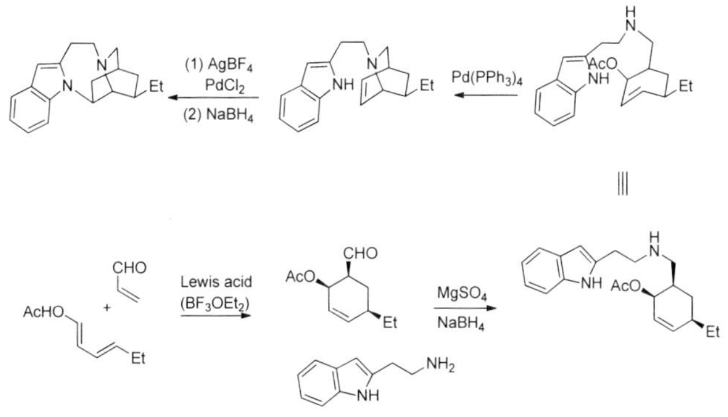

(1) $AgBF_4$, $PdCl_2$ (2) $NaBH_4$ ← ... ← $Pd(PPh_3)_4$ ← ...

Lewis acid (BF_3OEt_2); $MgSO_4$, $NaBH_4$

Chapter 8

1. 다음과 같이 프롤린을 촉매로 하여 반응을 시키면 96% ee의 높은 입체 선택성을 가지고 있는 마이클 반응물을 높은 수율(86%)로 얻었다. 이를 얻게 되는 과정의 전이 상태를 생각하고 비대칭 반응물을 설명하시오.

(S)-Proline (5 mol%), $CHCl_3$; from *Si* face

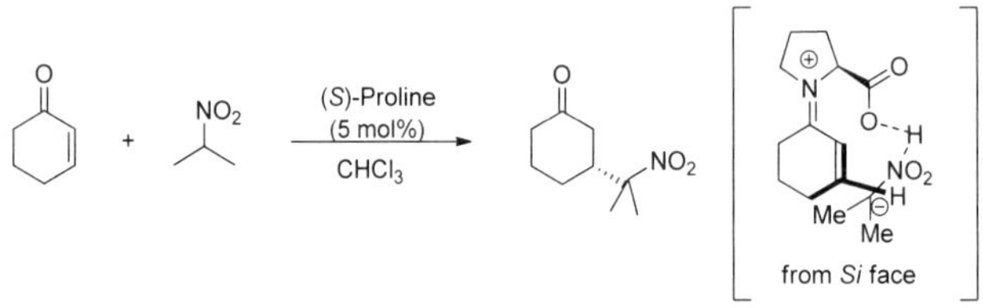

2. 다음과 같이 맥밀란 촉매를 촉매로 하여 반응을 시켜서 높은 수율과 입체 선택성을 가지고 있는 딜스-알더 반응물을 얻었다. 이를 얻게 되는 과정의 전이 상태를 생각하고 비대칭 반응물을 설명하시오.

MacMillan Catalyst

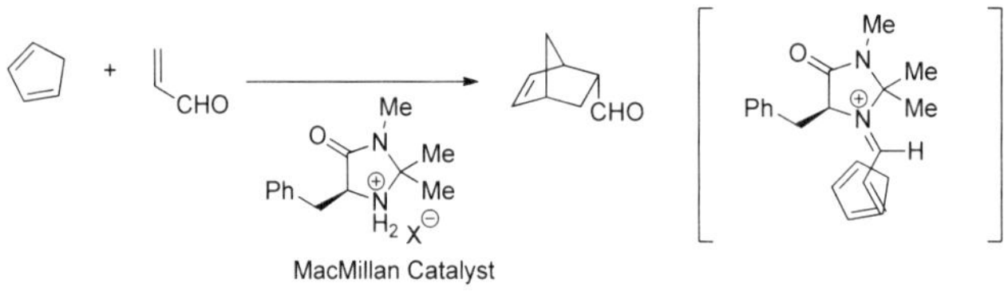

3. 아래의 아트로바스타틴(atorvastatin)은 리피토(Lipitor®)라는 상품명으로 판매되는 고혈압 치료제이다. 이들은 바로 그 옆에 그려져 있는 아미노다이하이드록시산의 가지로부터 피롤리딘을 합성하여 만들어진다. 이 곁가지는 효소(enzyme)를 이용한 입체 선택적인 반응으로부터 만들 수 있다. 이러한 반응을 매개하는 효소(enzyme)는 어떤 종류의 효소인가를 두 경우에 대해 살펴보시오.

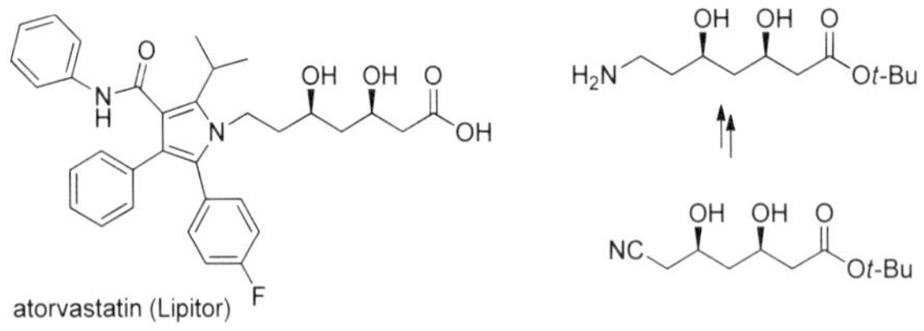

atorvastatin (Lipitor)

(1)

ketoreductase, NaD(P)H, $NaD(P)^+$; Base

ketoreductase, NaD(P)H, $NaD(P)^+$

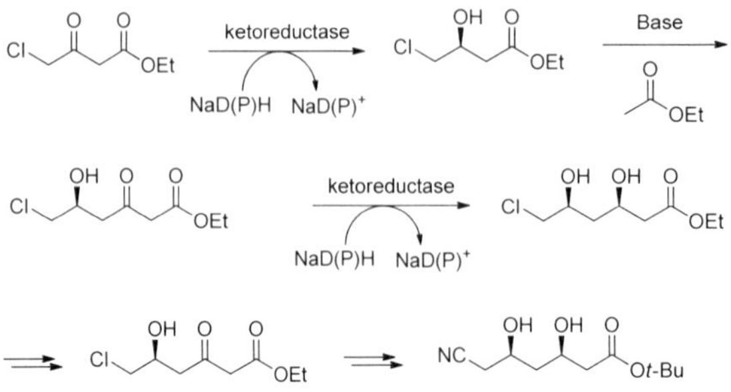

(2)

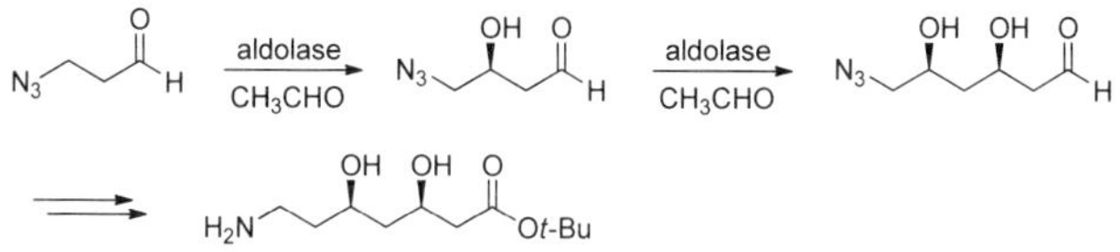

(3) 다른 가능한 효소를 사용하여 화합물을 만드는 방법을 생각해 보시오.

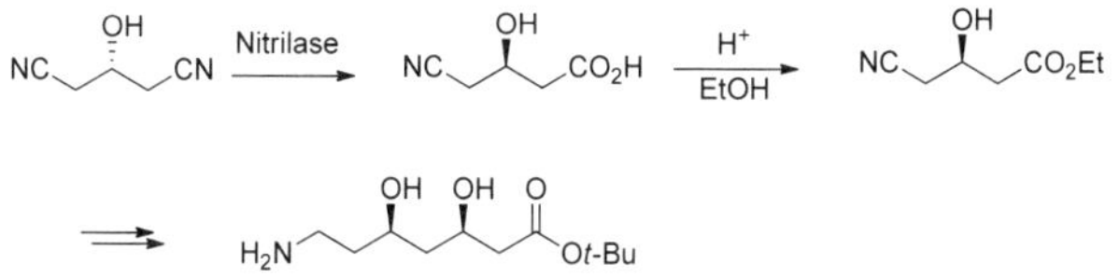

찾아보기

저자 소개

하현준(河泫俊)
미국 Brown University 대학원 유기화학 전공(이학박사)
현) 한국외국어대학교 화학과 교수
대한화학회 회원
미국화학회 회원
Associate Editor, 「*Asian Journal of Organic Chemistry*」
전) 대한화학회 회장
한국과학기술연구원 선임연구원

대표 저서: "Synthesis of 4- to 7-membered Heterocycles by Ring Expansion: Aza-, oxa- and thiaheterocyclic small-ring systems" (Co-Edited with Prof. Matthias D'hooghe), Springer, Heidelberg, 2016

합성 유기화학

저 자 하현준
발행인 김지영
발행처 자유아카데미
주 소 경기도 파주시 회동길 37-42 파주출판도시
전 화 031-955-1321
팩 스 031-955-1322
홈페이지 www.freeaca.com
전자우편 main@freeaca.com (대표)
editor@freeaca.com (편집)
crm@freeaca.com (영업)
등 록 제406-2003-017호, 1980. 7. 12
제1판1쇄 2023년 2월 25일 발행

저자와의 협의하에 인지생략

ISBN 979-11-5808-431-8 93430